"十三五"职业教育国家规划教材

机械制图实例教程
（立体化教材）

赵 水 吕瑛波 李祥福 华泽珍 编著

U0321211

化学工业出版社

·北京·

本书主要以典型零、部件的制图为实例，按照认知规律，结合就业岗位的技能需要，设置了八个项目：认识机械图样及绘制简单图样、绘制基本形体三视图、识读与绘制组合体视图、绘制轴测图、零件的常见画法、标准件与常用件的规定画法、识读与绘制典型零件图、识读与绘制装配图。每个项目根据所学知识与技能的需要，都采集了相应的零（部）件实例，组成了一系列的任务，读者在完成任务的同时，将逐步掌握识读与绘制机械图样的知识与技能，通过查附录，还可以培养读者的查表和计算能力。

本书的编写充分利用了增强现实（AR）技术等技术开发的立体化虚拟仿真教学资源，体现"三维可视化及互动学习"的特点，将难以学习的知识点以 3D 教学资源的形式进行展示，力图达到"教师易教、学生易学"的目的。

本书可作为机械类高职高专院校机械制图课程教材，也可用于本科、中职院校机械制图教材，也可供相关技术人员参考。

图书在版编目（CIP）数据

机械制图实例教程：立体化教材/赵水等编著. —北京：化学工业出版社，2019.7（2022.10 重印）
高职高专"十三五"规划教材
ISBN 978-7-122-34352-9

Ⅰ.①机… Ⅱ.①赵… Ⅲ.①机械制图-高等职业教育-教材 Ⅳ.①TH126

中国版本图书馆 CIP 数据核字（2019）第 074102 号

责任编辑：王听讲
责任校对：刘 颖 装帧设计：关 飞

出版发行：化学工业出版社（北京市东城区青年湖南街 13 号 邮政编码 100011）
印 装：北京科印技术咨询服务有限公司数码印刷分部
787mm×1092mm 1/16 印张 18¼ 字数 481 千字 2022 年 10 月北京第 1 版第 3 次印刷

购书咨询：010-64518888 售后服务：010-64518899
网 址：http://www.cip.com.cn
凡购买本书，如有缺损质量问题，本社销售中心负责调换。

定 价：55.00 元

前言

本书编者在探讨德国职业教育的教学论与方法论中，结合我国高职教育的实际情况，开发了以行动为导向的教学内容。书中采集了大量的机械制造产品作为教学实例，将理论知识灵活、自然地贯穿于完成任务的工作过程中。通过学习，读者能将读图、绘图、测量、职业素养、安全意识等知识和技能有机地结合在一起，既培养了学生的综合素质和职业能力，又为提高专业课程教学效果奠定基础。

本书具有以下特色。

1. 本书的编写充分利用了增强现实（AR）技术等技术开发的立体化虚拟仿真教学资源，体现"三维可视化及互动学习"的特点，将难以学习的知识点以 3D 教学资源的形式进行展示，力图达到"教师易教、学生易学"的目的。

2. 本书配有立体化资源，使用说明：扫描二维码安装 APP，并将 APP 激活，学校统一订购的请联系出版社获取激活码，个人读者请联系作者，并将购书凭证发送到 315011679@qq.com 邮箱获取激活码，打开 APP 扫描书中图题带有"AR"字样的图片，立体化资源即可呈现，读者可根据需要进行操作。

3. 本书内容设计以任务驱动为主线，按照识读与绘制机械图样的工作过程，通过完成各项目下的一系列任务，在完成任务的过程中学习相关知识。每个任务的载体来自企业典型零（部）件，因此，体现了知识与技能的实用性。

4. 教材内容排序合理、科学，符合认知规律。由浅入深、由简单到综合、从认识机械图样到识读和绘制机械图样，知识与技能的深度与广度逐步增加，再辅以立体化教学资源，有利于自学。

5. 教材内容完整，在通用知识与技能的基础上，将不同专业的个性体现出来。既有典型的机械产品零部件，又有典型的冲压模具实例，拓宽了学生的知识面，为今后就业奠定了良好的基础。

我们将为使用本书的教师免费提供电子教案等教学资源，需要者可以到化学工业出版社教学资源网站 http://www.cipedu.com.cn 免费下载使用。

本书共 8 个项目，其中项目 1、项目 7 由青岛职业技术学院赵水编写，项目 2 由青岛职业技术学院华泽珍编写，项目 3、项目 4 由青岛职业技术学院李祥福编写，项目 5、项目 6、项目 8 由青岛职业技术学院吕瑛波编写，全书由赵水负责统稿和定稿。

本书所有的立体化教学资源由赵水负责开发完成，在开发过程中得到了济南科明数码技术股份有限公司的大力支持。青岛职业技术学院白西平审核了项目 1~项目 4 的内容，青岛职业技术学院金彩善审核了项目 7、 项目 8 的内容， 青岛锐利精密模具有限公司模具设计师刘泉审核部分内容， 他们提出了许多宝贵的意见和建议， 从而提高了本书质量， 在此表示由衷的感谢。

由于我们水平有限， 书中难免有缺点和不妥之处， 欢迎读者批评指正。

编　者
2019 年 5 月

扫描二维码安装 APP

项目7　识读与绘制典型零件图　165

项目 8 识读与绘制 装配图　　**219**

项目1

认识机械图样及绘制简单图样

【项目功能】 学习国家标准有关制图的基本规定，掌握圆弧连接、斜度与锥度等平面图形的绘制方法。

1.1 任务1 认识机械图样

【任务目标】 通过认识零件图和装配图，熟悉国家标准有关制图的基本规定。

1.1.1 任务分析

1.1.1.1 机械工程图样的概念

在工程技术中，为了正确地表示工程对象的形状、大小、材料和相对位置等内容，通常将物体按一定的投影方法和技术规定表达在图纸上，被称之为工程图样，简称为图样。按照

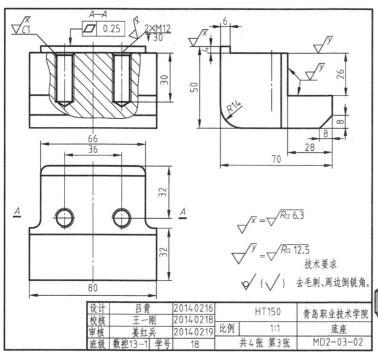

设计	吕青	20140216		HT150		青岛职业技术学院
校核	王一刚	20140218				
审核	姜红兵	20140219	比例	1:1		底座
班级	数控13-1	学号	18	共4张 第3张		MD2-03-02

图 1-1 底座零件图与立体图（AR）

不同的工程对象，图样可分为机械工程图样、建筑工程图样、电子工程图样、化工工程图样等，其中机械工程图样应用最广泛。

机械图样是采用正投影法的基本原理，按照国家《技术制图》和《机械制图》中的有关规定，以及相应的技术要求所绘制的图样。从而实现了平面图形与立体间的转换，如图 1-1 所示的底座零件图与立体图，如图 1-2、图 1-3 所示的定位器装配图与立体图。

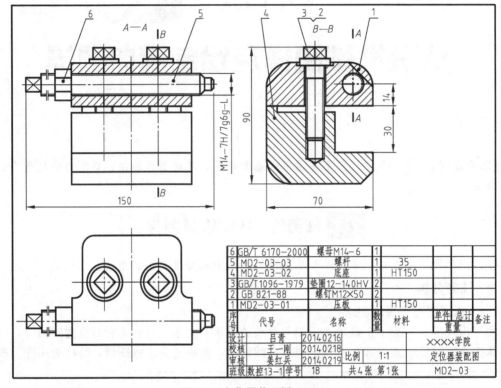

图 1-2　定位器装配图（AR）

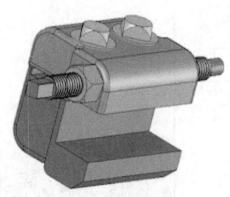

图 1-3　定位器立体图

1.1.1.2　机械图样及其作用

常见的机械图样有零件图和装配图。

零件图是表示零件结构形状、大小、技术要求及其他说明的图样。零件是组成机构和机器不可分拆的单个制件，它是机械制造过程中的基本单元。

装配图是表达整个机器、部件或组件的工作原理、装配关系、主要零件结构形状以及组成零件的名称、数量等内容的图样。机械图样的作用如下。

（1）是设计者表达产品的理论分析、设计构思和要求的途径。

（2）是产品制造、检验；设备改进、维修、安装等的主要依据。

（3）是信息、技术交流的工具，被喻为"工程界的语言"。

1.1.2　任务实施

机械图样由图纸图幅、图框、视图比例、字体、图线、尺寸等基本要素组成，并已标准化。国家标准编号由国家标准代号、标准顺序号和批准的年号构成，如图 1-4 所示。

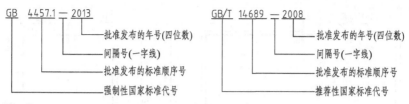

图 1-4 国家标准编号含义

1.1.2.1 图纸幅面和格式（GB/T 14689—2008）

（1）图纸幅面：图纸幅面有两种格式：基本幅面和加长幅面。绘制机械图样时，优先选用表 1-1 中规定的基本幅面图纸。当采用基本幅面绘制图样有困难时，可选用加长幅面，如图 1-5 所示。加长幅面是以某一基本幅面为基础，并沿其短边成整数倍增加后所获得的图纸。

表 1-1 图纸幅面规格 单位：mm

幅面代号	A0	A1	A2	A3	A4
$B \times L$	841× 1189	594× 841	420× 594	297× 420	210× 297
e	20			10	
c		10		5	
a			25		

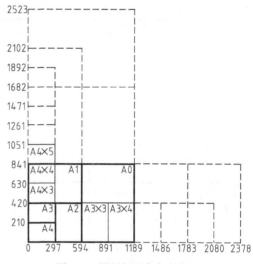

图 1-5 图纸幅面与加长幅面

（2）图框格式：图框格式有留装订边和不留装订边两种，同一产品的图样只能采用一种格式。

图框用粗实线绘制，图框距离图纸边界的尺寸由表 1-1 选取，如图 1-6 所示。

1.1.2.2 标题栏（GB/T 10609.1—2008）

标题栏一般应绘制在每张图纸右下角的图框上，如图 1-6 所示。标题栏格式有标准型（GB/T 10609.1—2008）和学生用的简化式，如图 1-7 所示。

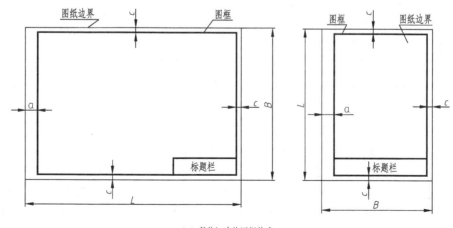

(a) 留装订边的图框格式

图 1-6

3

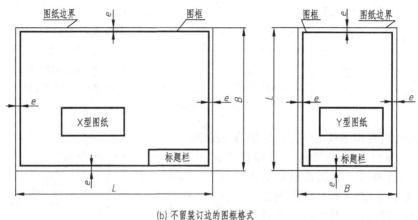

(b) 不留装订边的图框格式

图1-6 图框格式

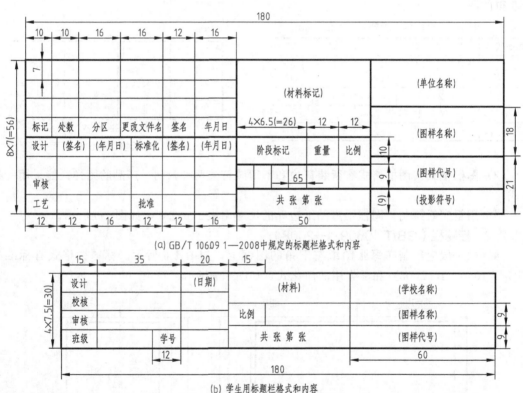

(a) GB/T 10609.1—2008中规定的标题栏格式和内容

(b) 学生用标题栏格式和内容

图1-7 标题栏的格式和内容

　　工程技术人员一般以标题栏中文字的方向作为布图和尺寸标注的方向。此时，看图方向与标题栏中的文字方向一致，如图1-8（a）所示。为了利用已有标题栏的图纸，但又因图形偏大不能按第一种情况画图时，可在装订边的图框中间绘制出对中符号和方向符号，标注尺寸时按方向符号标注，如图1-8（b）所示。对中符号和方向符号的画法，如图1-9所示。

　　投影符号的画法如图1-10所示，如采用第一角画法时，可以省略标注。

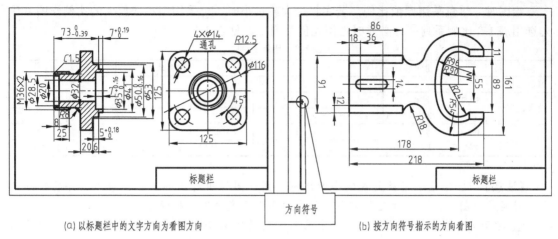

(a) 以标题栏中的文字方向为看图方向   (b) 按方向符号指示的方向看图

图 1-8　看图方向

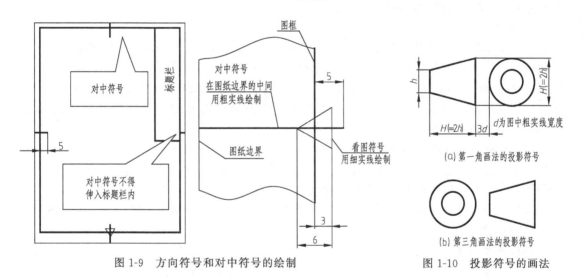

图 1-9　方向符号和对中符号的绘制   图 1-10　投影符号的画法

1.1.2.3　比例（GB/T 14690—1993）

比例是指图中图形与其实物相应要素的线性尺寸之比。比例按其比值大小有以下三种。

（1）原值比例：比值为1的比例称为原值比例，如图 1-11（b）所示。

（2）放大比例：比值大于1的比例称为放大比例，如图 1-11（a）所示。

（3）缩小比例：比值小于1的比例称为缩小比例，如图 1-11（c）所示。

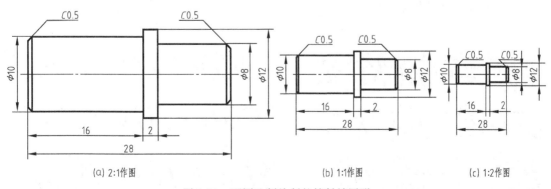

(a) 2:1作图   (b) 1:1作图   (c) 1:2作图

图 1-11　不同比例绘制的挡料销图形

绘图时，尽量采用原值比例。若实物过大或过小时，可采用缩小或放大的比例作图，优先选用表 1-2 比例系列一，必要时选用比例系列二，见表 1-2。

表 1-2　比例系列

种类	比例系列一			比例系列二					
原值比例	1：1								
放大比例	5：1	2：1		4：1	2.5：1				
	$5×10^n$：1	$2×10^n$：1	$1×10^n$：1	$4×10^n$：1	$2.5×10^n$：1				
缩小比例	1：2	1：5	1：10	1：1.5	1：2.5	1：3	1：4	1：6	
	$1：2×10^n$	$1：5×10^n$	$1：1×10^n$	$1：1.5×10^n$	$1：2.5×10^n$	$1：3×10^n$	$1：4×10^n$	$1：6×10^n$	

注：n 为正整数。

【注意】　① 不论采用放大或缩小的比例绘图，图样中标注的尺寸，均为机件的实际尺寸。带角度的图形，不论放大或缩小，仍应按实际角度绘制和标注。

② 对于同一张图样上的各个图形应采用相同的比例绘制，并将比值写在标题栏的比例一栏中。当机件局部需要放大表达时，可采用不同比例绘制并将比值写在相应视图的上方。

1.1.2.4　字体（GB/T 14691—1993）

1）基本要求

（1）在图样中书写的字体必须做到：字体工整、笔画清楚、间隔均匀、排列整齐。

（2）字体的号数即字体的高度（用 h 表示），其公称尺寸系列为：1.8、2.5、3.5、5、7、10、14、20（mm）等八种。如需要书写更大的字，其字体高度应按 $\sqrt{2}$ 的比率递增。

（3）汉字应写成长仿宋体，并采用国家正式公布的简化字。汉字的高度不应小于3.5mm，其字宽一般为 $h/\sqrt{2}$。

（4）字母和数字按笔画宽度情况分 A 型和 B 型。A 型字体的笔画宽度 d 为字高 h 的1/14；B 型的笔画宽度 d 为字高 h 的 1/10。但在同一图样上，只允许选用一种形式的字体。字母和数字可写成斜体和直体。斜体的字头向右倾斜，与水平基准线成75°。

（5）用作指数、分数、极限偏差、注脚等的数字及字母，一般应采用小一号的字体。

2）书写示例

（1）汉字书写示例：

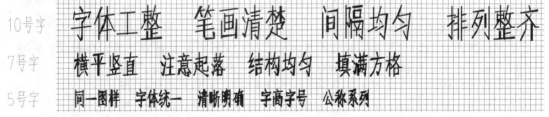

（2）字母和数字书写示例：

A 型

opqrstuvwxyz

0123456789

B 型

opqrstuvwxyz

0123456789

（3）其他书写示例：$\phi 65^{+0.021}_{+0.002}$ $\phi 20^{\ 0}_{-0.009}$ 80 ± 0.015 $80JS8$ $M24-6h$ $460r/min$

1.1.2.5   图线（GB/T 17450—1998、GB/T 4457.4—2002）

1）线型及其应用

机械制图中常用的图线有 9 种，其线型种类与应用见表 1-3、图 1-12 所示。

表 1-3   线型及应用

图线名称	代码	线　型	线宽	一 般 应 用
细实线	01.1.1～ 01.1.20	————————————	$d/2$	过渡线、尺寸线、尺寸界线、指引线和基准线、剖面线等
波浪线	01.1.21	∿∿∿	$d/2$	断裂处边界线；视图与剖视图的分界线
双折线	01.1.22	─┤├─┤├─	$d/2$	断裂处边界线；视图与剖视图的分界线
粗实线	01.2.1～ 01.2.10	━━━━━━━ b	d	可见棱边线、可见轮廓线、相贯线、螺纹牙顶线和终止线
细虚线	02.1.1～ 02.1.2	4～6　1	$d/2$	不可见棱边线、不可见轮廓线
粗虚线	02.2.1	4～6　1	d	允许表面处理的表示线
细点画线	04.1.1～ 04.1.5	15～30　3	$d/2$	轴线、对称中心线、分度圆、孔系分布的中心线、剖切线
粗点画线	04.2.1	15～30　3	d	限定范围表示线
细双点画线	05.1.1～ 05.1.11	～20　5	$d/2$	相邻辅助零件的轮廓线、可动零件的极限位置的轮廓

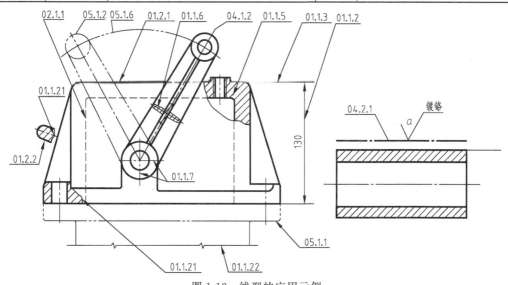

图 1-12   线型的应用示例

GB/T 4457.4—2002明确规定，在机械图样中采用粗细两种线宽，它们之间的比率为2：1。图线宽度系列有：0.13、0.18、0.25、0.35、0.5、0.7、1、1.4、2（mm）。优先选用0.5mm或0.7mm的粗实线宽度，应该尽量避免采用0.18mm以下的图线宽度。

2）图线的画法

（1）在同一图样中，同类图线的宽度应保持一致；虚线、细点画线及双点画线的线段长度和间隔见表1-3。图线的颜色深浅程度要一致，不要画成粗线深细线浅。

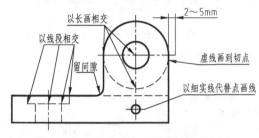

图1-13　圆的对称中心线和虚线的画法

（2）两条平行线（含剖面线）之间的距离最小距离不得小于0.7mm。

（3）点画线应超出轮廓线2～5mm。点画线、虚线与其他图线相交时，应在线段处相交，不应在空隙或短画处相交。当虚线处于粗实线的延长线上时，粗实线应画到分界线，而虚线应留有空隙。当虚线圆弧和虚线直线相切时，虚线圆弧的线段应画到切点，而虚线直线需留有空隙。在较小的图形上绘制点画线、双点画线有困难时，可用细实线代替。圆的对称中心线、虚线的画法，如图1-13所示。

1.1.2.6　尺寸标注（GB/T 4458.4—2003）

机件的大小是以图样上标注的尺寸数值为制造和检验依据的，所以，绘制图样时必须遵循国家标准中的有关规定，并做到：正确、完整、清晰、合理。

1）尺寸标注的基本原则

（1）图样中线性尺寸以mm为单位，不用注明；角度以"°""′""″"为单位。

（2）图样中所注尺寸是零件的真实大小，与图形的大小及绘图的准确度无关。

（3）零件的每一个尺寸，一般只标注一次，并应标注在反映该结构最清晰的图形上。

（4）图样中所注尺寸是该零件的完工尺寸，否则应另加说明。

2）组成尺寸的三要素

如图1-14所示，尺寸界线表示所注尺寸的范围。尺寸线表示所注尺寸的起点和终点，是度量尺寸的方向。尺寸数字表示机件的实际大小。

3）尺寸的正确标注

（1）尺寸三要素通常采用细实线绘制。尺寸线的终端有两种形式，箭头和45°细斜线，如图1-15和图1-16所示。在机械图样中一般采用箭头作为尺寸线的终端，且同一图样中的箭头大小、形状应一致。

（2）尺寸界线超出尺寸线2～3mm。尺寸界线可从图线的轮廓线、对称中心线、轴线等

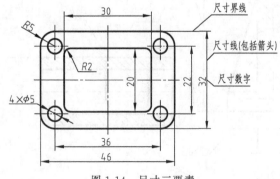

图1-14　尺寸三要素

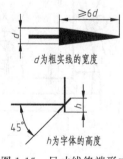

d为粗实线的宽度

45°

h为字体的高度

图1-15　尺寸线终端形式

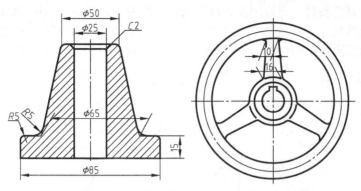

图 1-16 尺寸界线与尺寸线倾斜的画法

处直接引出；也可将轮廓线、对称中心线、轴线等作为尺寸界线，如图 1-16 所示。尺寸界线一般与尺寸线垂直，必要时才允许与尺寸线倾斜，如图 1-16 中所示尺寸 $\phi65$、10、16。从细实线交点处标注尺寸界线，所引出的尺寸界线不能与剖面线平行。

（3）尺寸线一般与所标注的线段平行，与尺寸界线垂直，如图 1-18（c）所示。尺寸线不能被任何线代替，如图 1-17（a）所示为正确的画法。图 1-17（b）所示中为错误的画法。

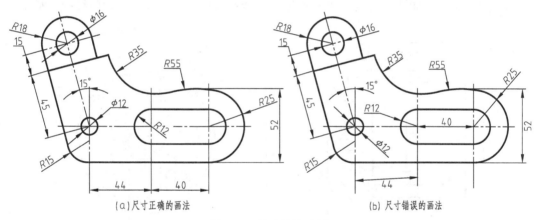

（a）尺寸正确的画法　　　　　　　　　　　　　（b）尺寸错误的画法

图 1-17 尺寸标注示例 1

（4）一般情况，标注水平方向的尺寸数字时，应该注写在尺寸线的上方，字头朝上；标注垂直方向的尺寸数字时，应注写在尺寸线的左侧，字头朝左，如图 1-17（a）所示。

（5）当所标注的要素图形不完整时应进行半标注，即：尺寸线标注到完整的一侧，另一端不标注箭头，但要略超过对称中心线，如图 1-18（a）所示。当图形中的几何要素较小而

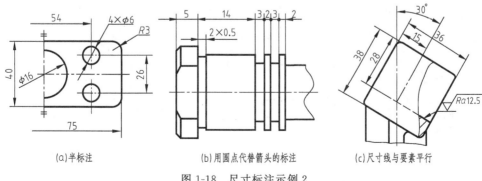

（a）半标注　　　　　　　（b）用圆点代替箭头的标注　　　　　（c）尺寸线与要素平行

图 1-18 尺寸标注示例 2

没有足够的位置画箭头时，允许用圆点或斜线代替箭头，如图 1-18（b）所示。

（6）对于线性尺寸数字的方向，如图 1-19（a）所示，一般应随尺寸线的方位而变化，尽量避免在 30°范围内标注尺寸，当无法避免时可按照图 1-19（b）形式标注。

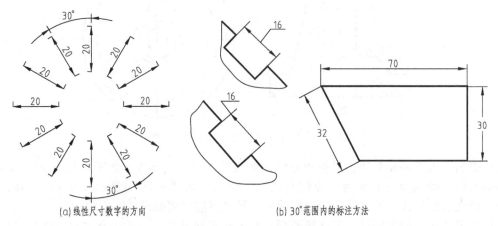

(a) 线性尺寸数字的方向　　　　　(b) 30°范围内的标注方法

图 1-19　尺寸数字的注写

（7）尺寸数字不能被任何线穿过，如图 1-20 所示被尺寸 12、φ54 穿过的线段应断开。

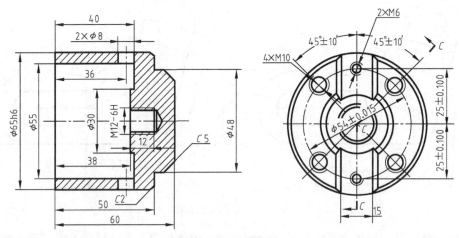

图 1-20　尺寸标注

（8）标注角度的尺寸数字必须水平书写，如图 1-21（a）所示为正确注法，图 1-21（b）为错误注法。弧长与弦长的注法如图 1-22 所示。

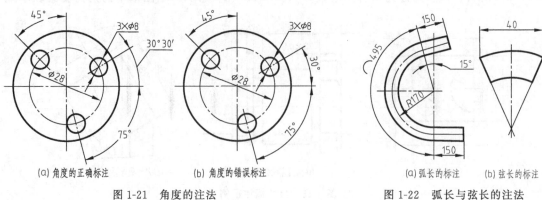

(a) 角度的正确标注　　　　(b) 角度的错误标注　　　(a) 弧长的标注　　(b) 弦长的标注

图 1-21　角度的注法　　　　　图 1-22　弧长与弦长的注法

（9）标注直径或半径时，尺寸线一般应通过圆心，如图 1-23（a）所示。当圆的直径过大，可按图 1-23（b）所示的形式标注。半径尺寸必须要标注在投影为圆弧的视图上。

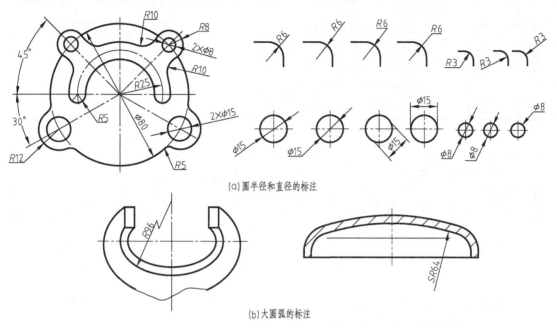

(a)圆半径和直径的标注

(b)大圆弧的标注

图 1-23　半径与直径尺寸的注法

（10）不要将尺寸注成封闭的尺寸链，如图 1-24 所示。

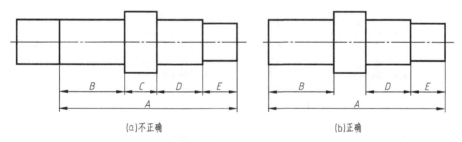

(a)不正确　　　　　　　　　　　　(b)正确

图 1-24　尺寸链不能封闭

4）标注尺寸的常用符号和缩写词

表 1-4 为标注尺寸的常用符号或缩写词及其应用。表中 "⊤" "∨" "⊔" "∠" "◁" 的比例画法如图 1-25 所示，图中 h 表示字体的高度。

表 1-4　标注尺寸的常用符号或缩写词

序号	符号或缩写词	含义	应　　用
1	ϕ	圆直径	一般情况，当圆弧大于半个圆时，尺寸数字前面加"ϕ"；而减速箱箱体上的轴承座孔和箱盖上的轴承座孔，尽管是半个圆弧，但为了保证滚动轴承的安装，通常是装配后再加工，加工时为了便于看图，在各自的零件图上，座孔尺寸数字前加"ϕ"
2	R	圆半径	当圆弧小于或等于半个圆时，尺寸数字前面加"R"
3	$S\phi$	球直径	当大于半个球体时，尺寸数字前面加"$S\phi$"
4	SR	球半径	当小于或等于半个球体时，尺寸数字前面加"SR"
5	t	板材厚度	对于板状零件的厚度，可在尺寸数字前加注"t"
6	EQS	均布	在同一个图形中，对于尺寸相同的成组孔、槽等要素，可只在一个要素上标注其尺寸和数量，并加注"EQS"
7	C	45°倒角	用于倒角为45°要素的图形上的标注，用引线标注

续表

序号	符号或缩写词	含义	应 用
8	□	正方形	标注端面为正方形结构的尺寸时,可在该尺寸数字前加符号"□",或用"边长×边长"表示
9	▼	深度	用于盲孔深度的标注
10	⊔	沉孔或锪平	用于阶梯孔或沉孔的标注
11	∨	埋头孔	用于锥形孔尺寸的标注
12	⌒	弧长	用于弧长尺寸的标注
13	∠	斜度	用于非回转体倾斜结构尺寸的标注
14	◁	锥度	用于回转体锥度尺寸的标注

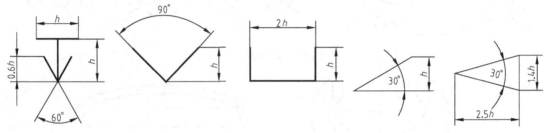

图 1-25 符号的比例画法

5) 零件上常见孔的尺寸注法

零件上常见孔的尺寸标注见表 1-5。

表 1-5 零件上常见孔的尺寸标注

零件结构类型		标注方式	说 明
螺孔	通孔	3×M6–7H　　3×M6–7H　　3×M6–7H	表示三个公称直径为6,螺纹中径、顶径公差带为7H,均匀分布的孔。可以旁注,也可以直接注出
	不通孔	3×M6–7H▼10　　3×M6–7H▼10　　3×M6–7H	螺孔深度为10,可与螺孔直径连注,也可分开标注
	不通孔	3×M6–7H▼10 孔▼12　　3×M6–7H▼10 孔▼12　　3×M6–7H	需要注出孔的深度时,应明确标注孔深尺寸。孔深为12
光孔	一般孔	4×φ5▼10　　4×φ5▼10　　4×φ5	表示四个直径为φ5孔深为10的光孔。孔深与孔径可连注,也可以分开标注

续表

零件结构类型		标注方式	说　明
光孔	锥销孔	锥销孔φ6 配作　　锥销孔φ6 配作　　锥销孔φ6 配作	φ6为与锥销孔相配的圆锥销小头直径。锥销孔通常是相邻两零件装在一起时加工，故应注明"配作"二字
沉孔	锥形沉孔	6×φ7 φ13×90°　6×φ7 φ13×90°　90° 6×φ13 6×φ7	表示六个直径为φ7均匀分布的孔。沉孔的直径为φ13,锥角为90°。锥形部分尺寸可以旁注，也可直接注出
	柱形沉孔	4×φ6.5 φ13▽4.5　4×φ6.5 φ13▽4.5　4×φ13 4×φ6.5	表示有四个直径为φ6.5均匀分布的孔。沉孔的直径为φ13,深度为4.5
	锪平面	4×φ7 φ16　4×φ7 φ16　4×φ16 4×φ7	表示锪平面φ16的深度不需标注，一般锪平到没有毛面为止

6）底板、端面和法兰盘图形的尺寸注法（图1-26）

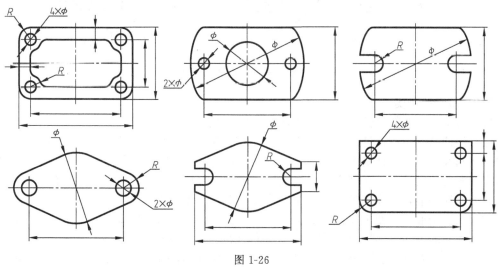

图1-26

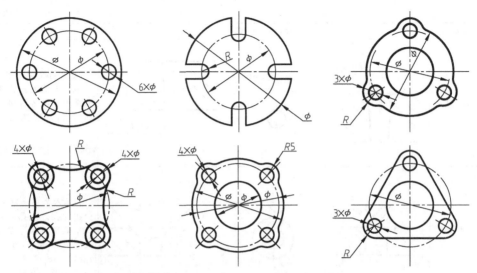

图 1-26 底板、端面和法兰盘图形的尺寸注法

1.1.3 知识链接

1.1.3.1 基准的概念

　　基准是尺寸标注的起点。根据零件的结构特点和在部件中所起的作用，零件上的点、线、面均可作为尺寸基准。如图 1-27 所示，工件的轴线是径向（高度）基准、大端面为长度基准、过轴线的前后对称中心面是宽度基准。

1.1.3.2 基准的数量

　　每个零件的长、宽、高方向各有一个主要基准，如图 1-27 所示。

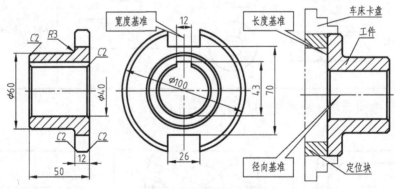

图 1-27 基准的概念（AR）

1.1.3.3 基准的种类

　　尺寸的基准一般有设计基准和工艺基准两种，如图 1-28 所示。

　　（1）设计基准：在设计中，为满足零件在机器或部件中对其结构、性能的特定要求而选定的一些基准，称为设计基准。如图 1-28（a）所示 $\phi32$ 孔的轴线是径向的主要基准，除了键槽高度方向的尺寸外，高度方向的其他尺寸均以此为基准进行标注，以满足使用要求，故该基准为设计基准，由该基准直接标注出的尺寸称为重要尺寸。

　　（2）工艺基准：为便于零件的加工、测量和装配而选定的一些基准，称为工艺基准。图 1-28（a）中 $35^{+0.2}_{0}$ 尺寸是以工艺基准为起点标注的尺寸，这样便于测量，如图 1-28（b）可用游标卡尺直接测量。图 1-28（c）是以设计基准为起点标注尺寸 $19^{+0.2}_{0}$，则不易测量。

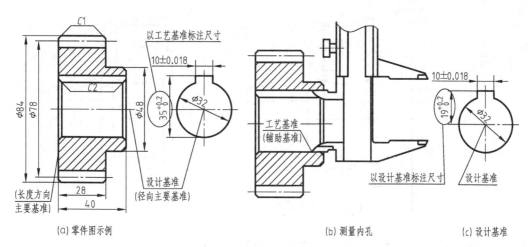

(a) 零件图示例   (b) 测量内孔   (c) 设计基准

图 1-28　设计基准与工艺基准概念（AR）

1.1.3.4　基准的选择

为了减少误差，保证设计要求，应尽可能使设计基准和工艺基准重合。当两基准不能重合时，以设计基准为主，兼顾工艺基准。

（1）相互结合的零件，应以其结合面为标注尺寸的基准。如图 1-29（a）中的 A 面是套筒与支座的结合面，也是套筒在该部件中的轴向定位面，所以，套筒零件图上以该面作为长度方向的主要基准。同理，图 1-29（a）中的 B 面，是定位轴在部件中与套筒的结合面，使轴向定位，因此，其零件图上以该面作为长度方向的主要基准，如图 1-29（b）所示。

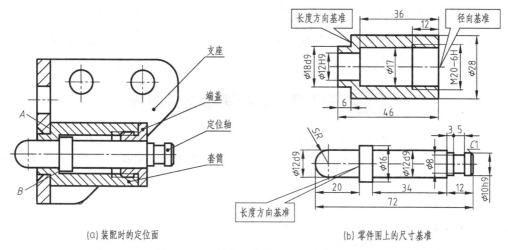

(a) 装配时的定位面   (b) 零件图上的尺寸基准

图 1-29　以结合面作为尺寸基准（AR）

（2）以零件主要装配孔的轴线为尺寸基准。如图 1-30 所示，阀体零件有两条互相垂直的装配干线，为了保证装配质量和使用要求，与阀杆配合的 ϕ_1 孔轴线作为长度方向的基准；与环形密封圈配合的 ϕ_2 孔轴线作为高度方向的基准。

（3）要求对称的要素，应以对称中心面（线）为尺寸基准标注尺寸，如图 1-31 所示。

① 对称度要求较高时，应标注对称度公差，如图 1-31（a）中所示，轴上宽度为 18mm 的键槽两侧相对于 $\phi60$ 轴线对称，对称度公差值为 0.02mm。

② 一般对称要求的尺寸标注，如图 1-31（b）所示，对称中心面为尺寸基准。

（4）以安装底面作为尺寸基准，如图 1-32 所示底平面是高度方向的主要基准。

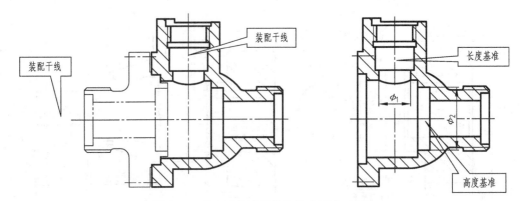

图 1-30　以主要装配干线为尺寸基准（AR）

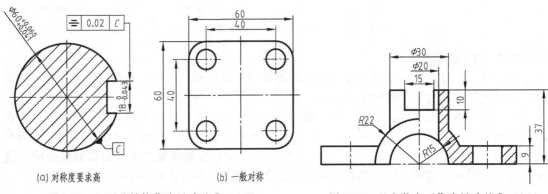

(a) 对称度要求高　　　　(b) 一般对称

图 1-31　以对称结构作为尺寸基准（AR）　　　　图 1-32　以安装底面作为尺寸基准（AR）

（5）以加工面作为尺寸基准，如图 1-27 所示，法兰盘大端面作为长度方向的尺寸基准。

（6）以点作为尺寸基准，如球阀中的球芯零件是以球心作为长、宽、高方向的尺寸基准。

1.2 任务2　绘制划线样板图样

【任务目标】　通过绘制划线样板平面图形，掌握圆弧连接、正多边形的作图方法与步骤，能正确地运用制图国家标准，正确地使用绘图工具及仪器，完成平面图形的绘制和尺寸标注。

1.2.1　任务分析

1.2.1.1　分析划线样板结构

如图 1-33 所示，划线样板上下对称，左端为扇形，右端为圆弧。$R20$ 与内切弧 $R60$ 圆弧相切。中间圆弧 $R20$ 与扇形直边和 $R60$ 圆弧相切，为外切弧。中间为正六边形。

1.2.1.2　分析平面图形尺寸

1）分析尺寸种类

按照尺寸的作用可分为定形尺寸、定位尺寸、总体尺寸。

（1）定形尺寸：是确定几何要素形状大小的尺寸。如图 1-33 中的 $R70$、$R20$、$R60$、40、120°等。

（2）定位尺寸：是确定几何要素之间相对位置的尺寸。在平面图形中，每个几何要素有 2 个方向的定位尺寸，即长度方向和高度方向。如图 1-33 中的 40，确定了 $R20$ 圆心相对 $R70$ 圆心长度方向的位置；尺寸 65 间接确定了 $R60$ 圆心高度方向的位置，有定位的作

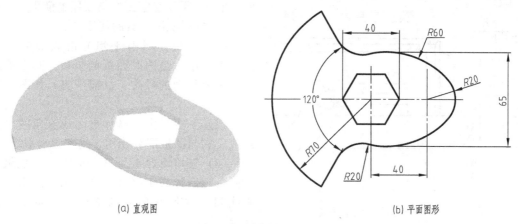

(a) 直观图   (b) 平面图形

图 1-33 划线样板（AR）

用，同时，还确定了样板右侧上下形状的大小，有定形作用。可见，该尺寸既定位，又定形。

（3）总体尺寸：是确定零件长、宽、高三个方向的总的尺寸，如图 1-34（a）中的尺寸30、20、24。当端部为圆弧结构时，不标注总体尺寸，标注中心距，如图 1-34（b）中的尺寸 24、18、16，如图 1-33（b）中的尺寸 40。图 1-34（c）是错误的标注。

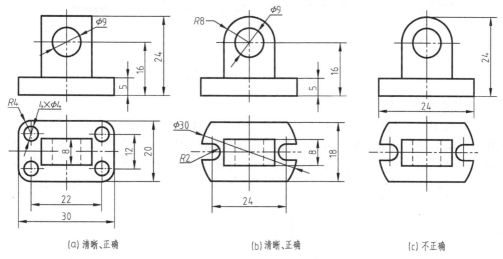

(a) 清晰、正确   (b) 清晰、正确   (c) 不正确

图 1-34 尺寸标注的清晰性示例（AR）

2）分析尺寸基准

因划线样板结构上下对称，故该对称中心线为高度方向的尺寸基准。R70 的圆心与正六边形的对称中心重合，是长度方向的基准。

1.2.1.3 分析平面图形线段

在平面图形中，根据几何要素已有的尺寸，分为已知线段、中间线段、连接线段。

（1）已知线段：具有定形与定位尺寸的线段。如图 1-33 中的扇形圆弧与直线、正六边形、右端的 R20 圆弧。

（2）中间线段：具有定形尺寸和一个方向定位尺寸的线段。如图 1-33 中的 R60 圆弧，其高度方向位置由尺寸 65 确定，而长度方向位置需要依据与 R20 圆弧的几何关系来确定。

（3）连接线段：有定形尺寸但无定位尺寸的线段。如图 1-33 中的 R20 外切圆弧。

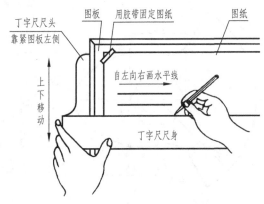

图1-35　利用丁字尺画水平线

1.2.1.4　常用绘图工具与仪器的使用

1）常用绘图工具的使用

（1）图板是具有平坦光滑表面的长方形木板，作为绘图时图纸的垫板，其左侧面是丁字尺移动的导边，故应平直，如图1-35所示。

（2）丁字尺由尺身和与之成直角的尺头组成。它与图板配合使用，用于画水平线。

（3）三角板含60°、30°和45°各一块组成一副，它们常与丁字尺配合使用，用来画垂直线和一些特殊角度的斜线等，如图1-36所示。

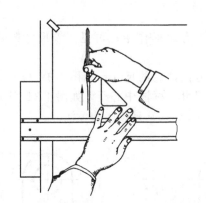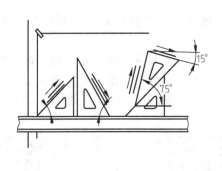

图1-36　用三角板配合丁字尺画垂直线和各种倾斜线

2）常用绘图仪器的使用

（1）圆规主要用来画圆或圆弧。使用前先调整针脚，钢针选用带台阶一端，安装铅芯时，让钢针略长于铅芯尖。画圆或圆弧时，应使针尖插入图板，台阶接触纸面，应让圆规朝前进方向稍微倾斜。另外，应根据不同的直径，尽量使钢针和铅芯同时垂直于纸面，并按顺时针方向一次画成，如图1-37所示。如遇直线与圆弧相连时，应先画圆弧后画直线。

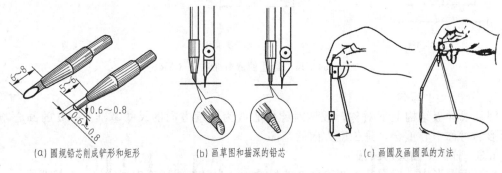

(a) 圆规铅芯削成铲形和矩形　　(b) 画草图和描深的铅芯　　(c) 画圆及画圆弧的方法

图1-37　圆规的使用方法

（2）分规用来等分和量取线段。使用前，先检查分规两脚并拢后是否对齐。如图1-38所示，为量取线段和等分线段的方法。

（3）绘图铅笔铅芯的软（黑）硬由字母B和H来体现。画底稿时一般用2H铅笔，书写字符及描深细线一般用HB或H铅笔，描深粗线时一般用B或HB铅笔。铅笔的削法与

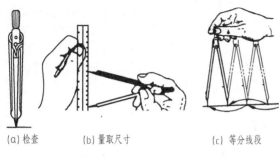

(a) 检查　　　　(b) 量取尺寸　　　　(c) 等分线段

图 1-38　分规的使用方法

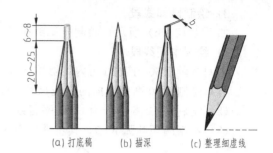

(a) 打底稿　　(b) 描深　　(c) 整理细虚线

图 1-39　铅笔及其用法

使用如图 1-39 所示。

（4）其他绘图工具与仪器还有比例尺、曲线板、橡皮、胶带纸、擦图片、小刀、毛刷等。

1.2.2　任务实施

1.2.2.1　选择比例与图幅

根据零件结构的形状大小与复杂程度，选择合适的比例、图幅。本例因形状简单、大小适中，故选用原值比例、A4 图幅。

1.2.2.2　固定图纸

将图纸平放在图板上，用丁字尺的工作边从上至下找正图纸，并用胶带纸将图纸固定在图板的左下侧，如图 1-40 所示。

1.2.2.3　画图框和标题栏

如图 1-41 所示绘制图框和标题栏。

1.2.2.4　绘制平面图形底稿

采用 2H 的铅笔绘制平面图形的底稿，步骤如下。

1）绘制基准线

绘制水平基准线、垂直基准线，如图 1-42（a）所示。

图 1-41　绘制图框和标题栏

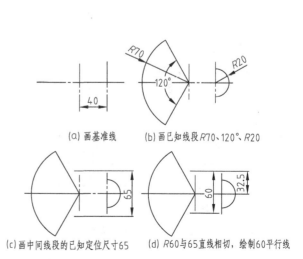

(a) 画基准线　　　　(b) 画已知线段 R70、120°、R20

(c) 画中间线段的已知定位尺寸65　　(d) R60与65直线相切，绘制60平行线

图 1-42　绘制基准线和已知线段

2）绘制已知线段

如图 1-42（b）所示，绘制已知线段 $R70$、$120°$、$R20$。

3）绘制中间线段

中间线段 $R60$ 与 $R20$ 为内切弧连接。作图步骤如下。

（1）绘制 $R60$ 高度方向的定位尺寸 65，如图 1-42（c）所示。

（2）绘制距 32.5 直线为 60 的平行线，如图 1-42（d）所示。

（3）绘制内切圆弧 $R60$，其步骤如图 1-43 所示。

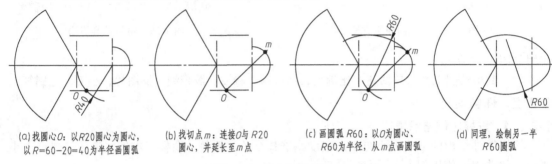

（a）找圆心 O：以 $R20$ 圆心为圆心，以 $R=60-20=40$ 为半径画圆弧　（b）找切点 m：连接 O 与 $R20$ 圆心，并延长至 m 点　（c）画圆弧 $R60$：以 O 为圆心、$R60$ 为半径，从 m 点画圆弧　（d）同理，绘制另一半 $R60$ 圆弧

图 1-43　画内切圆弧 $R60$

4）绘制连接线段

连线段 $R20$ 与 $R60$ 和扇形直线相切，为外切弧连接。绘制外切弧时，其作图步骤为找圆心、找切点、画圆弧，如图 1-44 所示。

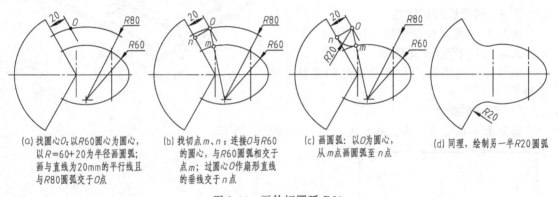

（a）找圆心 O：以 $R60$ 圆心为圆心，以 $R=60+20$ 为半径画圆弧；画与直线为 20mm 的平行线且与 $R80$ 圆弧交于 O 点　（b）找切点 m、n：连接 O 与 $R60$ 的圆心，与 $R60$ 圆弧相交于点 m；过圆心 O 作扇形直线的垂线交于 n 点　（c）画圆弧：以 O 为圆心，从 m 点画圆弧至 n 点　（d）同理，绘制另一半 $R20$ 圆弧

图 1-44　画外切圆弧 $R20$

5）绘制正六边形

绘制正六边形的方法有以下 2 种。

（1）利用 $60°$ 三角板与丁字尺配合绘制，其作图步骤如图 1-45 所示。

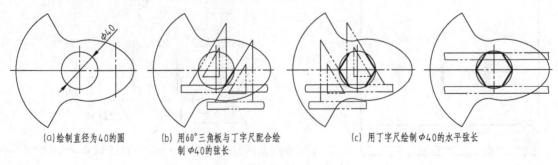

（a）绘制直径为 40 的圆　（b）用 $60°$ 三角板与丁字尺配合绘制 $\phi40$ 的弦长　（c）用丁字尺绘制 $\phi40$ 的水平弦长

图 1-45　绘制正六边形方法之一

（2）利用圆规等分 φ40 圆，其作图步骤如图 1-46 所示。

1.2.2.5 检查、整理图线

如图 1-47 所示，整理线型、加深粗实线。

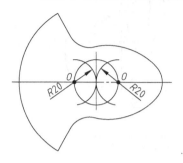

（a）利用圆规绘制正六边形：以O、O₁点为圆心，以R20为半径画弧等分φ40圆

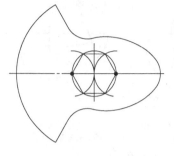

（b）连接各等分点

图 1-46 绘制正六边形方法之二

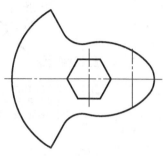

图 1-47 整理线型、加深粗实线

1.2.2.6 标注尺寸

如图 1-48 所示，标注尺寸。

1.2.2.7 填写标题栏

如图 1-48 所示，填写标题栏。

1.2.3 知识链接

1.2.3.1 常见零件结构的圆弧连接画法

1）扳手局部结构的圆弧连接画法

如图 1-49（a）为扳手局部结构的直观图，由图 1-49（b）尺寸 R40 与 R20（与 34 相切）为外切圆弧，其作图步骤同图 1-44。R50 与 R20 的圆弧为内切圆弧连接，其作图步骤如图 1-49 所示。

2）内转子的圆弧连接画法

内转子上下表面的外切圆弧连接画法如图 1-50 所示。

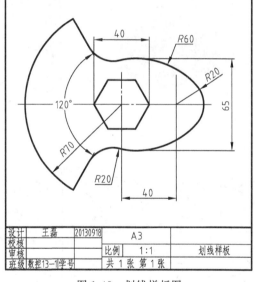

图 1-48 划线样板图

（a）扳手局部结构直观图

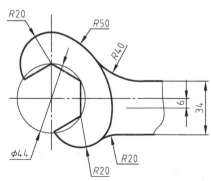

（b）扳手局部结构图形（AR）

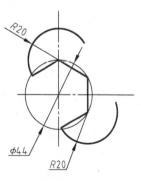

（c）绘制已知线段

图 1-49

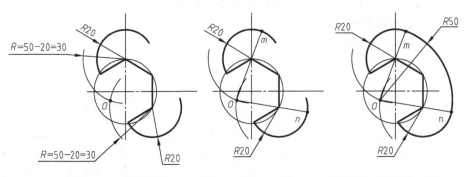

(d) 找圆心O：以R20圆弧的圆心为圆心 R=50-20=30 为半径画弧，交于O点

(e) 找切点m、n：连接O与R20的圆心，并延长与R20圆弧分别交于m、n点

(f) 画圆弧：以O为圆心、R50为半径，从m点画至n点

图 1-49 内切圆弧的作图步骤

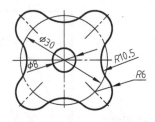

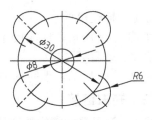

(a) 内转子直观图

(b) 内转子上表面图形(AR)

(c) 绘制已知线段

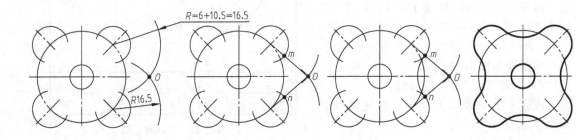

(d) 找圆心O：以R6圆心为圆心，以R16.5为半径绘制圆弧

(e) 找切点m、n：连接R6圆心与圆心O，分别与R6圆弧交于点m、n

(f) 画圆弧：以O为圆心，从点m画至点n

(g) 同理，完成其他三段R10.5圆弧的绘制

图 1-50 外切圆弧的作图步骤

3）机械手手指圆角结构的画法

机械手手指 A 向视图中直线间的圆弧连接画法如图 1-51 所示。

1.2.3.2 常用几何作图法

1）等分直线段

如图 1-52 所示，等分 AB 直线段的作图步骤。同理，可将已知线段分为 n 等分。

2）等分圆周并绘制正多边形

（1）如图 1-53 中为绘制正五边形的作图步骤。

（2）如图 1-54 中为绘制正三边形、正十二边形的作图步骤。

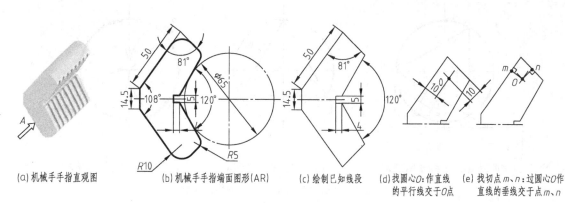

(a)机械手手指直观图

(b)机械手手指端面图形(AR)

(c)绘制已知线段

(d)找圆心O:作直线的平行线交于O点

(e)找切点m、n:过圆心O作直线的垂线交于点m、n

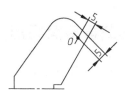
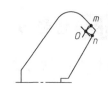
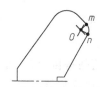

(f)画圆弧:以O点为圆心,从m点画至n点

(g)找圆心O:作直线的平行线交于O点

(h)找切点m、n:过圆心O作直线的垂线交于点m、n

(i)画圆弧:以O点为圆心,从m点画至n点

图 1-51　两直线圆弧连接的作图步骤

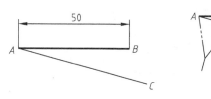
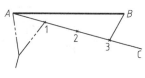
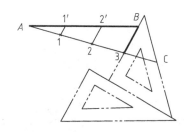

(a)过A点作任意角度的直线AC

(b)取任意长度在AC线上截取三段等长线段,得点1、2、3

(c)连接B3,过1、2点作B3的平行线,与AB线交于点1′、2′(AR)

图 1-52　等分已知线段的作图步骤

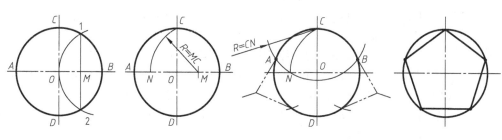

(a)求出M点:以B点为圆心,以OB为半径画弧与圆交于点1、2,连接12交于M点

(b)求五边形等分弦长CN:以M点为圆心,以MC为半径画弧,与AO交于N点

(c)等分圆周:以C点为圆心,以CN为半径画弧等分圆周

(d)连接各等分点,绘制出五边形(AR)

图 1-53　正五边形的作图步骤

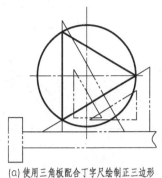
(a) 使用三角板配合丁字尺绘制正三边形

(b) 使用圆规绘制正三边形 (AR)

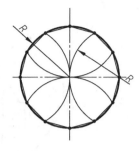
(c) 使用圆规绘制正十二边形 (AR)

图 1-54　正三边形、正十二边形的作图步骤

1.3 任务 3　绘制斜楔平面图形

【任务目标】　通过绘制斜楔和锥形塞平面图形，掌握斜度和锥度的作图方法与步骤，并能正确地标注尺寸。

1.3.1　任务分析

1.3.1.1　分析斜楔零件结构

如图 1-55 所示，该零件左侧是圆柱体，右侧是长方体被切割后的形体，其斜面相对于底面的倾斜度为 1：5。

(a) 斜楔直观图 (AR)

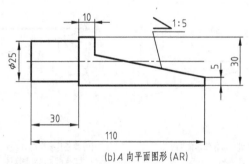
(b) A 向平面图形 (AR)

图 1-55　斜楔直观图与 A 向平面图形

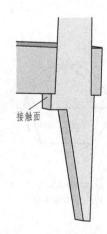
图 1-56　装配示意图

1.3.1.2　分析尺寸基准

由图 1-56 可知，尺寸 30 的右端面是与其他零件的接触面，故该面是图 1-55（b）中长度方向的尺寸基准，$\phi25$ 轴线是高度方向基准。

1.3.1.3　分析平面图形线段与尺寸

（1）已知线段：由定形尺寸 $\phi25$ 与 30 组成的矩形，定形尺寸 10、30、5 和定位尺寸 110 所决定的直线段。

（2）中间线段：由定位尺寸 5 和定形尺寸斜度∠1：5 组成的斜线。

1.3.1.4　斜度的含义

斜度是指一直线（平面）对另一直线（平面）的倾斜程度，如图 1-55 所示，其大小用两者之间夹角的正切值来表示，在图样上通常用 1：n 来标注。如 1：5 中，"1" 表示 1 个单位，可以取任意值；"5"表示5个单位，其值＝5×1个单位所取的值。

1.3.2 任务实施

1.3.2.1 绘制平面图形底稿

（1）画基准线。如图1-57（a）所示绘制长度方向和高度方向的基准线。

（2）画已知线段。如图1-57（b）所示绘制已知线段。

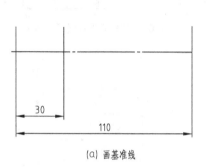
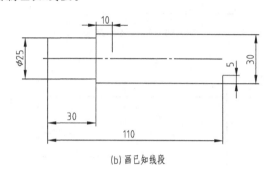

(a) 画基准线   (b) 画已知线段

图1-57 画基准线和已知线段

（3）画中间线段。绘制1:5的斜度，如图1-58所示。

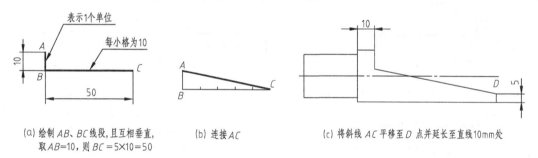

(a) 绘制 AB、BC 线段，且互相垂直，取 AB=10，则 BC=5×10=50   (b) 连接 AC   (c) 将斜线 AC 平移至 D 点并延长至直线10mm处

图1-58 斜度的作图步骤

1.3.2.2 检查、整理图线

检查图形，并整理、加深线型，如图1-55（b）所示。

1.3.2.3 标注尺寸

标注斜度时，在比值前用斜度符号∠表示，符号的画法如图1-25所示。图样中符号的倾斜方向应与零件倾斜结构的斜度方向一致，如图1-55（b）所示。

1.3.3 知识链接

1.3.3.1 锥度的含义

锥度是指正圆锥体的底圆直径与正圆锥体的高度之比。对于圆台则锥度为两底圆直径之差与其高度之比，并把比值化为1:n的形式，即锥度$=\dfrac{D}{L_2}=\dfrac{D-d}{L_1}=2\tan\alpha$。其符号的画法，如图1-59所示，图中 h 为字体高度。图1-60所示为锥形塞平面图形。

1.3.3.2 绘制锥形塞平面图形

（1）画基准线。如图1-61（a）所示绘制长度方向和高度方向的基准线。

（2）画已知线段。如图1-61（b）所示绘制已知线段。

（3）画中间线段。如图1-61所示绘制已知线段。

1.3.3.3 检查、整理图线

检查图形，并整理、加深线型，如图1-60所示。

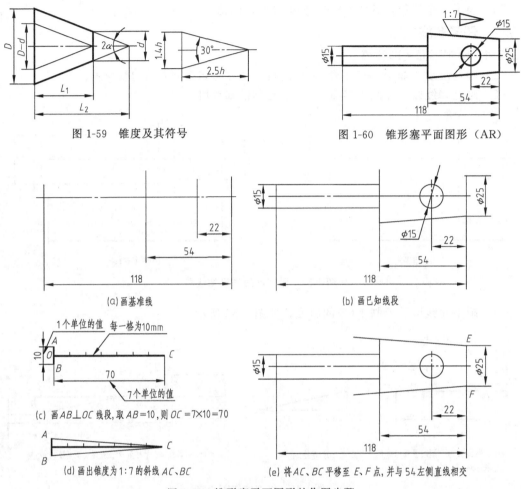

图 1-59 锥度及其符号

图 1-60 锥形塞平面图形（AR）

(a) 画基准线

(b) 画已知线段

(c) 画 $AB \perp OC$ 线段，取 $AB=10$，则 $OC=7 \times 10=70$

(d) 画出锥度为 1:7 的斜线 AC、BC

(e) 将 AC、BC 平移至 E、F 点，并与 54 左侧直线相交

图 1-61 锥形塞平面图形的作图步骤

1.3.3.4 标注尺寸

标注锥度时，在比值前用锥度符号◁表示，用引线标注在零件锥形的结构投影上。锥度符号的方向与零件锥形结构的方向一致，如图 1-60 所示。

项目2

绘制基本形体三视图

【项目功能】 学习投影法及投影特性，三视图的投影规律及点、线、面的基本知识，掌握基本体三视图的绘制方法和步骤，熟悉立体表面上取点和线的投影方法。

2.1 任务1 绘制五棱柱三视图

【任务目标】 通过学习正投影法的投影特性，掌握五棱柱三视图的绘制。

2.1.1 任务分析

基本形体分平面立体和曲面立体，如图 2-1 所示。平面立体由平面组成，曲面立体由平面和曲面或者只有曲面组成。

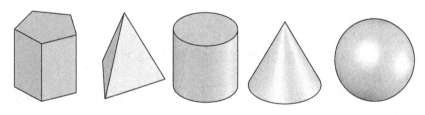

图 2-1 基本形体

以图 2-2 五棱柱为例，介绍如何绘制基本形体的三视图，下面先学习机械制图中常用的方法正投影法及其投影特性。

2.1.1.1 正投影法及其投影特性

1）投影法的分类

（1）投影法：在灯光或日光的照射下，物体在地面或墙壁上就会出现影子，对这种自然现象加以科学地概括，就形成了投影法。

（2）投影法的分类：如图 2-3 所示，投影法分为中心投影法和平行投影法。

① 中心投影法：投射线汇交一点的投影法称为中心投影法，如图 2-3（a）所示。其投影中心、物体、投影面三者之间的相对距离对

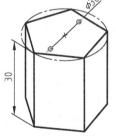

图 2-2 五棱柱

投影的大小有影响，所以度量性较差。但图的立体感较好，常用于建筑、机械产品等效果图，如图 2-4（a）所示。

② 平行投影法：投射线互相平行的投影法称为平行投影法。平行投影法又分为斜投影

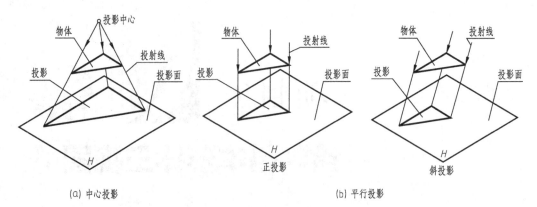

(a) 中心投影   (b) 平行投影

图 2-3 投影法的分类

(a) 透视图   (b) 座体三视图及正轴测图

图 2-4 投影法的应用

法和正投影法，如图 2-3（b）所示。投影射与投影面相垂直的平行投影法为正投影法；投射线与投影面相倾斜的平行投影法为斜投影法。

由正投影法获得的投影图能准确反映物体的形状和大小，度量性好，作图简便，如图 2-4（b）所示。因此，常采用正投影法绘制机械图样（斜轴测图除外）。

2）正投影的投影特性

（1）真实性。平面图形（或直线）与投影面平行时，其投影反映实形（或实长）的性质称为真实性，如图 2-5（b）所示。

（2）积聚性。平面图形（或直线）与投影面垂直时，其投影积聚为一条直线（或一个点）的性质称为积聚性，如图 2-5（c）所示。

（3）类似性。平面图形（或直线）与投影面倾斜时，其投影变小（或变短），但投影的形状与原来形状相类似的性质称为类似性，如图 2-5（d）所示。

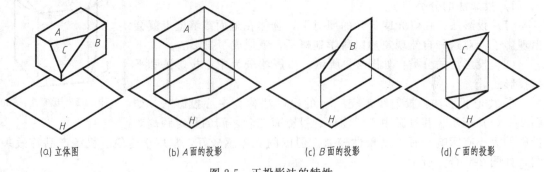

(a) 立体图   (b) A 面的投影   (c) B 面的投影   (d) C 面的投影

图 2-5 正投影法的特性

2.1.1.2 三视图的形成

1) 建立三面投影体系

问题的提出：点的空间位置确定后，它在一个投影面上的投影是唯一确定的。反之呢？已知点的一个投影，却不能唯一确定点所在的空间位置，如图2-6所示。

解决问题办法：建立三面投影体系来表达物体所在空间的位置。

(1) 三面投影体系：由正立投影面 V（简称正面）、水平投影面 H（简称水平面）、侧立投影面 W（简称侧面）组成，它们互相垂直。三个投影面的交线 OX 轴、OY 轴和 OZ 轴称为投影轴，也互相垂直。三条投影轴的交点 O 称为原点，如图2-7所示。

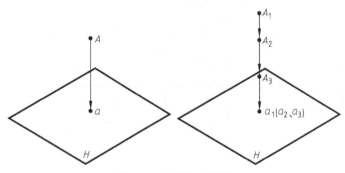

图 2-6 点的单面投影

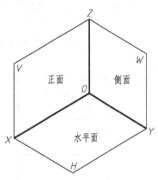

图 2-7 三面投影体系（AR）

(2) 三条投影轴与物体的关系：

① OX——度量物体的长度和确定左右位置；

② OY——度量物体的宽度和确定前后位置；

③ OZ——度量物体的高度和确定上下位置。

2) 三视图的形成

如图2-8（a）所示，将物体放在三面投影体系中，按正投影法向各投影面投射，分别得到正面投影、水平投影和侧面投影，即为三个视图：

① 主视图：由前向后投射所得的视图，在正立面投影面 V 上；

② 俯视图：由上向下投射所得的视图，在水平投影面 H 上；

③ 左视图：由左向右投射所得的视图，在侧立投影面 W 上。

为了便于画图和看图，将三个视图放在同一个平面上，即：正面不动，将水平面绕 OX 轴旋转90°，侧面绕 OZ 轴旋转90°。在旋转过程中，OY 轴被分为 Y_H、Y_W，分别随水平面和侧面旋转，如图2-8（b）所示。去掉边框后，三个视图在同一平面内，如图2-8（c）所示。

俯视图在主视图正下方，左视图在主视图的正右方，如图2-8（d）所示。

2.1.1.3 三视图的投影规律

(1) 以主视图为基准，三个视图之间的投影规律：

① 长对正：主视图和俯视图长度相等且对正。

② 高平齐：主视图和左视图高度相等且平齐。

③ 宽相等：俯视图和左视图宽度相等且对应。

(2) 投影对应关系：主视图反映物体的长度和高度；俯视图反映物体的长度和宽度；左视图反映物体的高度和宽度。

(3) 方位对应关系：如图2-9所示。

主视图反映物体的上下左右；俯视图反映物体的左右前后；左视图反映物体的上下前

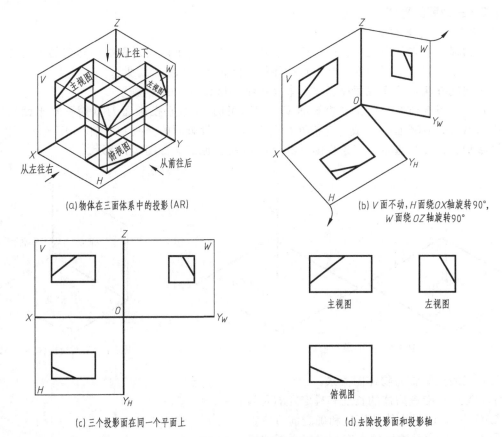

(a) 物体在三面体系中的投影（AR）

(b) V面不动，H面绕OX轴旋转90°，
W面绕OZ轴旋转90°

(c) 三个投影面在同一个平面上

(d) 去除投影面和投影轴

图 2-8　三视图的形成

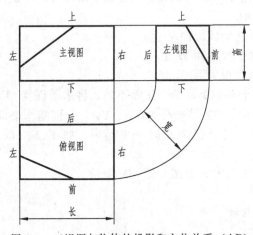

图 2-9　三视图与物体的投影和方位关系（AR）

后。在俯视图、左视图中，远离主视图的一面反映物体的前面。

2.1.1.4　分析五棱柱形体和投影

（1）分析五棱柱的形体：如图 2-10 所示，正五棱柱由顶面、底面和 5 个侧面组成。其顶面和底面为正五边形，侧面均为矩形，侧面的交线（棱线）互相平行。

（2）分析五棱柱的投影：如图 2-10 所示，为了作图方便，选择正五棱柱的顶面与底面平行于水平面，并使后面与正立投影面平行，五个侧面与水平面垂直。其投影特征：

① 顶面与底面的三面投影：正五棱柱顶面和底面的水平投影重合并反映实形性，为正五边形，其正面和侧面的投影积聚成为水平线。

② 五个侧面的三面投影：水平投影分别积聚为五边形的五条边；正面投影为五个矩形，其中后面的投影反映实形，但因被前面挡住，故棱线为虚线，左右侧面的投影具有类似性，前侧的两个棱面挡住后侧的两个棱面；后面在侧面上的投影积聚为铅垂线，因左右对称，故左侧的两个矩形与右侧的矩形重合，且具有类似性。

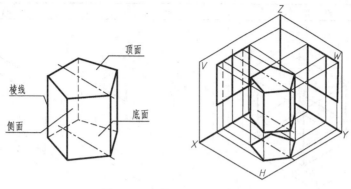

图 2-10 五棱柱的组成与投影

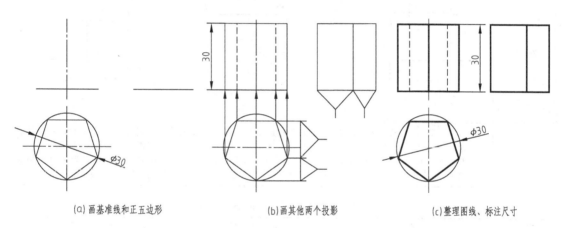

(a)画基准线和正五边形　　　　(b)画其他两个投影　　　　(c)整理图线、标注尺寸

图 2-11 五棱柱三视图的作图步骤（AR）

2.1.2 任务实施

2.1.2.1 绘制五棱柱三视图底稿

（1）画基准线和反映实形的投影，如图 2-11（a）所示。

（2）画五棱柱主视图和左视图的投影，如图 2-11（b）所示。

2.1.2.2 检查、整理图线

不可见轮廓线画成虚线，检查无误后，擦去多余线，按线型描深图线，完成三视图绘制，如图 2-11（c）所示。

2.1.2.3 标注尺寸

如图 2-11（c）所示，标注五棱柱高度尺寸和外接圆直径尺寸。

2.1.3 知识链接

2.1.3.1 特殊位置直线的投影

直线相对于投影面的位置有三种：投影面垂直线、投影面平行线、一般位置直线。前两者又称为特殊位置的直线。下面介绍特殊位置直线的投影特性。

（1）投影面垂直线：垂直于一个投影面的直线称为投影面垂直线，其投影特性如表 2-1 所示。

（2）投影面平行线：平行于一个投影面、倾斜于另外两个投影面的直线称为投影面平行线，其投影特性如表 2-2 所示。

表 2-1　投影面垂直线的投影特性

名称	铅垂线	正垂线	侧垂线
轴侧图	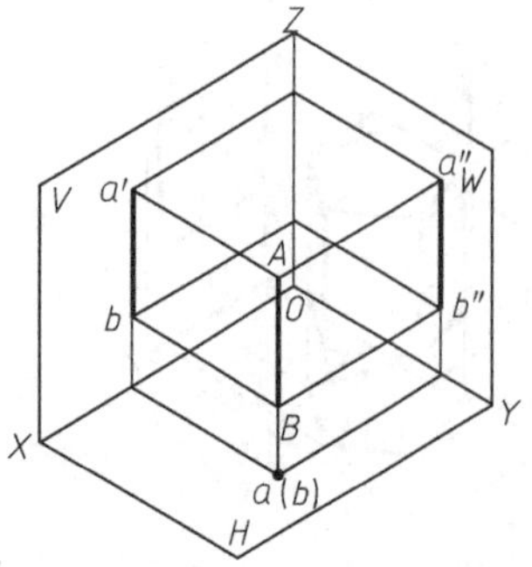	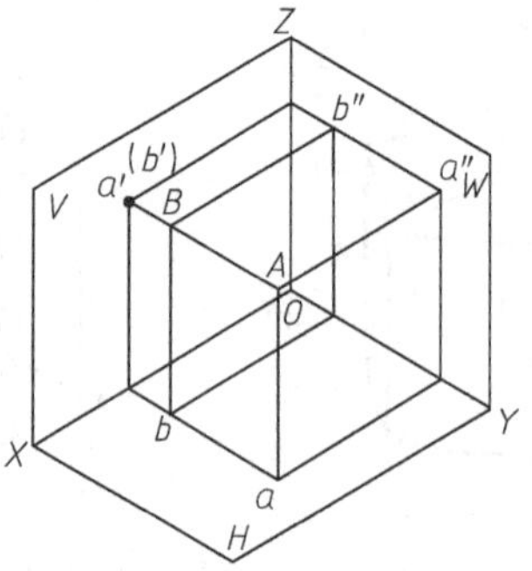	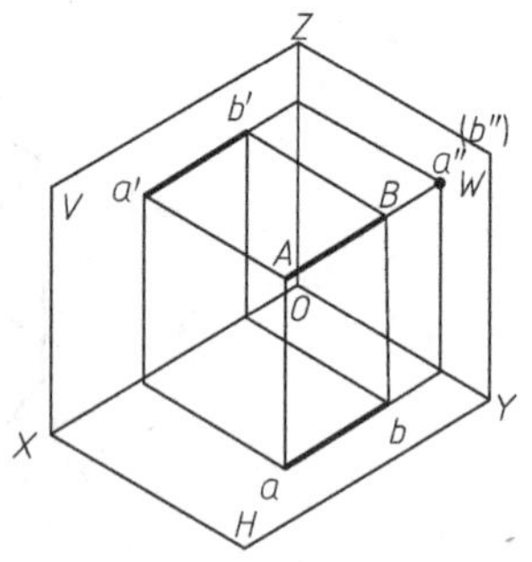
投影图	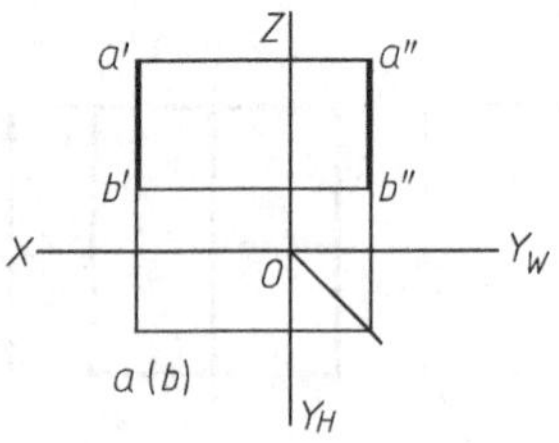	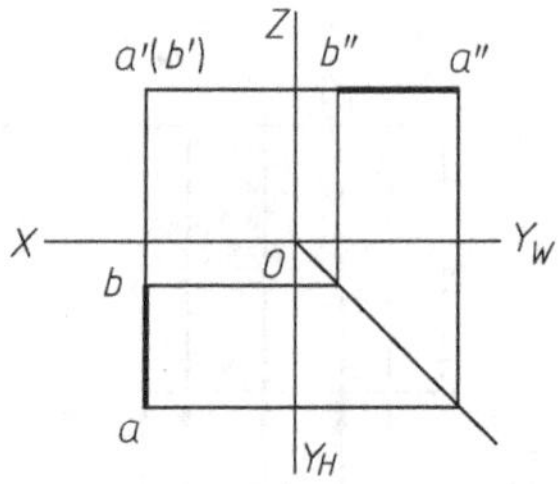	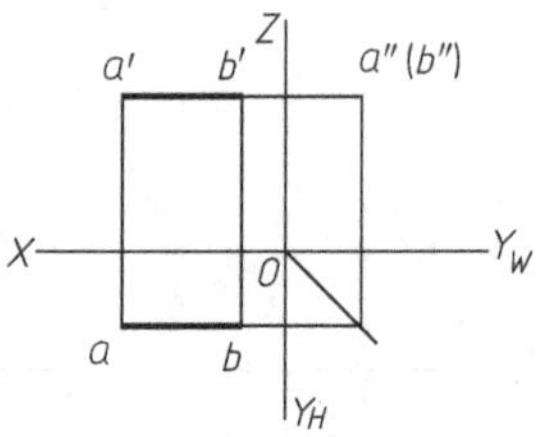
投影特性	①水平投影 $a(b)$ 成一点,具有积聚性; ②其他两个投影为垂直于相应轴的直线,并反映实形	①正面投影 $a'(b')$ 成一点,具有积聚性; ②其他两个投影为垂直于相应轴的直线,并反映实形	①侧面投影 $a''(b'')$ 成一点,具有积聚性; ②其他两个投影为垂直于相应轴的直线,并反映实形

表 2-2　投影面平行线的投影特性

名称	水平线	正平线	侧平线
轴侧图	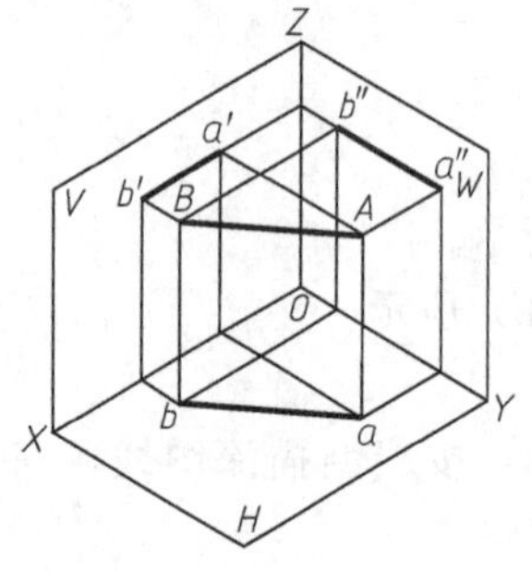	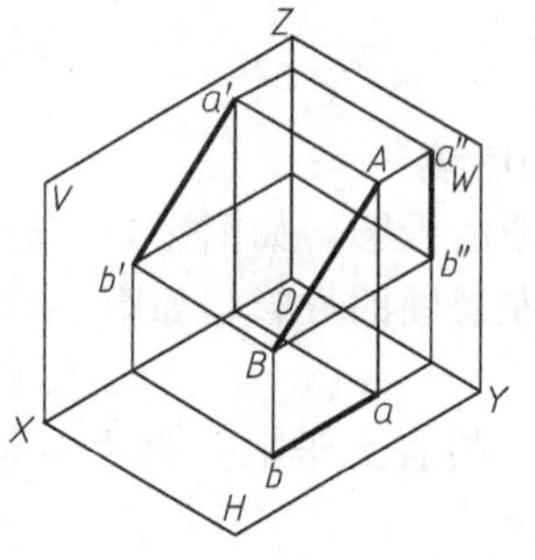	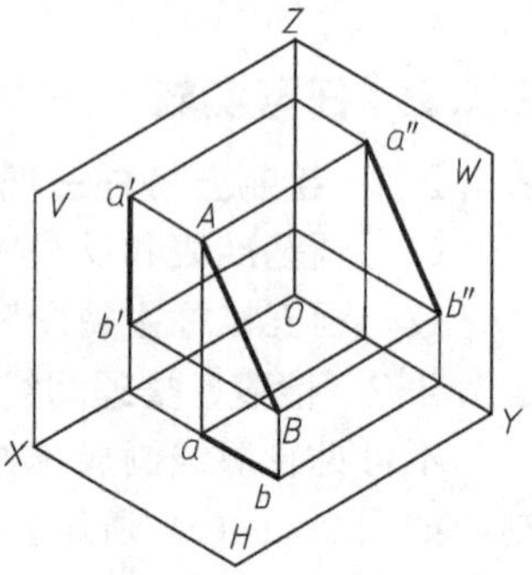
投影图	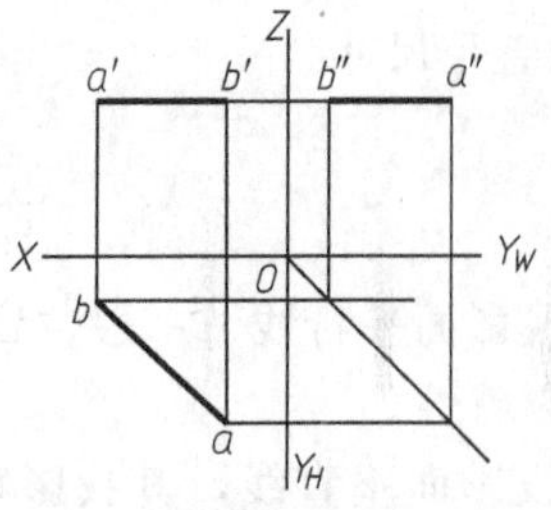	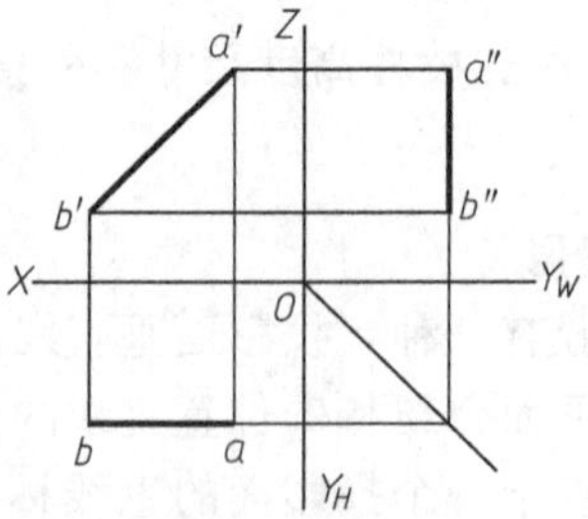	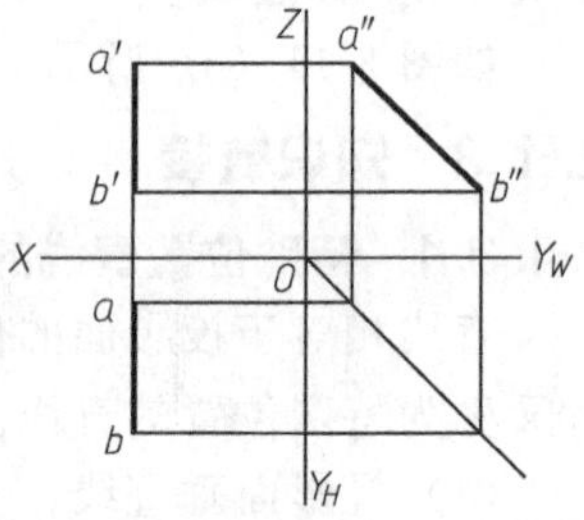
投影特性	①水平投影 ab 反映实长; ②其他两个投影为平行于相应轴的直线,都不反映实长	①正面投影 $a'b'$ 反映实长; ②其他两个投影为平行于相应轴的直线,都不反映实长	①侧面投影 $a''b''$ 反映实长; ②其他两个投影为平行于相应轴的直线,都不反映实长

2.1.3.2　特殊位置平面的投影

平面相对于投影面的位置有三种：投影面垂直面、投影面平行面、一般位置平面。前两者又称为特殊位置的平面。下面介绍特殊位置平面的投影特性。

表 2-3　投影面垂直面的投影特性

名称	铅 垂 面	正 垂 面	侧 垂 面
轴侧图	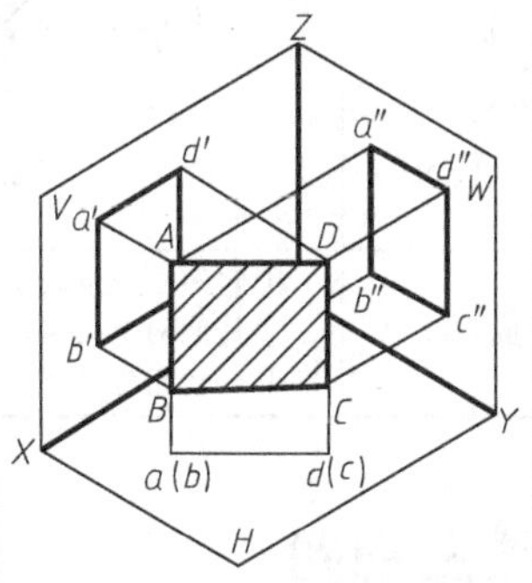	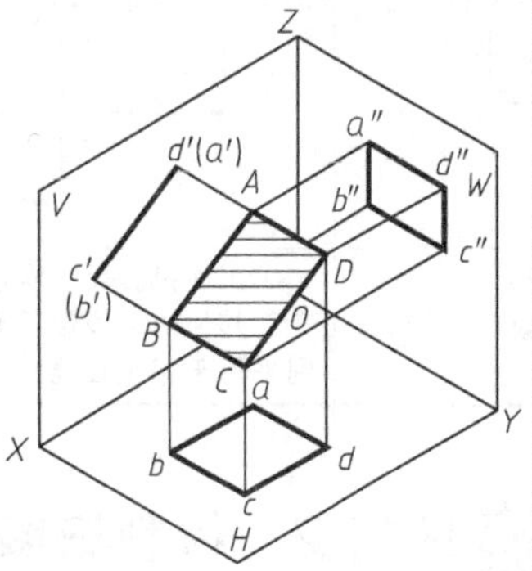	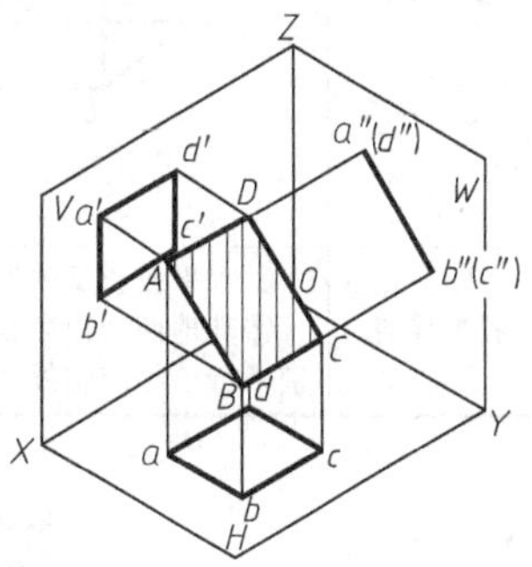
投影图	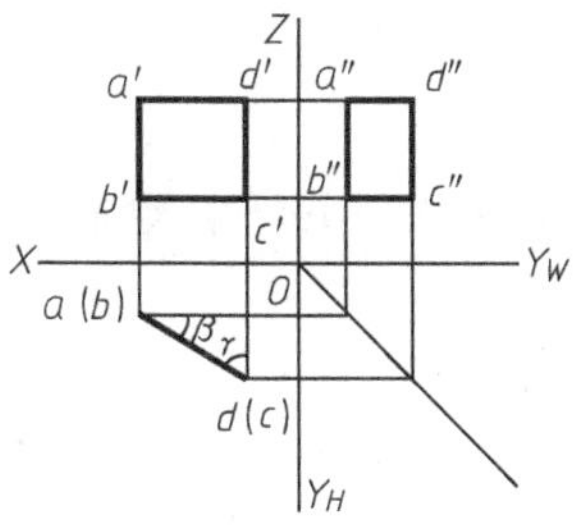	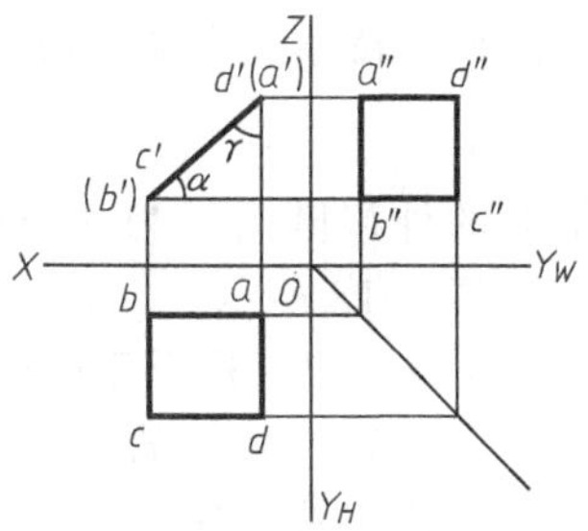	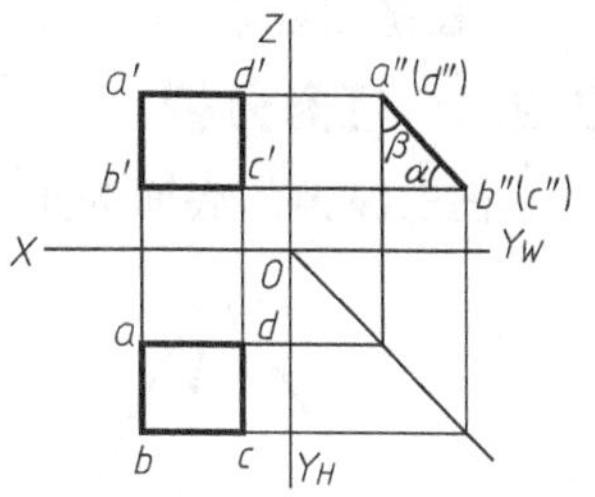
投影特性	①水平投影积聚成一条直线，且反映其与正面的夹角 β、与侧面的夹角 γ；②其他两个投影具有类似形	①正面投影积聚成一条直线，且反映其与水平面的夹角 α、与侧面的夹角 γ；②其他两个投影具有类似形	①侧面投影积聚成一条直线，且反映其与正面的夹角 β、与水平面的夹角 α；②其他两个投影具有类似形

（1）投影面垂直面：垂直于一个投影面而倾斜于其他两个投影面的平面称为投影面的垂直面，其投影特性如表 2-3 所示。

（2）投影面平行面：平行于一个投影面而垂直于其他两个投影面的平面称为投影面的平行面，其投影特性如表 2-4 所示。

表 2-4　投影面平行面的投影特性

名称	水 平 面	正 平 面	侧 平 面
轴侧图	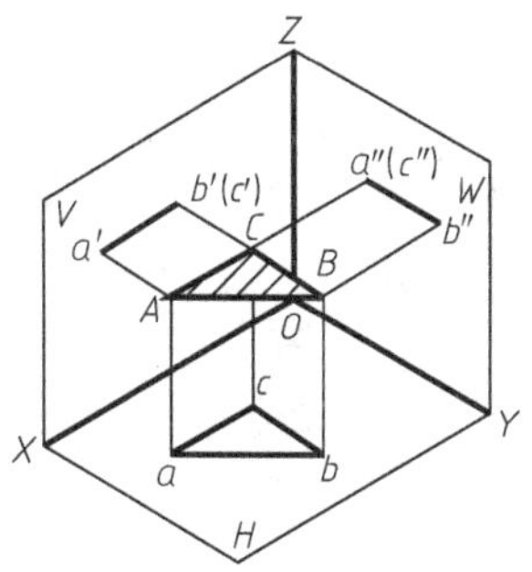	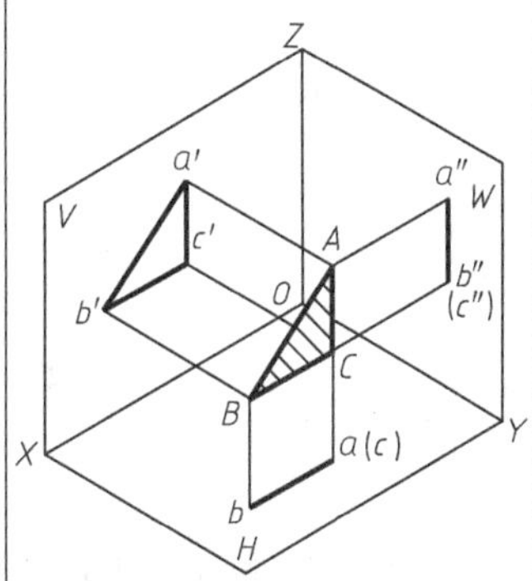	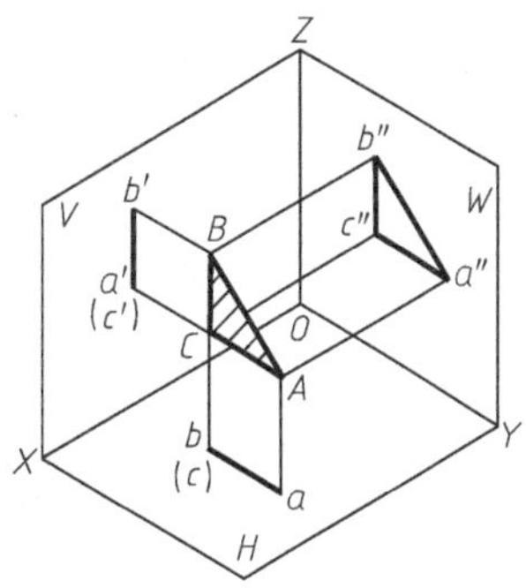

名称	水 平 面	正 平 面	侧 平 面
投影图	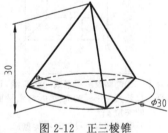		
投影特性	①水平投影反映实形; ②其他两个投影积聚成直线,分别平行于相应轴线	①正面投影反映实形; ②其他两个投影积聚成直线,分别平行于相应轴线	①侧面投影反映实形; ②其他两个投影积聚成直线,分别平行于相应轴线

2.2 任务2 绘制三棱锥三视图

【任务目标】 通过学习,掌握三棱锥三视图的绘制。

2.2.1 任务分析

正三棱锥的底面为正三角形的外接圆直径为 $\phi30\text{mm}$,锥高 30mm,绘制其三视图,如图 2-12 所示。

2.2.1.1 分析三棱锥形体

正三棱锥的结构如图 2-13 所示,它由一个底面和 3 个侧面组成。底面为正三角形,3 个侧面为等腰三角形,棱线汇交为一点。

图 2-12 正三棱锥

2.2.1.2 分析三棱锥投影

正三棱锥的底面 ABC 为水平面,其水平投影为正三角形,正面投影和侧面投影为水平线;后侧面 SAC 为侧垂面,其侧面投影积聚为斜线,正面投影和水平投影为三角形;左侧面 SAB 和右侧面 SBC 为一般位置平面,其三面投影均为三角形,具有类似性。如图 2-13 所示。

问题的提出:绘制该正三棱锥的三视图时,应该先绘制哪个视图?

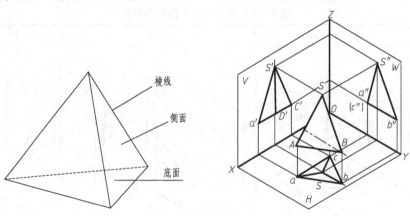

图 2-13 正三棱锥的组成与投影(AR)

2.2.2 任务实施

2.2.2.1 绘制三棱锥三视图底稿

（1）画基准线和反映实形的投影，如图 2-14（a）所示。

（2）画三棱锥主视图和左视图的投影，如图 2-14（b）所示。

2.2.2.2 检查、整理图线

不可见轮廓线画成虚线，检查无误后，擦去多余线，按线型描深图线，完成三视图绘制，如图 2-14（c）所示。

2.2.2.3 标注尺寸

如图 2-14（c）所示，标注三棱锥高度尺寸和外接圆直径尺寸。

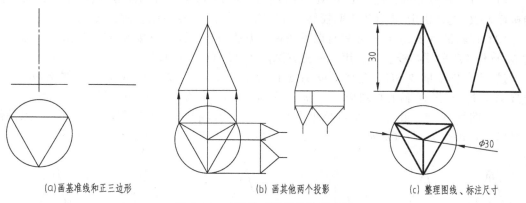

(a)画基准线和正三边形　　　(b)画其他两个投影　　　(c)整理图线、标注尺寸

图 2-14　三棱锥三视图的作图步骤

2.2.3 知识链接

2.2.3.1 棱柱表面取点

如图 2-15（a）所示，已知正六棱柱表面上点 M 的水平投影 m、点 N 的正面投影 n'，求点的其他两个投影。

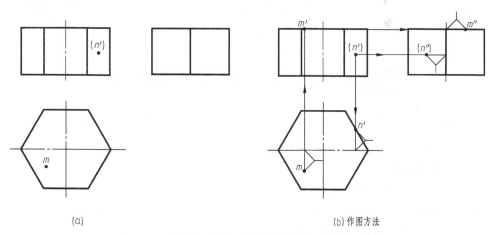

(a)　　　　　　　　　(b)作图方法

图 2-15　六棱柱表面取点的作图方法与步骤（AR）

【求解思路】　利用棱柱投影的积聚性进行求解。如图 2-15（b）所示，步骤如下。

（1）分析各点的可见性：由于 M 点的水平投影 m 可见，说明 M 点在正六棱柱的顶面；由于 N 点的正面投影（n'）不可见，说明 N 点在右后的铅垂面上。

（2）图解 M 点：过 m 作垂直 OX 轴的投影线交顶面于 m'，根据 m、m' 求出 m"。

（3）图解 N 点：过 n' 作垂直 OX 轴的投影线交水平投影的右后铅垂面于 n，根据 n、n' 求出 n"。由于 N 点所在的右后铅垂面在左视图中不可见，因此 n" 不可见用括号表示。

2.2.3.2 棱锥表面取点

已知正三棱锥表面上点 M 的正面投影 m'，点 N 的正面投影 n'，如图 2-16（a）所示，求点的其他两个投影。

【求解思路】 一般组成棱锥表面的有特殊位置平面和一般位置平面两类。在特殊位置平面上点的投影（N 点），可利用积聚性直接求出；在一般位置平面上点的投影（M 点），可采用辅助线的方法求解。作图步骤如下。

（1）分析各点的可见性：由于 M 点的正面投影 m' 可见，可判断 M 点在正三棱锥的左前棱面 SAB 上；由于 N 点的正面投影 n' 不可见，说明 N 点在侧垂面 SAC 上。

（2）作辅助线求 M 点的方法有以下两种，方法一是过顶点连接 M 点至底边、方法二是过 M 点作 AB 的平行线。下面用第一种方法图解 M 点的三面投影。

过 M 点作辅助线 SD。连接 s'm' 并延长交 a'b' 于 d'，过 d' 作 X 轴的垂线交 ab 于 d，连接 sd，过 m' 作 X 轴的垂线交 sd 于 m，根据 m、m' 求出 m"，如图 2-16（b）所示。

（3）图解 N 点：由于点 N 在侧垂面 SAC 上，因此利用侧面的积聚性先求出 N 点的侧面投影 n"，即作 n'n"⊥OZ 轴交 s"a"c" 于 n"，由 n'、n" 求出 n，如图 2-16（c）所示。

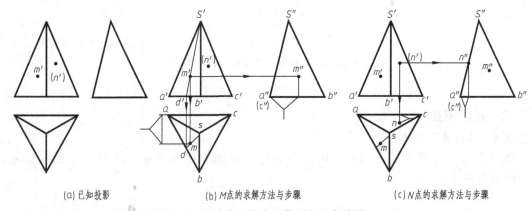

(a) 已知投影　　　　　　　　(b) M 点的求解方法与步骤　　　　　　　(c) N 点的求解方法与步骤

图 2-16　三棱锥表面取点的作图方法与步骤（AR）

2.3 任务 3　徒手绘制圆柱体三视图

【任务目标】 通过学习，掌握圆柱体三视图的绘制，熟悉徒手草图的作图方法。

2.3.1　任务分析

2.3.1.1　分析圆柱体形体

如图 2-17（a）所示圆柱体，由圆柱面、顶面和底面所围成。圆柱面由一条直线绕着与它平行的轴线旋转而成。这条运动的直线称为母线，母线在回转面上的任一位置称为素线，在极限位置的素线称为转向轮廓线，如图 2-17（b）所示。

该圆柱面上有四条特殊位置的素线，分别称为最前素线、最后素线、最左素线、最右素线，也称前轮廓线、后轮廓线、左轮廓线、右轮廓线，如图 2-17（c）所示。

2.3.1.2　分析圆柱体投影

圆柱的轴线垂直于 H 面，因此其俯视图是一个有积聚性的圆，圆柱的主视图和左视图

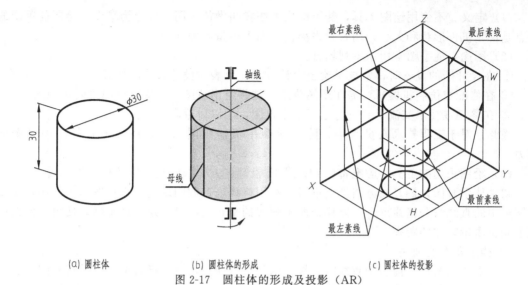

(a) 圆柱体   (b) 圆柱体的形成   (c) 圆柱体的投影

图 2-17 圆柱体的形成及投影（AR）

为大小相同的矩形。

　　圆柱的最左、最右素线将圆柱分为前后两部分，在主视图中，前半圆柱面可见，后半圆柱面不可见；圆柱的最前、最后素线将圆柱分为左右两部分，在左视图中，左半圆柱面可见，右半圆柱面不可见。

　　问题的提出：在三个视图中，圆柱体上的转向轮廓线的投影与中心线的关系？

2.3.2　任务实施

2.3.2.1　徒手绘制圆柱三视图底稿

　　（1）画基准线和俯视图的投影，如图 2-18（a）所示。

　　（2）画圆柱主视图和左视图的投影，如图 2-18（b）所示。

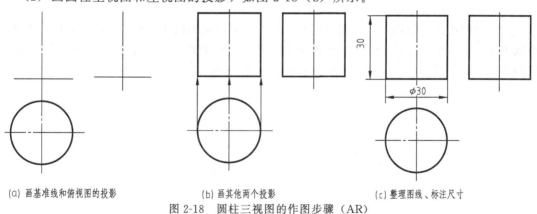

(a) 画基准线和俯视图的投影   (b) 画其他两个投影   (c) 整理图线、标注尺寸

图 2-18 圆柱三视图的作图步骤（AR）

2.3.2.2　检查、整理图线

　　如图 2-18（c）所示，检查、整理图线，完成三视图绘制。

2.3.2.3　标注尺寸

　　如图 2-18（c）所示，标注高度和直径尺寸，且直径尺寸尽量标注在非圆视图中。

2.3.3　知识链接

2.3.3.1　徒手草图

　　1）徒手草图的要求

（1）定义：不使用绘图工具，徒手画出的图样叫做徒手图，也称为草图。绘制徒手图的特点是目测机件形状和大小，用眼睛去测估，而不用量具去度量。

（2）用途：徒手图常用于下列场合。

① 在设计新的设备时，常徒手绘出设计方案，以表达设计人员的构思。

② 在修配或仿制机器时，需在现场测绘，徒手绘出草图，再根据草图绘制正规图。

③ 在参观或技术交流时，有时也要徒手作图，用以讨论和研究。

因此，对于工程技术人员来说，除了学会用仪器画图以外，还必须具备徒手绘图的能力。

（3）绘图采用的工具：应准备好 HB 或 H 铅笔、方格纸或空白纸及橡皮等工具。

初学徒手画图，最好在方格纸上进行，利用格线来控制图线的平直和图形的大小，尽量让图形中的直线与分格线重合，以保证所画图线的平直。经过一定的训练后，便可在空白图纸上画出质量较佳的图样。

2）徒手草图的画法

（1）直线的画法：徒手画直线时，握笔的手要放松，用手腕抵着纸面，沿着画线的方向移动；眼睛不要仅盯着笔尖，而要瞄准线段的终点。

绘制水平线时，从左向右运笔；画垂直线时，自上而下运笔；对于较长的直线，可用数段连续的短线相接而成。如图 2-19 所示。

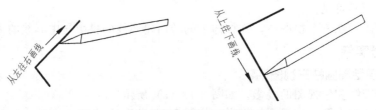

图 2-19 徒手绘制水平线和垂直线的方法

（2）圆的画法：画圆时，先定出圆心位置，过圆心画出两条相互垂直的中心线，再在中心线上按半径大小目测四个点后，分两个半圆画成。对于直径较大的圆，可在 45°方向的两中心线上再目测增加四个点，分段逐步完成。如图 2-20 所示。

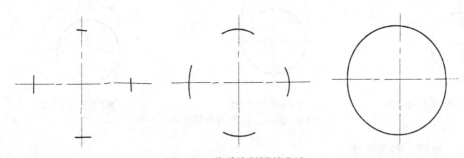

图 2-20 徒手绘制圆的方法

（3）斜线的画法：画 30°、45°、60°等特殊角度的斜线时，可用等边三角形斜边的比例关系，在斜线上定点，然后连线而成，如图 2-21 所示。

（4）椭圆的画法：画椭圆时，先目测出其长、短的四个端点，然后分段画出四段圆弧，画时应注意图形的对称性。对于较大的椭圆，定出长轴、短轴的四个端点后，画椭圆的外切矩形，将矩形的对角线六等分，如图 2-22 所示。

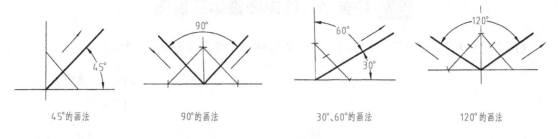

| 45°的画法 | 90°的画法 | 30°、60°的画法 | 120°的画法 |

图 2-21　徒手绘制斜线的方法

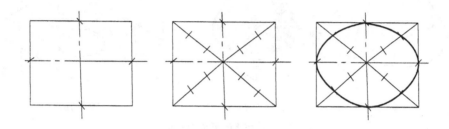

图 2-22　徒手绘制椭圆的方法

2.3.3.2　圆柱表面取点

已知圆柱表面上点 A、B、C 的一个投影，如图 2-23（a）所示，求点的其他两个投影。

【图解思路】 利用圆柱投影的积聚性进行求解。如图 2-23（b）所示，步骤如下。

（1）求 a 和 a''。由 a' 可知 A 点在圆柱面上，且 a' 可见，因此点 A 在前半圆柱面上。过 a' 作 $aa'⊥OX$ 轴交圆周于 a，根据"三等"关系由 a、a' 求出 a''。如图 2-23（b）所示。

（2）求 b 和 b'。由 b'' 可知 B 点在最后轮廓线上，因此可以直接求出 b；过 b'' 作 $b''b'⊥OZ$ 轴，求出 b'。如图 2-23（c）所示。

（3）求 c' 和 c''。由于 C 点的水平投影不在圆周上，说明 C 点在圆柱的顶面或底面上；因水平投影 c 点可见，因此点 C 在圆柱的顶面上。过 c 作 $cc'⊥OX$ 轴交圆柱顶面于 c'，由 c、c' 求出 c''。如图 2-23（c）所示。

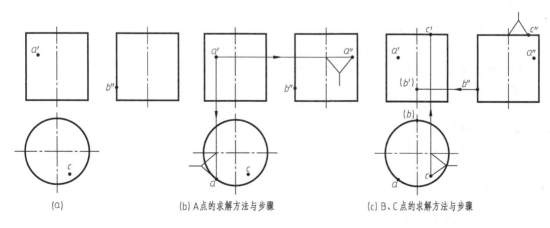

| (a) | (b) A点的求解方法与步骤 | (c) B、C点的求解方法与步骤 |

图 2-23　圆柱表面取点的作图方法与步骤（AR）

2.4 任务4 绘制圆锥体三视图

【任务目标】 通过学习，掌握圆锥三视图的绘制，熟悉纬圆法和素线法。

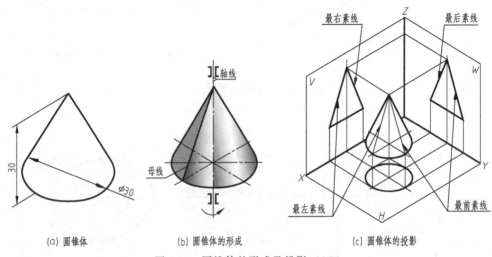

图 2-24 圆锥体的形成及投影（AR）

2.4.1 任务分析

圆锥体的底圆直径为 $\phi30$mm，高为 30mm，绘制其三视图，如图 2-24（a）所示。

2.4.1.1 分析圆锥体形体

如图 2-24（b）所示，圆锥由圆锥面和底面围成。圆锥面由一条直线绕与它相交的轴线旋转而成。直线称为母线，圆锥面上通过锥顶到底面的任意一条直线称为素线，圆锥面上与轴线垂直的曲线成称为纬线。

2.4.1.2 分析圆锥体投影

如图 2-24（c）所示，圆锥的轴线垂直于 H 面时，其俯视图为一圆。圆锥表面的投影均在该圆内，主视图和左视图是大小相等的等腰三角形。

圆锥的转向轮廓线为最前、最后、最左、最右素线，是圆锥投影时，可见部分与不可见部分的分界线。

2.4.2 任务实施

2.4.2.1 绘制圆锥体三视图底稿

（1）画基准线和俯视图的投影，如图 2-25（a）所示。
（2）画圆锥主视图和左视图的投影，如图 2-25（b）所示。

2.4.2.2 检查、整理图线

如图 2-25（c）所示，检查、整理线型，完成三视图绘制。

2.4.2.3 标注尺寸

标注高度和底圆直径尺寸，且直径尺寸尽量标注在非圆视图中，如标注在主视图中的 $\phi30$。

2.4.3 知识链接

已知圆锥表面上 M 点的一个投影，如图 2-26（a）所示，求点的其他两个投影。

【图解思路】 圆锥锥体表面的投影没有积聚性，底面的投影具有积聚性。因此，在圆锥

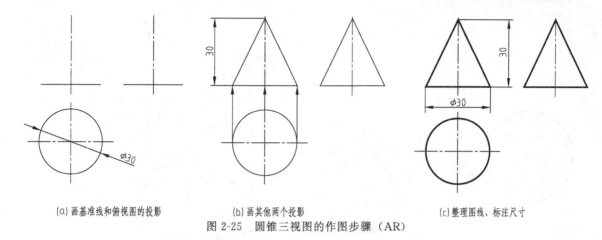

(a) 画基准线和俯视图的投影　　　　　(b) 画其他两个投影　　　　　(c) 整理图线、标注尺寸

图 2-25　圆锥三视图的作图步骤（AR）

体表面上取点时，不能直接求锥面上点的投影，必须通过作辅助线（素线或纬圆）先求出辅助线的投影，再利用点在线上的投影关系求出圆锥表面上点的投影。

2.4.3.1　分析各点的位置

如图 2-26（a）可知：M 点在圆锥面的右前部分，可通过以下两种方法求出。

2.4.3.2　素线法图解步骤

（1）求圆锥表面素线 SD 的三面投影：过锥顶 S 和 M 点作素线 SD（sd、$s'd'$、$s''d''$）；

（2）求 M 点的投影：图解 sd、$s''d''$ 上点 m、m'' 的投影。由于 M 在右半圆锥面上，所以左视图中投影 m'' 不可见，如图 2-26（b）所示。

2.4.3.3　纬圆法图解步骤

（1）求圆锥表面纬圆的三面投影：在锥面上过 M 点作一水平纬圆（垂直于圆锥轴线的圆），M 点的各投影必在该圆的同面投影上。如图 2-26（c）所示，过 m' 点作一水平线，交圆锥轮廓线于 a' 点，取轴线至 a' 点距离为半径 R，在俯视图中画纬圆的投影，利用高平齐求出在左视图中纬圆的投影。

（2）求 M 点的投影：过 m' 作 $m'm \perp OX$ 轴线，并与水平纬圆的投影交于 m 点；然后，利用宽相等，量取求出 m 至对称中心线的距离，求得 m''。

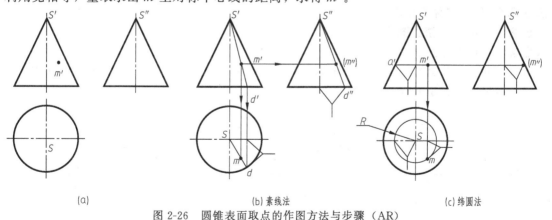

(a)　　　　　　　　　　(b) 素线法　　　　　　　　　　(c) 纬圆法

图 2-26　圆锥表面取点的作图方法与步骤（AR）

2.5　任务 5　绘制球体三视图

【任务目标】　通过学习，掌握球体三视图的绘制。

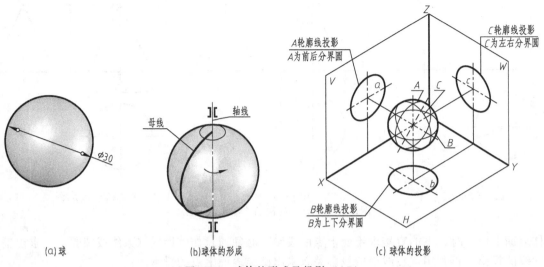

图 2-27 球体的形成及投影（AR）

2.5.1 任务分析

球体的直径为 $\phi30mm$，绘制其三视图，如图 2-27（a）所示。

2.5.1.1 分析球的形体

圆球是由球面围成的。球可看做是由一条半圆母线绕其轴线旋转而成的。如图 2-27（b）所示，将球体放在三面投影体系中，无论如何放置，其三视图均为直径相等的圆，并且是圆球表面平行于相应投影面的三个不同位置的最大轮廓圆。

2.5.1.2 分析球的投影

球体三视图如图 2-27（c）所示，主视图的轮廓圆 A 是前、后两半球面可见与不可见的分界线；俯视图的轮廓圆 B 是上、下两半球面可见与不可见的分界线；左视图的轮廓圆 C 是左、右两半球面可见与不可见的分界线。

2.5.2 任务实施

2.5.2.1 绘制球体三视图底稿

2.5.2.2 检查、整理图线

2.5.2.3 标注尺寸

在尺寸数字前面加注"$S\phi$"表示球的直径，如图 2-28 所示。若小于等于半个球体，则在尺寸数字前面加注"SR"，如图 2-29 所示。

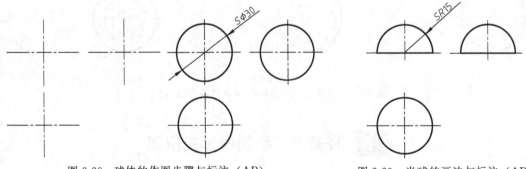

图 2-28 球体的作图步骤与标注（AR）   图 2-29 半球的画法与标注（AR）

2.5.3　知识链接

其他基本体的尺寸标注，如图 2-30 所示。

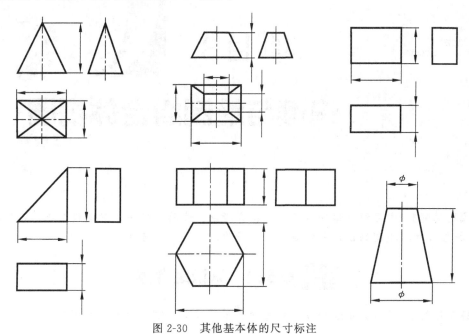

图 2-30　其他基本体的尺寸标注

·项目3·

识读与绘制组合体视图

【项目功能】 学习组合体的种类、形体分析法、线面分析法，以及截交线、相贯线的画法，掌握组合体三视图的识读与绘制方法与步骤，以及尺寸标注。

3.1 任务1 认识组合体

【任务目标】 通过认识组合体，熟悉组合体的种类、组合方式，了解其截交线和相贯线的概念。

3.1.1 任务分析

3.1.1.1 组合体的概念

所有复杂的零件，从形体的角度分析，都可以看成是由若干个基本几何形体（柱、锥、球等），按叠加、切割等方式组合而成。这种由两个或两个以上的基本形体组合构成的整体，称为组合体，如图3-1、图3-2所示。

3.1.1.2 组合体的种类

组合体按照结构特征可分为叠加体（图3-3）、切割体（图3-4）、综合体（图3-1、图3-2）。

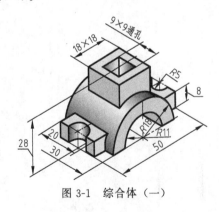

图 3-1 综合体（一）

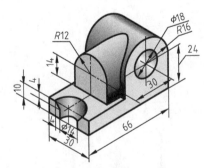

图 3-2 综合体（二）

3.1.2 任务实施

根据组成组合体的基本形体之间的相互位置、连接关系不同，可分为以下几种组合形式。

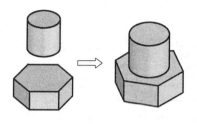

图 3-3　叠加体（AR）

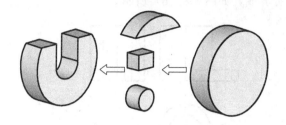

图 3-4　切割体（AR）

3.1.2.1　表面平行

平行面有平齐与不平齐之分。

（1）两表面平齐，连接处不应有线隔开，如图 3-5 所示。

（2）两表面不平齐，连接处应有线隔开，如图 3-6 所示。

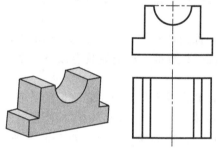

图 3-5　表面平齐（AR）

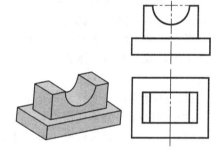

图 3-6　表面不平齐（AR）

3.1.2.2　表面相交

两表面相交，在相交处就要产生交线，应画出交线的投影，如图 3-7 所示。

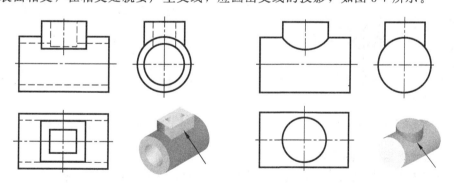

(a) 平面与曲面相交　　　　　　　　　　　　　　(b) 曲面与曲面相交

图 3-7　表面相交（AR）

3.1.2.3　两表面相切

两表面相切有以下两种情况。

（1）平面与曲面相切：相切处不存在任何轮廓线，在视图中不应画出切线的投影，如图 3-8（a）所示。

（2）曲面与曲面相切：当曲面的公共切平面倾斜或平行于投影面时，两个曲面之间的分界线（切线）不画，但当其公共切平面垂直于投影面时，在该投影面上应画出两曲面之间的分界线，如图 3-8（b）所示。

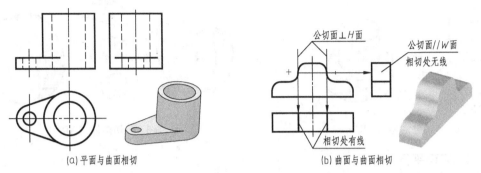

(a) 平面与曲面相切 　　　　　　　　　　　　(b) 曲面与曲面相切

图 3-8　表面相切（AR）

3.1.3　知识链接

切割体的截交线和两回转体的相贯线是组合体视图绘制的难点之一，其概念如下。

3.1.3.1　组合体截交线的概念

当立体被平面截断成两部分时，其中任何一部分均称为截断体，用来截切立体的平面称为截平面，截平面与立体表面的交线称为截交线，如图 3-9 所示，截交线具有以下三个基本性质。

（1）共有性：截交线是截平面与立体表面共有的，截交线上的点也都是它们的共有点。

（2）封闭性：由于任何立体都有一定的范围，所以截交线一定是闭合的平面图形。

（3）截交线的形状取决于立体表面的形状和截平面与立体的相对位置。如图 3-10 所示。

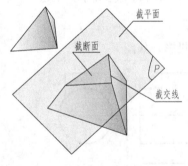

图 3-9　截交线的产生（AR）　　　　　　　　图 3-10　截交线的性质

3.1.3.2　组合体相贯线的概念

两回转体相交，其交线称为相贯线。相贯线的形状取决于两回转体各自的形状、大小和相对位置，一般情况下为闭合的空间曲线，如图 3-11 所示。

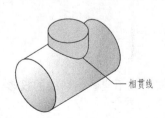
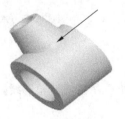

图 3-11　相贯线（AR）

相贯线具有如下性质。

（1）共有性：相贯线是两立体表面上的共有线，也是两立体表面的分界线，所以相贯线上的所有点，都是立体表面上的共有点。

（2）封闭性：一般情况下，相贯线是闭合的空间曲线或折线，在特殊情况下是平面曲线和直线。

3.2 任务2　绘制开槽六棱柱三视图

【任务目标】　通过绘制开槽六棱柱、燕尾块、四棱锥视图，掌握平面立体截交线的作图方法和步骤。

3.2.1　任务分析

如图3-12开槽六棱柱是平面立体，绘制其视图就是图解平面立体截交线。

3.2.1.1　平面立体截交线的图解方法与步骤

（1）方法：图解截平面与立体表面的共有点，尤其是截平面与棱线的交点。方法有如下几种。

① 积聚性法：用于图解柱体状的切割体。如图3-13所示为一正置正六棱柱被正垂面截切，截交线的 V 面投影可直接确定，截交线的 H 面投影积聚在正六棱柱各侧棱面水平投影上，由截交线的 V 面投影和 H 面投影可求出 W 面投影。

② 辅助线法：用于锥体状的切割体。如图3-14所示正三棱锥被一个正平面和水平面截切，截交线的 V 面投影可直接确定，截交线上Ⅰ、Ⅲ点的 H 投影和 W 也可根据 V 面投影获得，Ⅱ、Ⅳ点的投影则需过定点 S 和Ⅱ、Ⅳ点，分别作辅助线 SM、SN，绘制俯视图中辅助线和Ⅱ、Ⅳ点的投影，即可图解俯视图和左视图中的截交线。

图3-12　开槽六棱柱

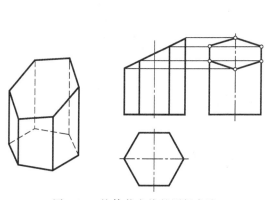

图3-13　柱体截交线的图解方法

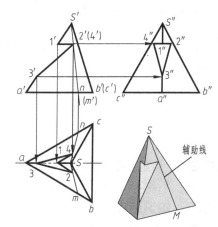

图3-14　锥体截交线的图解方法

（2）作图步骤：先完整后切割，即：先画基本形体，再逐个绘制切割部分的形体。

3.2.1.2　分析开槽六棱柱形体和投影

（1）结构特征：如图3-12箭头所示方向为主视图投影方向。开槽六棱柱左右、前后对称，上方的矩形通槽由两个侧平面和一个水平面切割而成，左右对称分布。

（2）投影特点：槽底是水平面，其正面投影和侧面投影均积聚成水平方向的直线，水平投影反映实形。槽的两侧壁正面投影和水平投影均积聚成竖直方向的直线，侧面投影反应实形。可利用积聚性求出通槽的水平投影和侧面投影。

3.2.2 任务实施

3.2.2.1 绘制开槽六棱柱三视图底稿

（1）绘制基准线：绘制三视图中的基准线，使其符合基本投影规律，如图 3-15（a）所示。

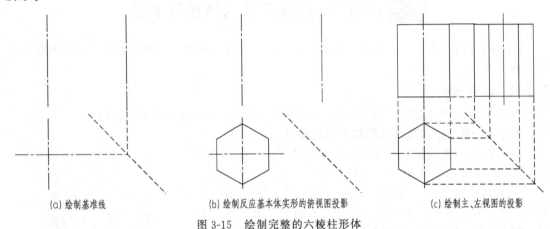

(a) 绘制基准线 　　(b) 绘制反应基本体实形的俯视图投影 　　(c) 绘制主、左视图的投影

图 3-15　绘制完整的六棱柱形体

（2）绘制完整的六棱柱的投影：如图 3-15（b）、（c）所示。

（3）绘制开槽部分的投影：如图 3-16 所示。

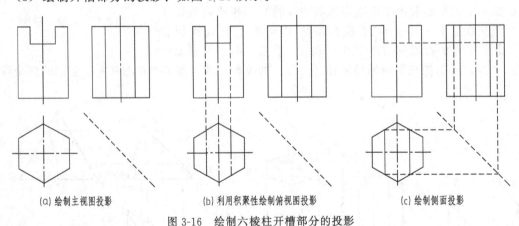

(a) 绘制主视图投影 　　(b) 利用积聚性绘制俯视图投影 　　(c) 绘制侧面投影

图 3-16　绘制六棱柱开槽部分的投影

3.2.2.2 检查、整理图线

擦去作图线，校核切割后的图形轮廓，加深描粗，如图 3-17 所示。

3.2.3 知识链接

3.2.3.1 绘制燕尾块三视图

1）分析燕尾块形体和投影

（1）结构特征：如图 3-18 箭头所示方向为主视图投影方向。燕尾块前后对称，左右、上下不对称，上方的前后分别被侧平面和水平面截切出 L 形的通槽。由长方体切割而成，如图 3-19 所示。

（2）投影特点：由图 3-20 所示，燕尾块的左侧被正垂面斜截，截面的正面投影积聚为一斜线，而侧面和水平投影具有类似性。

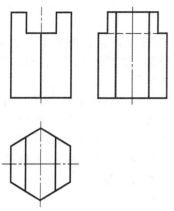

图 3-17　检查、整理图线（AR）

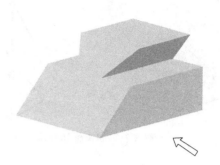

图 3-18　燕尾块

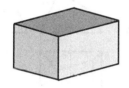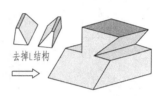

图 3-19　燕尾块的形成过程

2）绘制燕尾块三视图

按照"先完整后切割"的步骤作图，如图 3-20 所示。

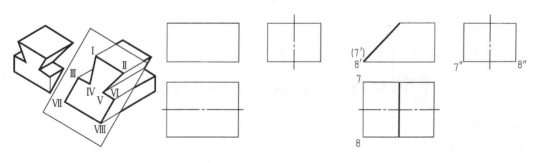

(a) 燕尾块切割体　　　　(b) 绘制完整长方体　　　　(c) 绘制左侧被切割后的形体

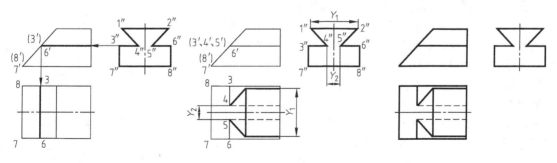

(d) 绘制燕尾块结构投影　　　　　　(e) 检查、整理图线 (AR)

图 3-20　燕尾块切割体及三视图的作图步骤

3.2.3.2 绘制四棱锥切割体三视图

1）分析四棱锥切割体的形体和投影

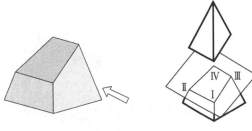

图 3-21　四棱锥切割体

（1）结构特征：四棱锥前后、左右对称，上下不对称，如图 3-21 箭头所示方向为主视图投影方向。

（2）投影特点：如图 3-21 所示，四棱锥切割体被正垂面斜截，截交线是四边形，四个顶点分别是截平面与四条棱的交点。由此可见，求四棱锥的截交线，实质上就是求截平面与各条棱的交点投影。

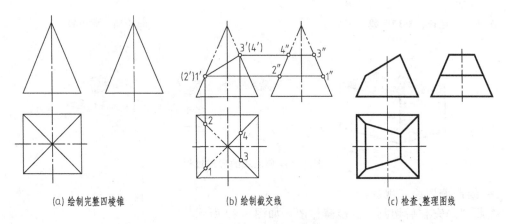

(a) 绘制完整四棱锥　　　　　(b) 绘制截交线　　　　　(c) 检查、整理图线

图 3-22　四棱锥切割体三视图的作图步骤（AR）

2）绘制四棱锥切割体三视图

按照"先完整后切割"的作图步骤绘制，如图 3-22 所示。

3.3 任务 3　绘制槽型模柄三视图

【任务目标】　通过绘制槽型模柄，掌握圆柱切割体三视图的作图方法和步骤。

3.3.1　任务分析

如图 3-23 所示为槽型模柄，属于曲面立体。

3.3.1.1　曲面立体截交线的图解方法与步骤

（1）方法：求曲面立体截交线的实质，就是求截平面与曲面上被截各素线的交点，通常有以下几种方法。

① 积聚性法：用于图解柱体状的切割体。如图 3-24（a）所示为一圆柱体被正垂面 P 截切，截交线的 V 面投影可直接确定，截交线的 H 面投影积聚在水平投影的圆上，由截交线的 V 面投影和 H 面投影可求出 W 面投影，其作图步骤如图 3-24（b）~（d）所示。

② 辅助平面法：用于圆锥、球的切割体。

（2）作图步骤：求特殊点（轮廓线与截平面的交点）、求一般位置点、判断可见性、光滑连接各点。

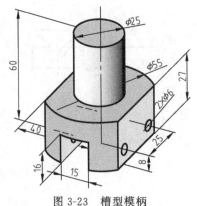

图 3-23　槽型模柄

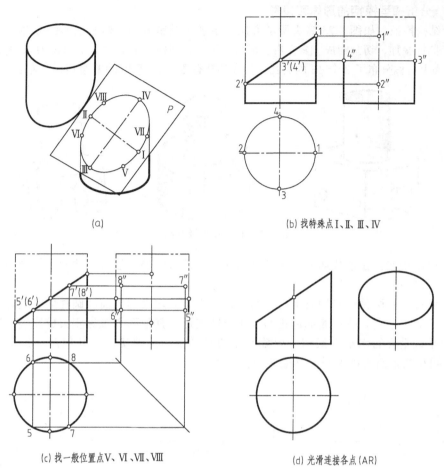

(a)

(b) 找特殊点 I、II、III、IV

(c) 找一般位置点 V、VI、VII、VIII

(d) 光滑连接各点(AR)

图 3-24 圆柱截交线的图解方法

3.3.1.2 分析圆柱截交线的种类

圆柱的截交线，因截平面与圆柱轴线的相对位置不同而分为三种不同形状，如表 3-1 所示。

表 3-1 圆柱表面的三种截交线

截平面位置	与轴线平行	与轴线垂直	与轴线倾斜
截交线形状	矩形	圆	椭圆
轴测图			
投影图			

3.3.1.3 分析槽型模柄的形体和投影

（1）结构特征：如图 3-25 箭头所示方向为主视图投影方向。槽型模柄由 2 个直径分别为 $\phi25$、$\phi55$ 圆柱叠加、切割而成。其左右、前后对称，大圆柱的前后被 2 个间距为 40 的正平面截切，截断面上对称分布了 2 个 $\phi6$ 的通孔，其底部开有宽 15、高 16 的 II 型通槽，左右贯穿。

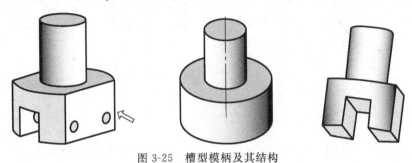

图 3-25　槽型模柄及其结构

（2）投影特点：在未截切前，圆柱结构在水平投影反映实形，其他两个投影为矩形，如图 3-26（a）所示。

截平面位置有两种：与轴线平行、与轴线垂直。截切大圆柱前后圆柱面、底部通槽的是与轴线平行的正平面，故截断面的正面投影反映实形，其他两个投影积聚成直线；底部槽型顶面被与轴线垂直的水平面截切，故截断面的水平投影反映实形，其他两个投影积聚成直线；2 个圆孔在正面投影为圆，其他两个投影为矩形。

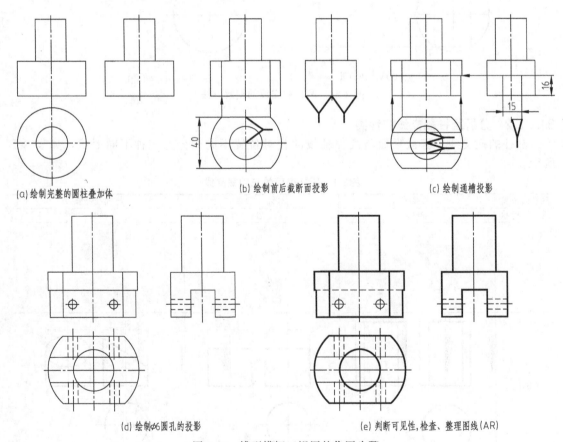

(a) 绘制完整的圆柱叠加体　　　　　(b) 绘制前后截断面投影　　　　　(c) 绘制通槽投影

(d) 绘制$\phi6$圆孔的投影　　　　　(e) 判断可见性，检查、整理图线(AR)

图 3-26　槽型模柄三视图的作图步骤

3.3.2 任务实施

3.3.2.1 绘制槽型模柄三视图底稿

（1）绘制完整的圆柱叠加体，如图 3-26（a）所示。

（2）绘制大圆柱前后截断面的投影，如图 3-26（b）所示。

（3）绘制底部开槽部分的投影，如图 3-26（c）所示。

（4）绘制 $\phi 6$ 圆孔的投影，如图 3-26（d）所示。

3.3.2.2 检查、整理图线

判断可见性，不可见轮廓画虚线，整理图线，如图 3-26（e）所示。

3.3.3 知识链接

如图 3-27 为废料切刀，绘制其三视图。

3.3.3.1 分析废料切刀的形体与投影

（1）结构特征：如图 3-28（c）所示为主视图投影体（切前面）。废料切刀主要由三个同轴线的圆柱体叠加而成，如图 3-28（a）所示，上下结构对称，前后、左右不对称。大圆柱体的左侧被两个夹角为 80° 的正垂面截切成上下对称的斜面，如图 3-28（b）所示，前面被一正平面截切。

（2）投影特点：在未截切前，叠加的圆柱结构在侧面投影反映实形，其他两个投影为三个矩形。

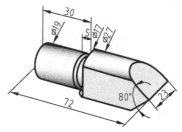

图 3-27 废料切刀

截平面位置有两种：两个正垂面与轴线倾斜、正平面与轴线平行。因此，两个斜面的投影在主视图上积聚成两条直线，在左视图上积聚于大圆柱的投影圆上，在俯视图上为椭圆；前面的截断面在主视图上为矩形＋三角形，其他两个投影积聚成直线。

(a)圆柱叠加　　　　　　　(b) 切上、下斜面　　　　　　　(c) 切前面

图 3-28　废料切刀三视图的作图步骤

3.3.3.2 绘制废料切刀三视图底稿

（1）绘制完整的圆柱叠加体，如图 3-29（a）所示。

（2）绘制夹角为 80° 的对称斜面投影，如图 3-29（b）、（c）所示，难点：利用圆柱的积聚性求解俯视图上截断面的投影。如：俯视图中的 5、6、7、8 点由主视图和左视图投影求得。

（3）绘制前面的截断面投影，如图 3-29（d）所示，主视图由俯、左视图投影求得。

3.3.3.3 检查、整理图线

判断可见性，检查、整理图线，如图 3-29（e）所示。

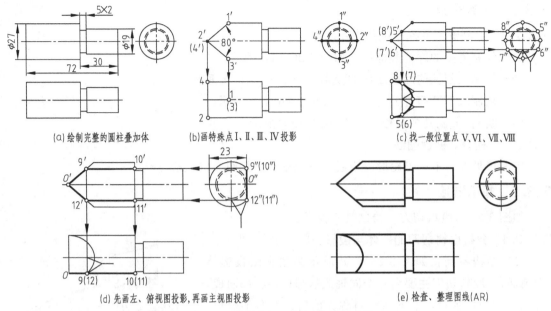

(a) 绘制完整的圆柱叠加体　　　(b) 画特殊点 I、II、III、IV 投影　　　(c) 找一般位置点 V、VI、VII、VIII

(d) 先画左、俯视图投影，再画主视图投影　　　(e) 检查、整理图线(AR)

图 3-29　废料切刀三视图的作图步骤

3.4　任务 4　绘制顶尖三视图

【任务目标】　通过学习，熟悉圆锥截交线的种类，掌握图解圆锥截交线的方法与作图步骤。

3.4.1　任务分析

如图 3-30（a）为顶尖零件，绘制其三视图。

3.4.1.1　分析顶尖的形体与投影

（1）结构特征：如图 3-30（b）箭头方向为主视图投影方向。顶尖主要由个同轴线的圆柱体和圆锥体叠加而成，前后结构对称，上下、左右不对称。左侧的圆锥和部分圆柱被一水平面 P 截切，圆柱的截断面呈矩形，部分圆柱还被一正垂面 Q 截切成斜面呈椭圆形，如图 3-30（b）。

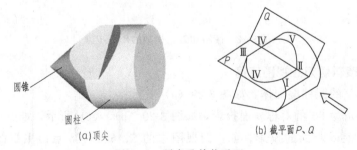

(a) 顶尖

(b) 截平面 P、Q

图 3-30　顶尖及其截平面

（2）投影特点：在未截切前，叠加的圆柱、圆锥结构在侧面投影为圆，其他两个投影为三角形和矩形。

截平面位置有两种：正垂面 Q 与轴线倾斜、水平面 P 与轴线平行。因此，圆柱斜面的投影在主视图上积聚成一条直线，在左视图上积聚于圆柱的投影圆上，在俯视图上为椭圆；被水平面截切的部分圆柱，在主视图上积聚成一条直线，在左视图上积聚于圆柱的投影圆上，在俯视图上为矩形。圆锥的截断面是什么形状？如何绘制？

3.4.1.2　分析圆锥截交线的种类

圆锥的截交线，因截平面与圆锥轴线的相对位置不同而分为五种不同形状，如表 3-2 所示。

表 3-2　圆锥表面的五种截交线

截平面位置	过锥顶	不过锥顶			
		$\theta = 90°$	$\theta > \alpha$	$\theta = \alpha$	$\theta = 0$ 或 $\theta < \alpha$
截交线形状	直线（三角形）	圆	椭圆	抛物线	双曲线
轴测图	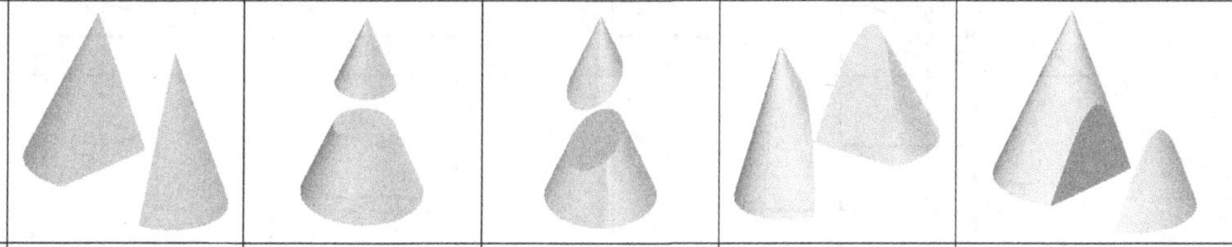				
投影图	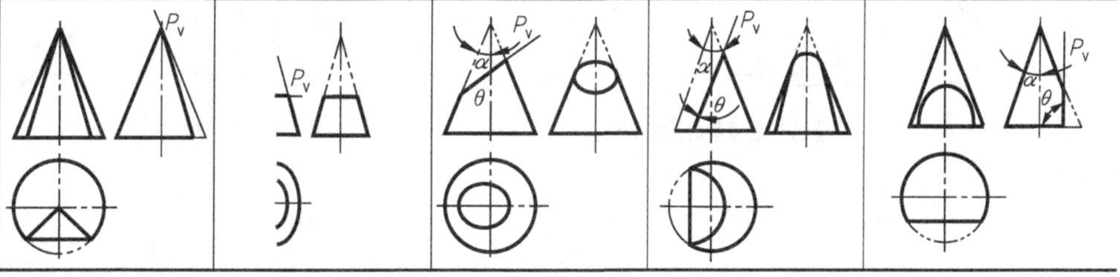				

可见，顶尖截切圆锥的投影是表 3-2 中的第五种，即：在水平面上的投影为双曲线，其他两个投影为直线。

3.4.2　任务实施

3.4.2.1　绘制顶尖三视图底稿

（1）绘制完整的组合体三视图，如图 3-31（a）所示。

（2）绘制圆柱上斜面投影，如图 3-31（b）、（c）所示，利用圆柱的积聚性求解斜面的水平投影——椭圆。俯视图投影由主、左视图投影获得。

（3）图解圆柱水平截断面投影，如图 3-31（d）所示。俯视图投影由主、左视图投影获得。

（4）绘制圆锥水平截断面投影——双曲线

① 找特殊点Ⅰ、Ⅲ、Ⅵ的投影，按照"三等"关系直接求得，如图 3-31（e）所示。

② 采用辅助平面法图解一般位置点Ⅸ、Ⅹ投影。在主视图上，过 $9'$、$10'$ 点作轴线的垂直线，交圆锥轮廓线于 m'；量取 R，在左视图上画圆弧，与水平截切面 P 投影交于 9、10 点；根据 $9'$、$10'$ 点和 $9''$、$10''$ 点求出 9、10 点，如图 3-31（f）所示。

3.4.2.2　检查、整理图线

判断可见性，整理图线，完成绘图，如图 3-31（g）所示。

3.4.3　知识链接

图解圆锥截交线的方法有两种：素线法和辅助平面法。

3.4.3.1　素线法图解截交线为椭圆的投影

如图 3-32 所示，圆锥被与轴线倾斜的正垂面 P 截切，截断面为椭圆，绘制其三视图投影。

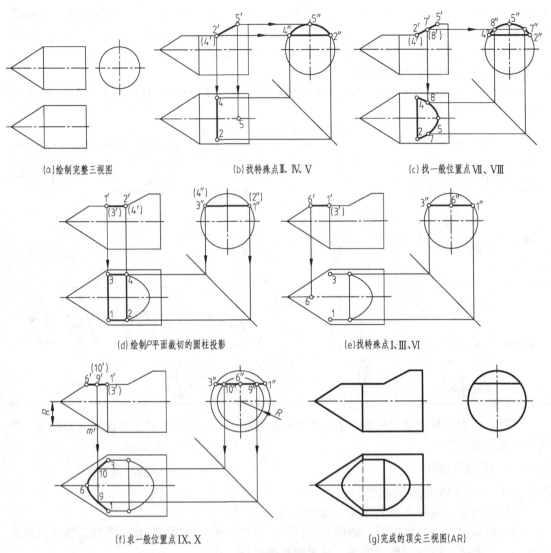

(a)绘制完整三视图　　　　(b)找特殊点Ⅱ、Ⅳ、Ⅴ　　　　(c)找一般位置点Ⅶ、Ⅷ

(d)绘制P平面截切的圆柱投影　　　　(e)找特殊点Ⅰ、Ⅲ、Ⅵ

(f)求一般位置点Ⅸ、Ⅹ　　　　(g)完成的顶尖三视图(AR)

图 3-31　绘制顶尖三视图

【图解思路】　如图 3-32（a）所示，先找特殊点（A、B、Ⅰ、Ⅱ），再找出椭圆的短轴 CD，因椭圆的长轴与短轴互相垂直且平分，由此得出 C、D 点投影位置，而这两点是一般位置点，采用素线法进行求解。具体作图步骤如下。

（1）找特殊点。由主视图中，可以直接找出截交线上的特殊点 A、B、Ⅰ、Ⅱ，其中 A 点是最高点，B 点是最低点。根据"三等"关系，直接求出其他两个投影，如图 3-32（b）所示。

（2）找椭圆短轴 C、D 端点：在主视图中，取 AB 线的中点，即为 CD 的投影。利用素线法求得：

①过锥顶作辅助线 s'c'、s'd' 并延长至底边，交底边于 m' 点和 n' 点。根据"三等"关系，求出 SM、SN 俯视图的投影 sm、sn，如图 3-32（c）所示。

②C、D 端点分别在素线 SM 和 SN 上，根据"三等"关系，依次求出俯视图和左视图的投影。

（3）为了光滑连接各点，在截断面的表面上再取Ⅲ、Ⅳ点。因这两点也是一般位置的点，作图方法与步骤同上。如图 3-32（d）所示。

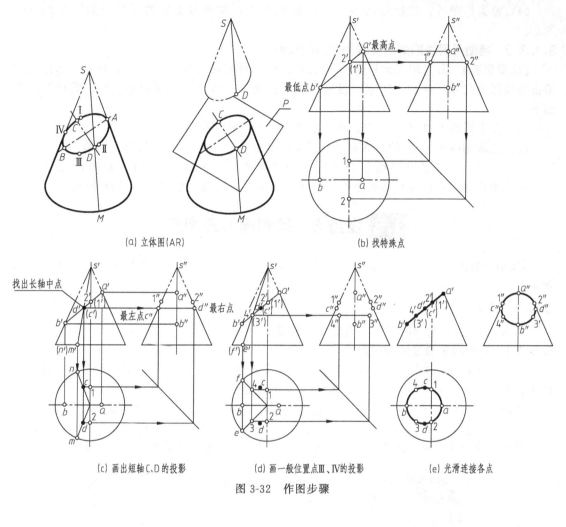

(a) 立体图(AR) (b) 找特殊点

(c) 画出短轴C、D的投影 (d) 画一般位置点Ⅲ、Ⅳ的投影 (e) 光滑连接各点

图 3-32　作图步骤

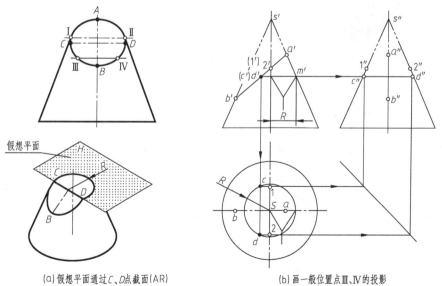

(a) 假想平面通过C、D点截面(AR) (b) 画一般位置点Ⅲ、Ⅳ的投影

图 3-33　辅助平面法作图方法与步骤

（4）擦去作图线，依次将各点光滑地连接起来，即为截交线的投影，如图 3-32（e）所示。

3.4.3.2 辅助平面法图解截交线为椭圆的投影

【图解思路】 假想用一水平面 H 通过 C、D 两点截切，如图 3-33（a）所示，该断面的俯视图投影为圆弧，且 C、D 端点投影就在该圆弧上，该平面为辅助平面法，其作图步骤如下：

（1）在主视图上过（c'）、d' 点作一水平线交于右轮廓线 m' 点。

（2）量取轴线至 m' 点的距离 R（是假象截断面圆的半径），在俯视图上画圆。

（3）过（c'）、d' 点作直线⊥OX 轴，并交于半径为 R 的圆上，得水平投影 c、d 点。

（4）根据高平齐、宽相等的原则，得侧面投影 c''、d'' 点。如图 3-33（b）所示。

3.5 任务 5　绘制阀芯三视图

【任务目标】 通过学习，熟悉球体截交线的种类，掌握图解球体截交线的方法与作图步骤。

3.5.1 任务分析

如图 3-34（a）为阀芯零件，绘制其三视图。

3.5.1.1 分析阀芯的形体与投影

（1）结构特征：如图 3-34（a）箭头方向为主视图投影方向。阀芯的基本形体是球，经切割、穿孔而成。前后、左右结构对称，上下不对称。其上面被两个正平面和一个水平面截切出通槽。左右球体被两个正平面截切成平面，在平面上穿过圆孔，如图 3-34（c）所示。

（2）投影特点：在未截切前，球的三面投影为圆，如图 3-34（b）所示。

截平面位置有一种，均为投影面的平行面。其截断面是什么形状？如何绘制？

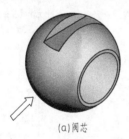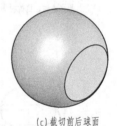

(a)阀芯　　　　　　(b)球体　　　　　　(c)截切前后球面

图 3-34　阀芯及其结构

3.5.1.2 分析球体截交线的种类

平面与圆球相交，截交线的形状都是圆，但根据截平面与投影面的相对位置不同，其截交线的投影可能为圆、椭圆或积聚成一条直线。如表 3-3 所示。

表 3-3　球体表面的两种截交线

截平面	投影面的平行面	投影面的垂直面
截交线投影	圆、直线	直线、椭圆
轴测图		

续表

截平面	投影面的平行面	投影面的垂直面
投影图		

因截切阀芯的截平面均为投影面的平行面，由表 3-3 可知，与截平面平行的投影面上，截断面的形状为圆，其他两个投影为直线。左右截断面的投影在主、俯视图上为直线，在左视图上为圆；上方的通槽左右侧面的投影，在主、俯视图上为直线，在左视图上为圆弧；通槽底面的投影，在主、左视图上为直线，在俯视图上为圆弧。

3.5.2 任务实施

3.5.2.1 绘制阀芯三视图底稿

（1）绘制完整的三视图，如图 3-35（a）所示。

（2）绘制左右截断面的投影，如图 3-35（b）所示，取半径为 R，以左视图上的圆心为圆心画圆，该圆即为截断面在侧面的投影；按照"长对正"原则，绘制俯视图中垂直线。

（3）绘制通槽、圆孔的投影，最后整理图线，如图 3-35（c）～（e）所示。

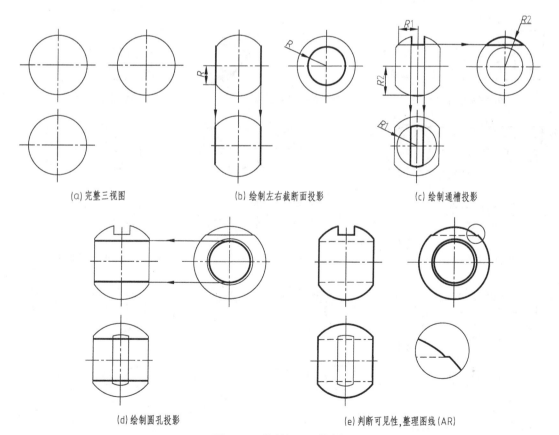

(a)完整三视图　　　　　(b)绘制左右截断面投影　　　　　(c)绘制通槽投影

(d)绘制圆孔投影　　　　　(e)判断可见性,整理图线(AR)

图 3-35　绘制阀芯三视图

① 绘制上方通槽底面的投影，取半径为 R1，以俯视图上的圆心为圆心画圆，按照"高平齐、长对正"原则，正面与侧面投影均为直线。

② 绘制通槽侧面的投影，取半径为 R2，以左视图上的圆心为圆心画圆，水平投影为两条直线。

3.5.2.2 检查、整理图线

判断可见性，整理图线，完成绘图，如图 3-35（e）所示。

3.5.3 知识链接

如图 3-36 所示为万向接轴，如图 3-37 所示绘制其三视图。

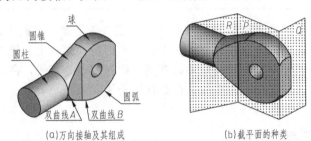

(a)万向接轴及其组成　　　　　　　(b)截平面的种类

图 3-36　万向接轴及截平面的种类

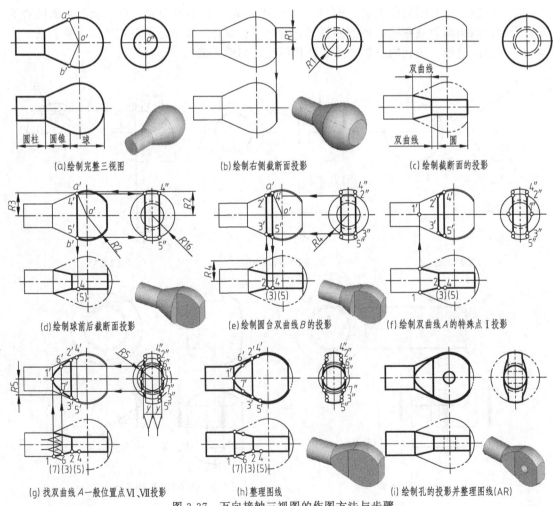

(a)绘制完整三视图　　　(b)绘制右侧截断面投影　　　(c)绘制截断面的投影

(d)绘制球前后截断面投影　　(e)绘制圆台双曲线B的投影　　(f)绘制双曲线A的特殊点I投影

(g)找双曲线A一般位置点Ⅵ、Ⅶ投影　　(h)整理图线　　(i)绘制孔的投影并整理图线(AR)

图 3-37　万向接轴三视图的作图方法与步骤

3.5.3.1 分析万向接轴的形体与投影

（1）结构特征：如图 3-36（a）所示为万向接轴的组成。万向接轴由同轴线的圆柱、圆台、球叠加而成，圆台与球相切、圆台与圆柱相交。前后、上下结构对称，左右不对称。球的右侧被一侧平面 Q 截切，截断面为圆；球的前后被两个正平面 P 截切，截断面为圆弧；圆台前后被正平面 P 和铅垂面 R 截切，截断面分别是双曲线 B 和 A。如图 3-36（b）所示。

（2）投影特点：球右侧的截断面，正面与水平投影均为直线，侧面为圆且被挡住；球的前后截断面，正面投影为圆弧，水平和侧面投影为直线；圆台的截断面 B 和 A，正面投影为双曲线，双曲线 B 的水平投影为斜线，侧面投影为曲线，双曲线 A 的水平和侧面投影均为直线。

3.5.3.2 绘制万向接轴三视图

球体的投影无积聚性，在图解截交线上一般位置点的投影时，可采用辅助平面法求解。

（1）绘制完整的三视图，如图 3-37（a）所示。

（2）绘制球右侧截断面的投影，如图 3-37（b）所示。

（3）绘制球前后截断面的投影，如图 3-37（c）、（d）所示。

（4）绘制圆台截交线 A、B 的投影，并整理图线，如图 3-37（e）~（g）所示。

（5）绘制圆孔并整理图线，如图 3-37（h）、（i）所示。

3.6 任务6 绘制扳手三视图

【任务目标】 通过学习，熟悉相贯线的图解方法与步骤、常见的相贯线种类，掌握垂直正交圆柱相贯线的作图步骤及变化趋势。

3.6.1 任务分析

图 3-38（a）所示为扳手，绘制其三视图。扳手与扳手杆配合用于装卸方头螺钉，如图 3-38（b）、（c）所示。完成本次任务的关键点：是绘制相贯线的投影。相贯线的概念在 3.1.3.2 中已介绍。

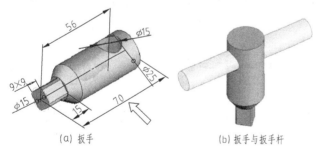

（a）扳手   （b）扳手与扳手杆   （c）扳手的应用

图 3-38 扳手及其应用

3.6.1.1 分析扳手的形体与投影

（1）结构特征：如图 3-38（a）箭头方向为主视图投影方向。管接头前后、上下对称，左右不对称，其主要由圆柱、圆台回转体组成，在 $\phi15$ 圆柱的表面铣出 4 个平面，在 $\phi25$ 圆柱上有 $\phi15$ 的通孔，两圆柱轴线垂直正交，因此，所形成的相贯线前后、左右对称，是上、下两条封闭的空间曲线。

（2）投影特点：如图 3-39 所示为扳手在三个视图上的投影，$\phi25$ 圆柱与 $\phi15$ 通孔形成的相贯线投影，在主视图上是两条向着大圆轴线弯曲的曲线，且前面挡住后面；在俯视图中积聚在 $\phi15$ 通孔的投影圆上，且上面挡住下面；在左视图中积聚在大圆的表面上，且左面挡住右面。

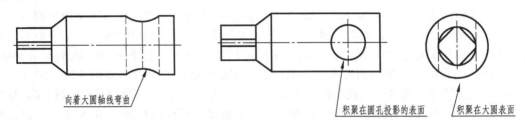

向着大圆轴线弯曲

积聚在圆孔投影的表面   积聚在大圆表面

图 3-39   主、俯、左三视图的投影

3.6.1.2   相贯线的图解方法与基本步骤

（1）相贯线的图解方法有以下两种。

① 利用积聚性图解相贯线的投影，如：利用圆柱具有的积聚性，求解相贯线的投影。

② 利用辅助平面法图解相贯线的投影，一般用于圆台与圆柱相交、球与圆柱相交等相贯线投影的求解。

（2）作图的基本步骤：找特殊点、找一般位置点、判断可见性、光滑连接各点、整理图线。

3.6.2   任务实施

3.6.2.1   绘制扳手三视图底稿

（1）绘制完整的三视图，如图 3-40（a）所示。

（2）绘制左端 4 个平面的投影，如图 3-40（b）所示。

（3）绘制相贯线的投影，利用圆柱的积聚性图解相贯线的投影，如图 3-40（c）～（f）所示。

① 找特殊点：Ⅰ、Ⅲ点是最低点；Ⅱ、Ⅳ点是最高点；直接在俯、左视图中找出各点；在主视图中直接找出Ⅱ、Ⅳ点的投影，如图 3-40（c）所示，再由 1、3 和 1″、3″求得 1′、3′，如图 3-40（d）所示。

② 找一般位置点：先在俯视图确定 5、6、7、8 点，再利用"宽相等"，找出左视图中的 5″、6″（其余两点不可见），最后，由俯视图和左视图的投影画出主视图的投影 5″、8′，如图 3-40（e）所示。

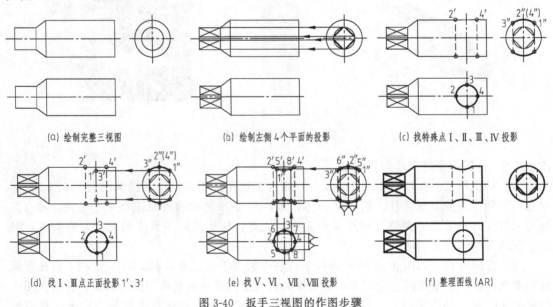

(a) 绘制完整三视图   (b) 绘制左侧 4 个平面的投影   (c) 找特殊点Ⅰ、Ⅱ、Ⅲ、Ⅳ投影

(d) 找Ⅰ、Ⅲ点正面投影 1′、3′   (e) 找Ⅴ、Ⅵ、Ⅶ、Ⅷ投影   (f) 整理图线（AR）

图 3-40   扳手三视图的作图步骤

3.6.2.2　检查、整理图线

判断可见性，检查、整理图线，如图 3-40（f）所示。

3.6.3　知识链接

3.6.3.1　辅助平面法图解圆柱与圆台正交的相贯线

（1）辅助平面法：如图 3-41（b）所示，在两个基本体相交的部分，用辅助平面截切两基本体得出两组截交线，这两组截交线的交点即为相贯线上的点，如图中 E、F、G、H 各点。这些点即属于两个基本体表面，又属于辅助平面。这种利用三面共点的原理，用一系列共有点的投影方法求出属于相贯线的点的方法称为辅助平面法。

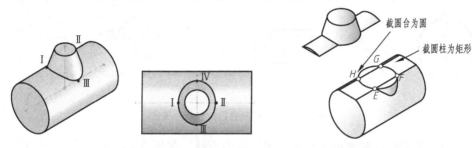

（a）相贯线上的特殊点Ⅰ、Ⅱ、Ⅲ、Ⅳ　　　　　（b）辅助平面法

图 3-41　圆台与圆柱垂直正交及其图解方法

（2）分析投影特点：如图 3-41（a）所示，该结构前后、左右对称，上下不对称。圆柱和圆台相交，圆柱轴线垂直于侧立投影面，相贯线的侧面投影积聚在圆台和圆柱相交的一段圆弧上。而圆台和圆柱在水平投影面和正立投影面上的投影均没有积聚性，所以，相贯线的正面投影和水平投影需要作图求出。

（3）作图方法与步骤

① 求相贯线特殊位置点的正面投影和水平投影。如图 3-42（b）所示，图中 1″点、2″点既是相贯线上的最高点，也是最左、最右点；3″点、4″点既是相贯线上的最低点，也是最前、最后点。其中，Ⅰ、Ⅱ点的投影可直接画出，正面投影的 3′、4′和水平投影的 3、4 点则由 3″、4″点求出。

② 作相贯线的一般位置点的正面投影和水平投影。作一辅助水平面截切圆台与圆柱的相交处，在俯视图中，该平面截圆台的交线为圆，截圆柱的交线为两平行线，圆与平行线的交点即为相贯线的一般位置点，通过投影关系可依次求出它们在正面的投影点。如图 3-42（c）所示。

③ 判断可见性、光滑连接各点。绘制后完整的三视图如图 3-42（a）所示。

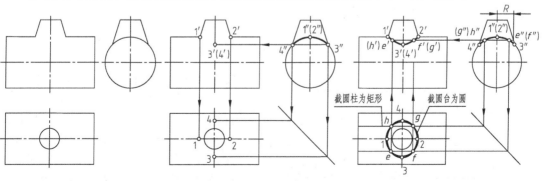

（a）绘制完整的三视图　　　　（b）画特殊点Ⅰ、Ⅱ、Ⅲ、Ⅳ 的投影　　　　（c）表示一般位置点的投影

图 3-42　圆柱与圆台正交的相贯线（AR）

3.6.3.2 相贯线的特殊情况

（1）当两曲面立体同轴相交时，相贯线为垂直于轴线的平面圆，如图 3-43（a）所示。

（2）当轴线相交的两圆柱（或圆柱与圆锥）公切于同一球面时，相贯线一定是平面曲线，即两个相交的椭圆，其三面的投影如图 3-43（b）所示。

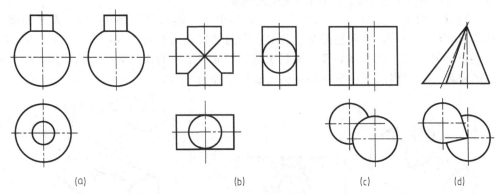

图 3-43　相贯线的特殊情况（AR）

（3）当相交两圆柱的轴线平行时，相贯线为直线，如图 3-43（c）所示。当两圆锥共顶时，相贯线也是直线，如图 3-43（d）所示。

3.6.3.3 圆柱相贯线的变化趋势

两圆柱的相对位置不变，而两圆柱的直径发生变化时，相贯线的形状和位置也将随之变化。当两圆柱的直径不相等时，相贯线在正面投影中总朝向大圆柱的轴线弯曲；当两圆柱的直径相等时，相贯线则变成两个平面曲线（椭圆），其在正面投影为两条相交的直线。如图 3-44 所示。

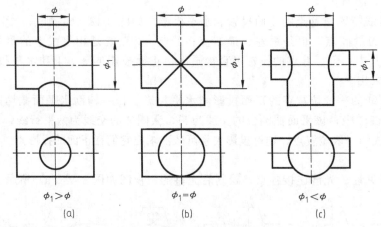

$\phi_1 > \phi$　　　　　$\phi_1 = \phi$　　　　　$\phi_1 < \phi$
(a)　　　　　　　　(b)　　　　　　　　(c)

图 3-44　两圆柱正交时相贯线的变化

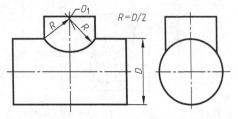

图 3-45　两圆柱垂直正交时相贯线的简化画法

3.6.3.4 圆柱相贯线的简化画法

为了简化作图，国家标准规定，允许采用简化画法作出相贯线的投影，即用圆弧替代非圆曲线。当两圆柱异径正交，且不需要准确地求出相贯线时，可以采用简化画法作出相贯线的投影，作图方法如图 3-45 所示。

3.7 任务7 绘制支座三视图

【任务目标】 通过学习，掌握组合体三视图的选择原则、作图步骤，熟悉组合体尺寸标注方法。

3.7.1 任务分析

3.7.1.1 分析支座的形体结构

利用形体分析法分析支座的结构形状，如图3-46所示，支座由底板和立板组成，底板上2个角是圆角，2个是直角，其上有2个φ12的通孔；立板由半圆柱和长方体组成，其上有1个φ12的通孔。立板与底板后面平齐，其余三面不平齐。以A向作为主视图的投影方向，支座左右对称，上下、前后不对称。

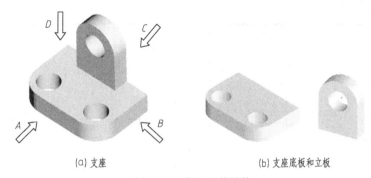

(a) 支座　　　　　　　(b) 支座底板和立板

图3-46　支座及其结构

3.7.1.2 选择视图

首先选择主视图，主视图应较多地反映物体的形体特征。通常将物体自然放正（或工作位置），选择投射方向时应考虑以下几点。

（1）最能反映组合体的形状特征及各形体之间的相互位置。

（2）尽可能多地反映组合体上主要形体的实形。

（3）尽量减少虚线的绘制。

如图3-46（a）所示，将支座放正，比较箭头所示的4个投射方向，各主视图如图3-47所示。D向不能反映支架的主要形状特征，C向虚线太多，故不选用。A向与B向的投影，从不同角度反映了支架的形状特征，但A向更能清晰地反映支座的整体结构及相对位置，因此，选择A向投影作为主视图。其他视图也随之确定。

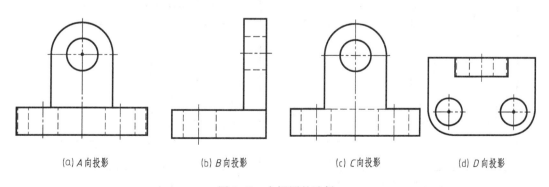

(a) A向投影　　　　(b) B向投影　　　　(c) C向投影　　　　(d) D向投影

图3-47　主视图的选择

3.7.2 任务实施

3.7.2.1 选比例，定图幅，绘制标题栏

视图确定后，便要根据组合体的大小和复杂程度，选定作图比例和图幅，绘制标题栏。

3.7.2.2 合理布置视图

布置视图时，应将视图均匀地布置在幅面上，视图间应预留标注尺寸所需的空间。

3.7.2.3 绘制支座三视图底稿

支座三视图的画图步骤如图 3-48 所示。为快速正确地画出组合体三视图，画底稿时应注意以下两点。

① 画图的先后顺序：一般应从形状特征明显的视图入手。先画主要部分，后画次要部分；先画可见部分，后画不可见部分；先画圆或圆弧，后画直线。

② 画图时，按形体分析法，逐个绘制各形体。每个形体的三个视图一起画，这样，可避免多线、漏线。

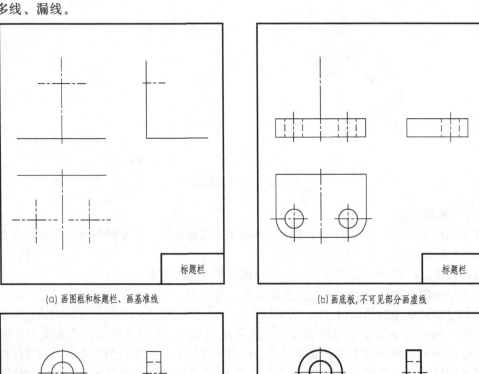

(a) 画图框和标题栏、画基准线

(b) 画底板,不可见部分画虚线

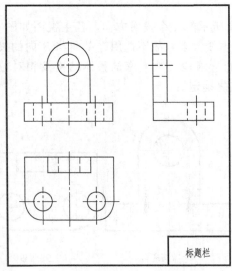

(c) 画立板: 先画主视图大圆弧,再画其他投影

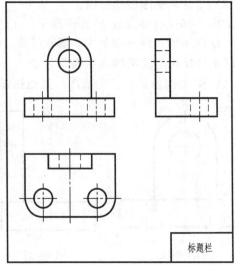

(d) 检查、整理图线

图 3-48　支座三视图的画图步骤

3.7.2.4　检查、整理图线

底稿完成后，应按下列要求认真检查：在三视图中依次核对各组成部分的投影对应关系正确与否；分析相邻两形体衔接处的画法有无错误，是否多线、漏线；再以实物（或轴测图）与三视图对照，确定无误后，描深图线，完成视图绘制。

3.7.2.5　标注支座尺寸

（1）确定基准：因支座左右对称、后面平齐，故对称面是长度方向的基准，底平面是高度方向的基准，后面是宽度方向的基准，如图 3-49（a）所示。标注尺寸时，重要尺寸从基准标注，或相对于基准对称标注。

（2）标注支座各形体的定形、定位尺寸

① 标注底板的定形、定位尺寸，如图 3-49（b）所示。底板定形尺寸有长 50、宽 34、高 10，及 R10；底板上 2 个 $\phi10$ 孔的定形尺寸为 $2\times\phi10$，其长度方向的定位尺寸是 30，宽度方向的定位尺寸是 24。

② 标注立板的定形、定位尺寸，如图 3-49（c）所示。立板定形尺寸是长由 R12 决定、高 30、宽 8，因立板的对称面与底板重合，R12 圆心就在对称面上，且后面与底板平齐，故立板在长度和宽度方向无需定位尺寸，其高度方向的定位尺寸为 30；立板上圆孔的定形尺寸为 $\phi12$，定位尺寸同 R12。

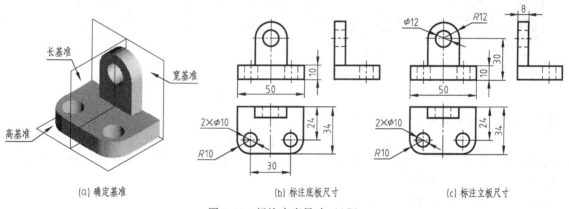

　　(a) 确定基准　　　　　　　　　(b) 标注底板尺寸　　　　　　　　(c) 标注立板尺寸

图 3-49　标注支座尺寸（AR）

（3）标注支座总体尺寸：所谓总体尺寸指组合体长、宽、高三个方向上的最大尺寸。但是，当端部是圆弧时，不能标注总体尺寸，标注中心距或中心高尺寸。如支座的总高为 30，而不能标注 42；支座的总长为 50、总宽为 34。如图 3-52（b）所示为错误的标注。

3.7.3　知识链接

组合体尺寸标注的基本要求是：正确、完整、清晰。正确是指标注尺寸符合国家标准的规定；完整是指标注尺寸不遗漏，也不重复；清晰是指尺寸书写布局整齐、清楚，易于识图。常见组合体尺寸标注及注意事项如下。

3.7.3.1　带切口形体的尺寸标注

对带切口的形体，除标注基本几何体的尺寸外，还要标注确定截平面位置的尺寸，不能标注截断面的定形尺寸，如图 3-50 所示。

3.7.3.2　尺寸标注在视图外部

尺寸应尽量标注在视图外部，相邻视图的相关尺寸应尽量标注在两视图之间，避免尺寸线、尺寸界线与轮廓线相交；尺寸尽量不要标注在虚线上。如图 3-51（a）标注的清晰，而图 3-51（b）的标注欠清晰。

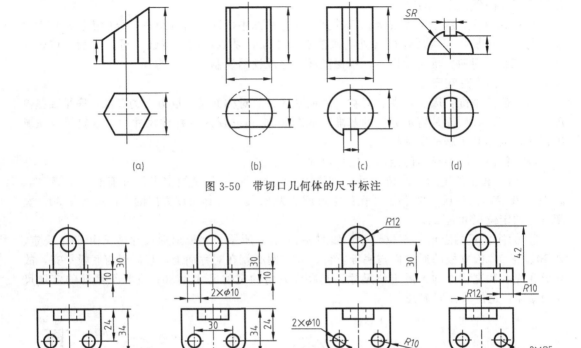

图 3-50　带切口几何体的尺寸标注

(a)　　　　(b)　　　　(c)　　　　(d)

(a) 清晰　　　　(b) 不清晰

图 3-51　尺寸标注的清晰性

(a) 正确　　　　(b) 错误

图 3-52　圆弧结构尺寸的标注

3.7.3.3　圆弧结构尺寸的标注

通常，小于等于半个圆弧的尺寸 R 必须标注在反映实形的视图上，；当结构上有 n 个相同大小的圆孔时，标注"$n×\phi$"，按图 3-52（a）中 $2×\phi10$；圆弧的正确标注如图 3-52（a）所示，图 3-52（b）为错误标注。

3.7.3.4　回转体直径尺寸的标注

同轴的圆柱、圆锥的径向尺寸，一般标注在非圆视图上，如图 3-53 所示。

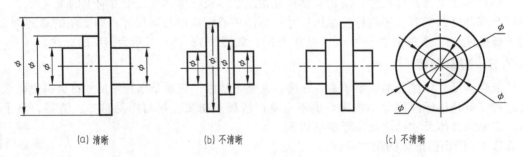

(a) 清晰　　　　(b) 不清晰　　　　(c) 不清晰

图 3-53　径向尺寸的标注

3.7.3.5　槽型结构尺寸的标注

对于燕尾槽、U 形槽等结构，定形与定位尺寸尽量标注在反映位置特征明显的视图上，如图 3-54 中的 h 尺寸标注。形体的定位尺寸也尽量集中注在位置特征明显的视图上，如图 3-54 中孔和立板定位尺寸。

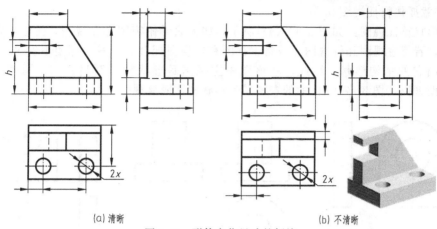

(a) 清晰   (b) 不清晰

图 3-54 形体定位尺寸的标注

3.8 任务8 识读夹铁三视图

【任务目标】 通过学习，熟悉识图的基本要领，掌握组合体三视图的读图方法与步骤。

3.8.1 任务分析

绘图和识图是学习本课程的两个重要环节。绘图是运用正投影法把空间物体表示在平面图形上，是由物体到图形的过程；而识图是根据平面图形想象出空间组合体的结构和形状，即由图形到物体的过程。

3.8.1.1 识图的基本要领

在组合体的三视图（图 3-55）中，主视图是最反映物体的形状特征的视图，但一个视图有时不能完全确定物体的形状，需要和其他投影视图配合对照，才能完整、准确地反映物体的形状结构。

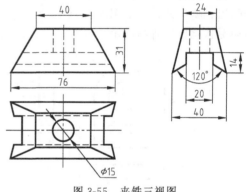

图 3-55 夹铁三视图

1）必须将几个视图联系起来看

当一个视图或两个视图分别相同时，其表达内容可能是不同的物体。如图 3-56 所示。

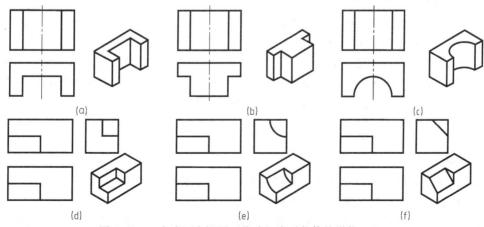

(a)   (b)   (c)

(d)   (e)   (f)

图 3-56 一个或两个视图不能确切表示物体的形状（AR）

69

2）注意抓住特征视图

（1）形状特征视图：如图 3-57（a）所示，如果只看俯视图和左视图，无法确定物体的结构形状，若将主视图和俯视图，或将主视图和左视图配合起来看，即使不看另一个视图，也能想象出它的结构形状，因此，在该图中主视图是形状特征明显视图。同理，图 3-57（b）中的俯视图、图 3-57（c）中的左视图是形状特征明显视图。

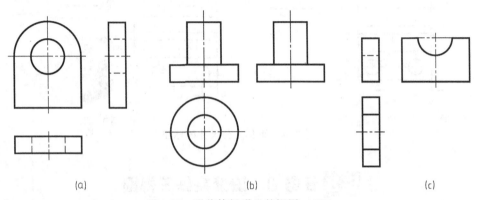

图 3-57　形状特征明显的视图（AR）

（2）位置特征：如图 3-58（a）所示，如果只看主视图和俯视图，无法确定两个形体哪个凸出、哪个凹进，如图 3-58（b）所示。但如果将主视图和左视图配合起来看，则形体的确切形状就比较容易确定，因此，左视图是反映该物体各组成部分位置特征明显的视图。

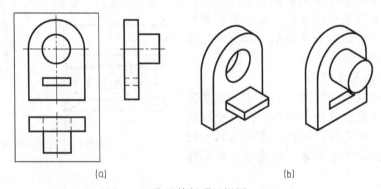

图 3-58　位置特征明显视图（AR）

3）读懂视图中图线、线框的含义

视图是由一个个封闭线框组合而成的，而线框又是由图线构成的，因此，弄清楚图线和线框的含义，是十分必要的。

（1）视图中图线的含义：图 3-59（a）、（b）所示的视图中，图线所表达的含义不同。

（2）视图中线框的含义：视图中的封闭线框一般情况下表示一个面的投影，线框套线框通常是两个凹凸面或是有槽，如图 3-56 所示。两个线框相邻，表示两个面高低不平或相交，如图 3-59（c）、（d）所示。

3.8.1.2　识图的基本方法

1）形体分析法

形体分析法既是画图、标注尺寸的基本方法，也是读图的主要方法。一般用于图解较复杂的组合体。下面以识读支架三视图为例，介绍形体分析法的应用及读图的步骤。

（1）看整体、分线框：支架前后对称，左右、上下不对称。按照投影对应关系将视图中

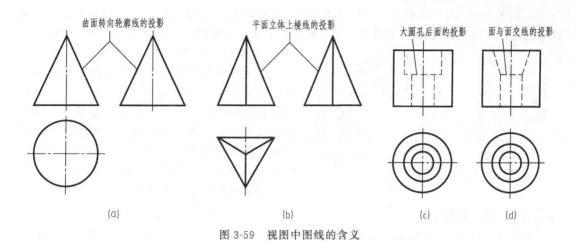

图 3-59 视图中图线的含义

的线框分解为Ⅰ、Ⅱ、Ⅲ三部分，如图 3-60（a）所示，Ⅰ为圆筒部分，Ⅱ为底板部分，Ⅲ为支承板部分。

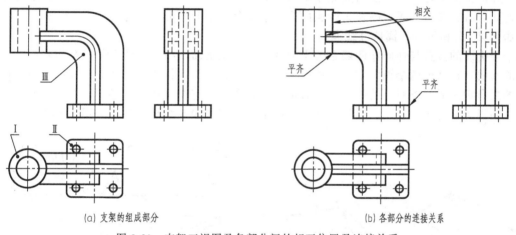

(a) 支架的组成部分 (b) 各部分的连接关系

图 3-60 支架三视图及各部分间的相互位置及连接关系

（2）找特征、对投影、想形体：抓住每部分的特征视图，按投影关系想象出每个组成部分的形状。如图 3-61 所示。

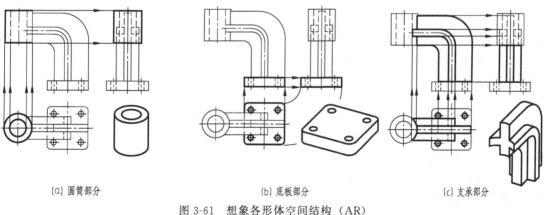

(a) 圆筒部分 (b) 底板部分 (c) 支承部分

图 3-61 想象各形体空间结构（AR）

（3）组合起来想整体：分析确定各组成部分的相对位置关系、组合形式以及表面的连接方式。如图 3-60 (b) 所示，支承部分的下面，前后对称地安装在底板上，右面平齐；支承部分的上面，前后对称地交于圆筒，与圆筒底面平齐。想象出支架的结构，如图 3-62 所示。

图 3-62 支架立体图

2）线面分析法

所谓线面分析法，就是运用投影规律把物体的表面分解为线、面等几何要素，通过分析这些要素的空间形状和位置来想象物体各表面的形状和相对位置，并借助立体概念想象物体形状，以达到读懂视图的目的。通常用于切割体视图的分析，如图 3-55 所示的夹铁三视图，可利用线面分析法来识读视图。

3.8.2　任务实施

如图 3-55 所示，夹铁属于组合体中的切割体，在形体分析法的基础上，采用线面分析法识读视图。

3.8.2.1　分析夹铁，想基本形体

分析切割体时，先想象出其完整的基本形体。由图 3-55 可知，夹铁的基本形体为长方体，其前后、左右被倾斜的切去四块而成为四棱台，如图 3-63 所示。

3.8.2.2　分析线面，找特征线框

分析面的位置与性质：四棱台的Ⅰ面和Ⅱ面为正垂面，在主视图上的投影积聚成两条对称的斜线，在其他两个视图中具有类似形——梯形；同理，Ⅲ面和Ⅳ面为侧垂面，在左视图上的投影积聚成两条对称的斜线，在其他两个视图中具有类似形——梯形。上、下两个水平面在俯视图上为矩形，反映实形，在其他两个视图中积聚成水平直线，如图 3-63 所示。

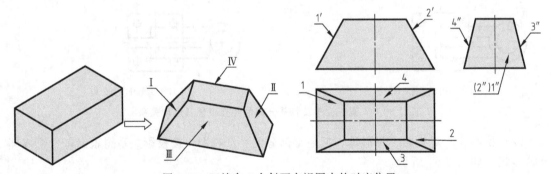

图 3-63　四棱台 4 个斜面在视图中的对应位置

3.8.2.3　根据线框，对投影

分析通槽的形成与投影：通槽由 2 个正平面、2 个侧垂面和一个水平面截切而成。因通槽在Ⅰ面和Ⅱ面上，故在主视图上积聚成直线，其他两个视图具有类似形。通槽的形成过程如图 3-64 所示。

分析通孔的投影：如图 3-65 (a) 所示，在俯视图上有一个粗实线的圆孔，表示可见；在其他两个视图上是虚线呈矩形，且虚线至通槽的顶面为止，表示是一个通孔。

3.8.2.4　综合想整体

通过以上分析，构思出夹铁的空间形体，如图 3-65 (b) 所示。

3.8.3　知识链接

补图、补线是训练识图和画图的一种辅助方式，通常是以形体分析为主、线面分析法为辅解题。下面以补画第三视图为例，介绍其图解方法和步骤。

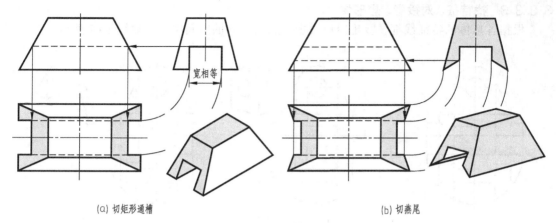

(a) 切矩形通槽　　　　　　　　　　　　　(b) 切燕尾

图 3-64　通槽的形成与投影

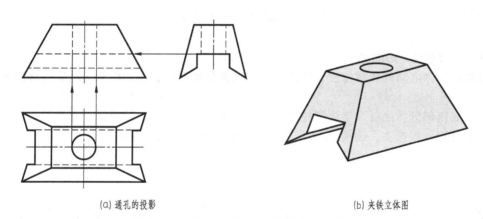

(a) 通孔的投影　　　　　　　　　　　　　(b) 夹铁立体图

图 3-65　夹铁上通孔投影及其立体图（AR）

如图 3-66（a）所示，已知座体的主、俯视图，补画左视图。

3.8.3.1　分析组合种类，确定解题方法

由图 3-66（b）可知：座体是基本形体和切割体的叠加，需运用形体分析法、线面分析法解题。

3.8.3.2　看整体、分线框

座体左右对称，前后、上下不对称。按照投影对应关系将视图中的线框分解为Ⅰ、Ⅱ、Ⅲ三部分，如图 3-66（a）所示，Ⅰ为底板部分，Ⅱ为立板部分，Ⅲ为支承板部分。

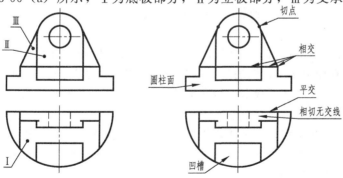

(a) 座体的主、俯视图　　　　　　　　　(b) 座体的结构特点及形体间相互位置

图 3-66　座体视图及其结构特点

3.8.3.3 找特征、对投影、想形体

根据各形体的特征线框，找出对应投影，想象形体的空间结构，如图 3-67 所示。

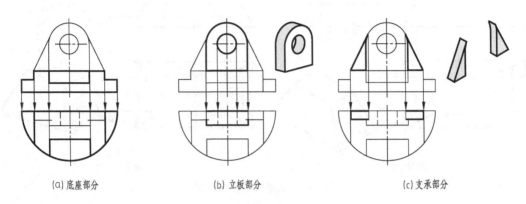

(a) 底座部分   (b) 立板部分   (c) 支承部分

图 3-67　想象各形体的空间结构

3.8.3.4 看形位、辩面线、画形体

分析各形体之间的相对位置、连接关系，从而分辨出面、线的性质，正确地画出各形体的投影。

（1）底座部分：底板为半个圆柱切割体，采用线面分析法，找线框、对投影，想象切割体的产生过程，根据主、俯视图投影、按照切割过程，依次绘制底板左视图的投影，如图 3-68 所示。

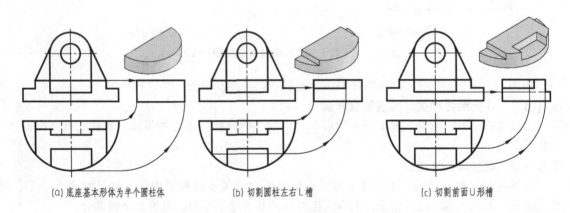

(a) 底座基本形体为半个圆柱体   (b) 切割圆柱左右 L 槽   (c) 切割前面 U 形槽

图 3-68　想象底座形成过程及投影

（2）立板部分：在主视图上，立板反映实形，由长方体和半圆柱组成，中间有一个可见的圆（粗实线）；在俯视图中，圆的投影是两条平行虚线，故是圆孔并前后贯穿，如图 3-67（b）所示；立板对称安装在底板上，后面平齐，其余面与底板相交，绘制其左视图的投影，如图 3-69（a）所示。

（3）支承部分：在主视图上反映实形及与立板相切的关系，因相切处无交线，故俯视图上为不封闭的矩形；与底板后面平齐，如图 3-67（c）所示。绘制其投影，注意切点的图解方法，如图 3-69（b）所示。

3.8.3.5 整理图线想整体

判断可见性，检查、整理图线，想象出座体空间结构，如图 3-69（c）、图 3-70 所示。

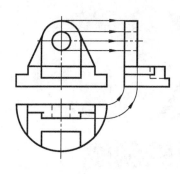 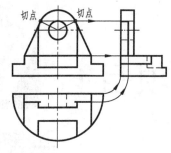 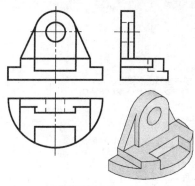

(a) 绘制立板左视图的投影 　　(b) 绘制支承板左视图的投影 　　(c) 整理图线 (AR)

图 3-69　立板与支承部分侧面投影的绘制

图 3-70　座体立体图

机械制图实例教程
JIXIE ZHITU SHILI JIAOCHENG

项目4

绘制轴测图

【项目功能】 学习轴测图的基本知识、轴测图的作图方法，了解轴测图的应用，掌握正等轴测图和斜二等轴测图的画法与作图步骤。

4.1 任务1 绘制平面立体正等轴测图

【任务目标】 通过绘制四棱台、V型块正等轴测图，掌握平面立体正等轴测图的作图方法与步骤。

4.1.1 任务分析

4.1.1.1 轴测图的基本知识

在机械图样中，主要是通过视图和尺寸来表达物体的形状和大小。由于视图是按正投影法绘制的，每个视图只能反映其二维空间大小，缺乏立体感；轴测图是用平行投影法绘制的

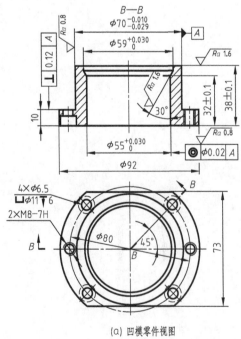

(a) 凹模零件视图

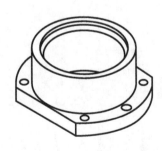

(b) 凹模轴测图

图 4-1 零件视图与轴测图

单面投影图，由于轴测图能反映出物体长、宽、高三个方向的形状，所以具有立体感。但轴测图的度量性差，作图复杂，因此在机械图样中只能用作辅助图样，如图4-1所示。

1）轴测图的形成

将物体连同其直角坐标系，沿不平行于任一坐标平面的方向，用平行投影法将其投射在单一投影面上所得到的图形，称为轴测图投影图，简称轴测图，如图4-2所示。

2）轴间角和轴向伸缩系数

（1）轴测轴：直角坐标轴在轴测投影面上的投影，称为轴侧轴，如图4-3中的X_1、Y_1、Z_1轴。

（2）轴间角：轴测投影中，任意两根坐标轴在轴测投影面上的投影之间的夹角α，称为轴间角，如图4-3中的$\angle X_1O_1Y_1$、$\angle Y_1O_1Z_1$、$\angle X_1O_1Z_1$。

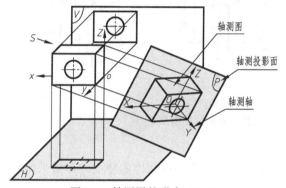

图4-2 轴测图的形成（AR）

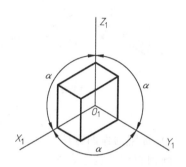

图4-3 轴测轴与轴间角

（3）轴向伸缩系数：直角坐标轴的轴测投影的单位长度，与相应直角坐标轴上的单位长度的比值，称为轴向伸缩系数。X、Y、Z轴的轴向伸缩系数分别用p_1、q_1、r_1表示，即：

$$p_1=O_1X_1/OX, q_1=O_1Y_1/OY, r_1=O_1Z_1/OZ,$$

3）轴测图的投影特性

（1）物体上与坐标轴平行的线段，在轴测图中平行于相应的轴测轴。

（2）物体上相互平行的线段，在轴测图中相互平行。

4.1.1.2 轴测图的分类

轴测图的分类见表4-1。常见的轴测图有正等轴测图、正二等轴测图和斜二等轴测图。

表4-1 正轴测图和斜轴测图的特点

按投射方法分类	共同点	不同点	按轴向伸缩系数不同分类	轴向伸缩系数
正轴测图	采用平行投影法	物体对投影面倾斜，投射线与投影面垂直。	正等轴测图	$p_1=q_1=r_1\approx0.82$
			正二等轴测图	$p_1=q_1\neq r_1; p_1=r_1\neq q_1; q_1=r_1\neq p_1$
			正三等轴测图	$p_1\neq q_1\neq r_1$
斜轴测图		物体对投影面正放，投射线与投影面倾斜。	斜等轴测图	$p_1=q_1=r_1\approx0.82$
			斜二等轴测图	$p_1=q_1\neq r_1; p_1=r_1\neq q_1; q_1=r_1\neq p_1$
			斜三等轴测图	$p_1\neq q_1\neq r_1$

4.1.1.3 正等轴测图

使确定物体的空间直角坐标轴对轴测投影面的倾角相等，用正投影法将物体连同其坐标轴一起投射到轴测投影面上，所得到的轴测图称为正等轴测图，简称正等测。

1）正等测的轴间角和轴向伸缩系数

（1）轴间角：如图4-4所示，正等测中的轴间角相等，均为120°。

（2）轴向伸缩系数：由于空间直角坐标轴与轴测投影面的倾角相同，所以它们的轴测投

影的缩短程度也相同，其三个轴向伸缩系数均相等，即：$p_1＝q_1＝r_1≈0.82$

画正等测时，如果按 0.82 这个伸缩系数作图，物体上的每个轴向线段，都要乘以 0.82 才能确定它的投影长度，比较麻烦。为了作图方便，一般采用简化伸缩系数，即：$p＝q＝r＝1$。

这样，画轴测图时，凡平行于轴测图的线段，直接按物体上相应线段的实际长度作图，不需换算。采用简化伸缩系数绘制的正等测，其轴向尺寸均比原来的图形放大 $1/0.82≈1.22$ 倍。图形虽然大了一些，但形状和直观性都没有发生变化。如图 4-4 所示。

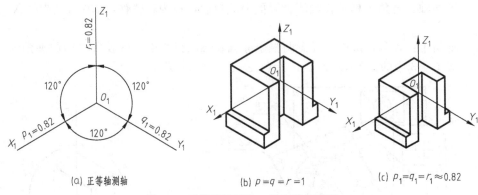

图 4-4　正等测轴间角、轴向伸缩系数

2）常用的作图方法

画轴测图的基本方法是坐标法，但在实际作图中还应根据物体的特征，灵活采用不同的作图方法。常用的作图方法有坐标法、切割法、叠加法。

4.1.2　任务实施

4.1.2.1　分析形体、确定坐标原点

由于四棱台前后、左右对称，四棱台上底和下底是两个相互平行且尺寸不同的矩形，台高与上底和下底垂直并通过底面的中心，故选择顶面的中点作为坐标原点，将对称线确定为轴测轴，如图 4-5（a）所示。采用坐标法绘制四棱台。

坐标法：将物体上的各点直角坐标移置到相应的轴测坐标中，定出各点、线、面的轴测投影，从而画出整个形体的轴测图，这种作图的方法称为坐标法。

4.1.2.2　作图步骤

（1）画出轴测轴，定出Ⅰ、Ⅱ、Ⅲ、Ⅳ点；通过Ⅰ、Ⅱ点，作 X 轴的平行线；再通过Ⅲ、Ⅳ点，做 Y 轴的平行线，如图 4-5（b）所示。

（2）通过Ⅰ、Ⅱ点的平行线和过Ⅲ、Ⅳ点的平行线的交点，确定出 a、b、c、d 四点，连接各顶点得到四棱台上平面的正等轴测图，如图 4-5（c）所示。

（3）沿 Z 轴方向，通过量取 h 定出下底的轴测中心，然后，按（1）、（2）步骤便可画出下底轴测图，并连接可见棱线（不可见棱线不画），如图 4-5（d）所示。

（4）整理图线：不可见轮廓线不画，擦去作图线并描深，如图 4-5（e）所示。

4.1.3　知识链接

对于切割体而言，采用切割法来绘制其正等轴测图。所谓的切割法，即：画切割体的轴测图时，先画出其完整形体的轴测图，再按形体形成的过程逐一切去多余的部分而得到所求的轴测图，这种方法称为切割法。下面以绘制 V 型块正等轴测图，介绍切割法的作图步骤。

4.1.3.1　分析形体、确定坐标原点

如图 4-6（a）所示，V 型块左右对称，V 型槽在上面部分，将坐标原点设在顶面对称线上。

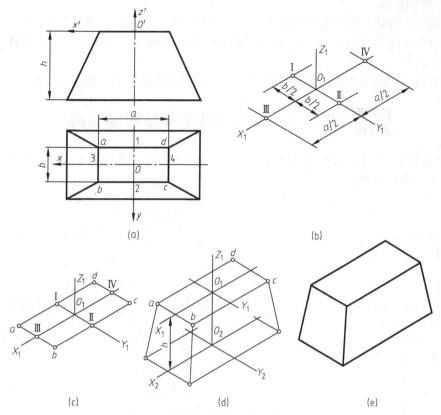

(a)　　　　　　　　　　(b)

(c)　　　　　　　(d)　　　　　　　(e)

图 4-5　四棱台正等轴测图的作图步骤

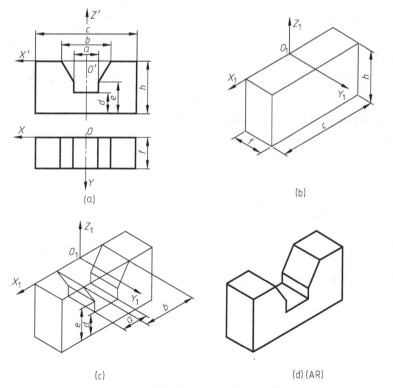

(a)　　　　　　　　　　(b)

(c)　　　　　　　(d)(AR)

图 4-6　V 型块正等轴测图的作图步骤

4.1.3.2 作图步骤

（1）画出轴测轴，按照给定的尺寸 c、f、h 画出长方体的正等测，如图 4-6（b）所示。

（2）按照给定尺寸 d、e、a、b，并根据轴测图的投影特性，画出 V 型槽部分，如图 4-6（c）所示。

（3）判断线段的可见性，整理图线，完成 V 型块正等轴测图，如图 4-6（d）所示。

4.2 任务 2　绘制曲面立体正等轴测图

【任务目标】　通过绘制圆柱、阶梯轴、支架正等轴测图，掌握曲面立体、组合体正等轴测图的作图方法与步骤。

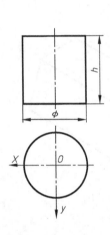

图 4-7　圆柱体视图

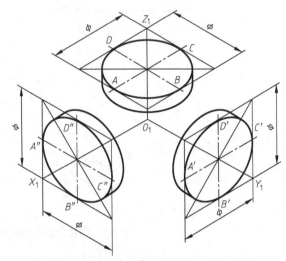

图 4-8　平行于各坐标面的圆的正等轴测图

4.2.1 任务分析

如图 4-7 所示为圆柱体视图，俯视图上的投影反映实形为圆。分析其正等轴测图的形状。

4.2.1.1 平行于各坐标面的圆的正等轴测图的形状

平行于各坐标面的圆，其正等轴测图一般是椭圆，如图 4-8 所示。

4.2.1.2 平行于各坐标面的圆的正等轴测图的画法

为了作图方便，用简化轴向伸缩系数绘制正等轴测图，作图方法分为坐标法和四心椭圆

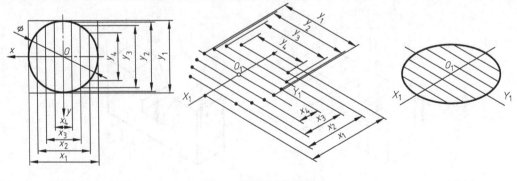

(a) 确定直角坐标点　　　　　　(b) 绘制相应的轴测轴各点　　　　　　(c) 连接各点

图 4-9　坐标法绘制圆的正等轴测图

法两种。

（1）坐标法：在反映圆视图上确定适当数量的点，过点作 OX 或 OY 轴的平行线，并将视图上各点画到相应的正等轴测轴上而获得的轴测图，称为坐标法，如图 4-9 所示。坐标法所画的椭圆比较精确，但作图繁琐，常用于曲面立体切割后，截交线为椭圆、双曲线、抛物线等轴测图的绘制，如图 4-10 所示。

（2）四心椭圆法（又称菱形椭圆法）：是一种近似画法，先画出圆外接正方形的轴测投影即菱形，再找出椭圆的四个圆心，然后，用四段圆弧光滑地连接起来代替椭圆，这种画圆的轴测图的方法称为四心椭圆法。如图 4-11、图 4-12 所示。

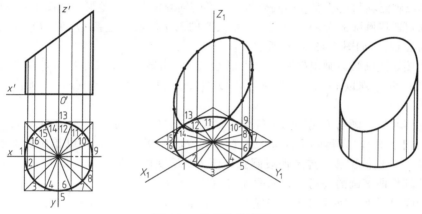

图 4-10　坐标法的应用

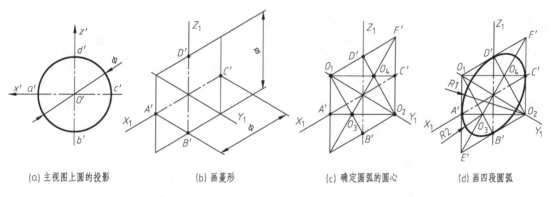

(a) 主视图上圆的投影　　(b) 画菱形　　(c) 确定圆弧的圆心　　(d) 画四段圆弧

图 4-11　平行于 XOZ 面的圆的正等轴测图

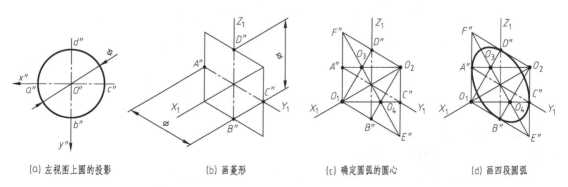

(a) 左视图上圆的投影　　(b) 画菱形　　(c) 确定圆弧的圆心　　(d) 画四段圆弧

图 4-12　平行于 YOZ 面的圆的正等轴测图

4.2.2 任务实施

4.2.2.1 分析形体、确定坐标原点

如图 4-13 所示，将原点设在圆柱顶面的圆心上。圆柱的轴线垂直于水平面，其上、下两个圆与水平面平行且大小相等。

4.2.2.2 作图步骤

采用四心椭圆法，画出上底圆的正等测，然后，再利用移心法，完成下面椭圆的绘制，具体作图步骤如图 4-13 所示。

（1）在反应圆的视图上绘制圆的外接正方形，并确定直角坐标系，如图 4-13（a）所示。

（2）画出轴测轴和直径为 ϕ 的圆外接正方形的轴测投影——菱形，如图 4-13（b）所示。

（3）确定四段圆弧的圆心。O_1、O_2 为大圆的两个圆心。连接 O_1A、O_2D 得圆心 O_3，连接、得圆心 O_4。如图 4-13（c）所示。

（4）连接四段圆弧，画出椭圆。分别以 O_1、O_2 为圆心，以 O_1A、O_2D 为半径（r_1），画出大圆弧；再分别以 O_3、O_4 为圆心，以 O_3A、O_4B 为半径（r_2），画出小圆弧。如图 4-13（d）所示。

（5）用移心法，画出下底圆的正等侧，如图 4-13（e）所示。分别将 O_1、O_2、O_3、O_4 沿 Z 轴方向向下平移 h，得到下底圆的圆心 O'_1、O'_2、O'_3、O'_4，再以相应的上底圆所对应的圆弧半径 r_1、r_2 画圆弧，连接四段圆弧，便得到下底面椭圆。

（6）分别作两椭圆的公切线，如图 4-13（f）所示。

（7）判断可见性，整理图线，完成圆柱的正等测，如图 4-13（g）所示。

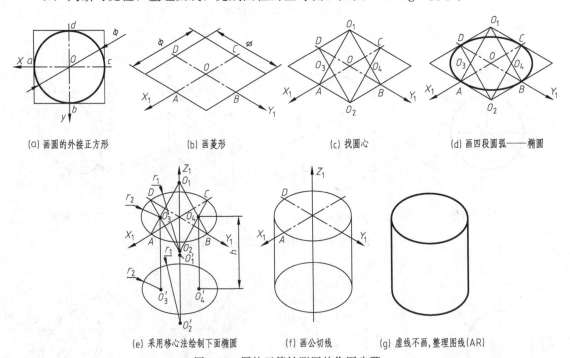

（a）画圆的外接正方形　　（b）画菱形　　（c）找圆心　　（d）画四段圆弧——椭圆

（e）采用移心法绘制下面椭圆　　（f）画公切线　　（g）虚线不画，整理图线（AR）

图 4-13　圆柱正等轴测图的作图步骤

4.2.3 知识链接

4.2.3.1 绘制阶梯轴正等轴测图

如图 4-14（a）所示，绘制阶梯轴正等轴测图。作图步骤如下。

1）分析形体、确定坐标原点

如图 4-14（a）所示，阶梯轴由三个直径不同的同轴线的圆柱体组成，左、右端圆的直径相同（ϕ_1）。原点设在左端圆的圆心上。

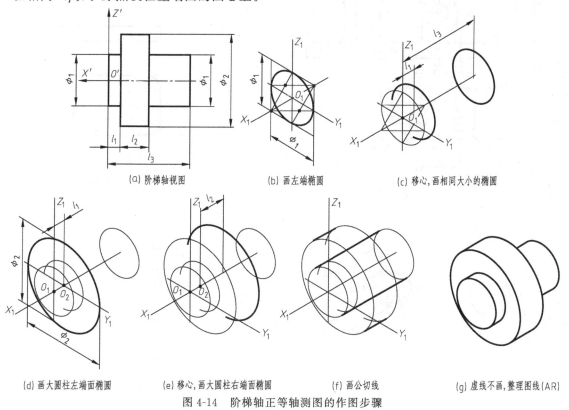

(a) 阶梯轴视图　　(b) 画左端椭圆　　(c) 移心,画相同大小的椭圆

(d) 画大圆柱左端面椭圆　(e) 移心,画大圆柱右端面椭圆　(f) 画公切线　(g) 虚线不画,整理图线(AR)

图 4-14　阶梯轴正等轴测图的作图步骤

2) 作图步骤

采用四心椭圆法绘制椭圆，再由椭圆平移构成。阶梯轴在左视图上反映圆的实形，因此，椭圆长轴的圆心在 OX 轴上。作图步骤如下。

（1）绘制正等测坐标轴。采用四心椭圆法画出直径为 ϕ_1 的左端椭圆，如图 4-14（b）所示；用移心法将圆心沿 OX 轴方向分别平移 l_1、l_3 的距离，并画出直径为 ϕ_1 的右端椭圆，如图 4-14（c）所示。

（2）将正等测坐标圆心 O_1 沿 OX 轴平移距离 l_1 至 O_2，画出直径为 ϕ_2 的大圆柱左端椭圆，如图 4-14（d）所示；用移心法将圆心沿 X 轴方向分别平移 l_2 的距离，并画出其右端椭圆，如图 4-14（e）所示。

（3）分别作出椭圆的公切线，如图 4-14（f）所示。

（4）判断可见性，虚线不画，整理图线，完成阶梯轴的正等测，如图 4-14（g）所示。

4.2.3.2　绘制支架正等轴测图

如图 4-15 所示，绘制支架正等轴测图。作图步骤如下。

1) 分析形体、确定坐标原点

如图 4-15 所示，支架左右对称，由底板Ⅰ和立板Ⅱ叠加并穿孔构成。底板前侧带圆角并有 2 个圆孔；立板由半个圆柱体和长方体组成，中间有 1 个圆孔；立板与底板后面平齐。为了作图方便，选择立板与底板之间、后面对称点为坐标原点。

2) 分析圆角结构的作图方法

如图 4-16 所示为一带圆角的底板，1/4 的圆角是圆柱面，其每一部分对应于椭圆的各段圆弧，各段圆弧相接即为一完整的椭圆，用四心椭圆法绘制各段圆弧，如图 4-17 所示。

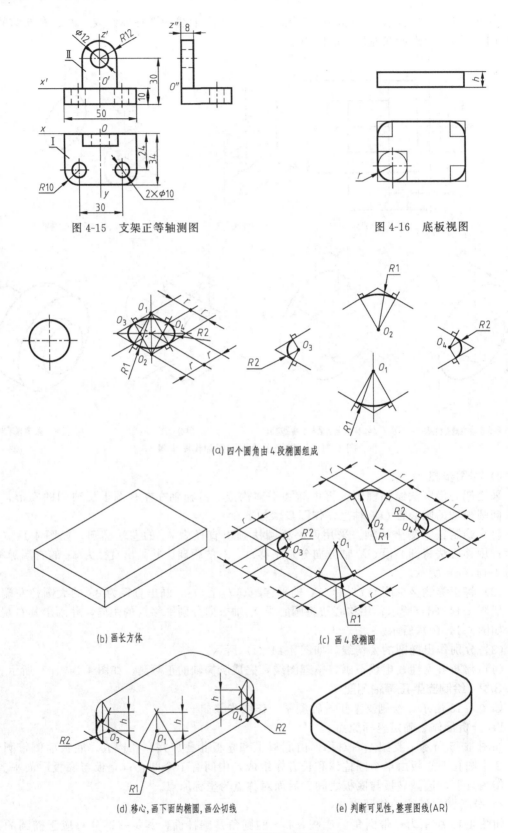

图 4-15　支架正等轴测图

图 4-16　底板视图

(a) 四个圆角由 4 段椭圆组成

(b) 画长方体

(c) 画 4 段椭圆

(d) 移心,画下面的椭圆,画公切线

(e) 判断可见性,整理图线(AR)

图 4-17　圆角正等轴测图的画法

3）绘制支架正等轴测图

绘制支架正等轴测图时，可先画出未切割的下部底板Ⅰ，然后画出底板上部的未切割立板Ⅱ，最后再画两板上的切割圆孔。具体作图步骤如下。

（1）在视图上确定坐标轴，并将支架分解成底板Ⅰ和立板Ⅱ两个基本形体，如图 4-15 所示。

（2）绘制底板Ⅰ。画出轴测轴，按图 4-15 所示，沿轴量取 50、34、10、$R10$，画出底板，椭圆的轮廓用四心圆法和移心法画出，如图 4-18（a）所示。

（3）绘制立板Ⅱ。立板Ⅱ和底板Ⅰ左右对称，后面平齐。为了减少擦图环节，建议：沿 OY 轴量取 8mm，将原点移至立板前面，从前面往后画；沿 OZ 轴依次量取 30、$R12$，画出立板Ⅱ的长方体轮廓和椭圆，椭圆的轮廓用四心圆法和移心法画出，如图 4-18（b）所示。

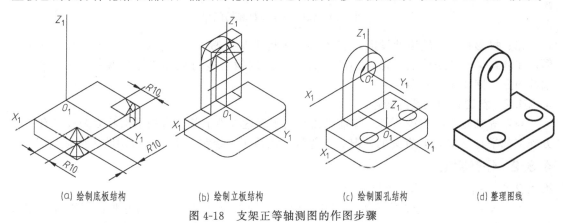

| (a) 绘制底板结构 | (b) 绘制立板结构 | (c) 绘制圆孔结构 | (d) 整理图线 |

图 4-18 支架正等轴测图的作图步骤

（4）绘制底板Ⅰ和立板Ⅱ上的通孔。沿轴量取 30、24、$\phi10$，画出底板Ⅰ的两个孔；再沿轴量取 30、$\phi12$，画出立板Ⅱ上的孔，如图 4-18（c）所示。

（5）整理图线，虚线不画，完成支架正等测的绘制，如图 4-18（d）所示。

【注意】 画图前，先进行形体分析，根据结构特点确定坐标原点和画图的步骤。画图时，先主后次，先上后下，先前再后，看得见的画，看不见的不画。

4.3 任务3 绘制支座的斜二等轴测图

【任务目标】 通过绘制支座、凹模斜二等轴测图，掌握斜二等轴测图的作图方法与步骤。

4.3.1 任务分析

4.3.1.1 斜二等轴测图的基本知识

（1）定义：如图 4-19 所示，在确定物体的直角坐标系时，使 X 轴和 Z 轴平行轴测投影面 V，用斜投影法将物体连同其坐标轴一起向 V 面投射，所得到的轴测图称为斜二等轴测图，简称斜二测。

（2）轴向伸缩系数和轴间角：由于 XOZ 坐标面与轴测投影面平行，X、Z 轴的轴向伸缩系数相等，即 $p_1 = r_1 = 1$，轴间角 $\angle X_1 O_1 Z_1 = 90°$。为了便于绘图，国家标准规定：选取 Y 轴的轴向伸缩系数 $q_1 = 0.5$，轴

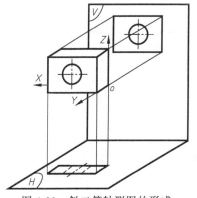

图 4-19 斜二等轴测图的形成

间角$\angle X_1 O_1 Y_1 = \angle X_1 O_1 Z_1 = 135°$，如图 4-20 所示。

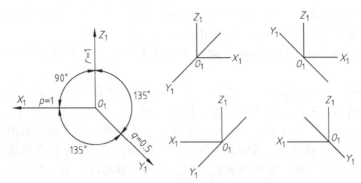

图 4-20　轴向伸缩系数和轴间角

（3）投影特点：轴测轴投影面 $X_1 O_1 Z_1$ 平行于 V 坐标面，即：物体上与 V 面平行的图形，在斜二等轴图中反映实形，如图 4-20 所示。因投射线与轴测投影面倾斜，平行于 OY 轴的图形，则要缩小一半。

4.3.1.2　斜二等轴测图的应用

与正等轴测图相比较，斜二等轴测图宜用于表达零件上某一方向的形状复杂或只有一个方向（如平行于 V 面）有圆的情况。正等轴测图适用于绘制三个方向有圆的机件轴测图。

4.3.2　任务实施

4.3.2.1　分析形体，确定坐标原点

如图 4-21（a）所示，支座左右对称，由底板和立板组成，立板与底板前后平齐。支座的前、后端面平行且与 V 面平行，采用斜二测作图比较方便。选择前端面作为 $X_1 O_1 Z_1$ 坐标面，坐标原点过圆心，Y_1 轴向后。

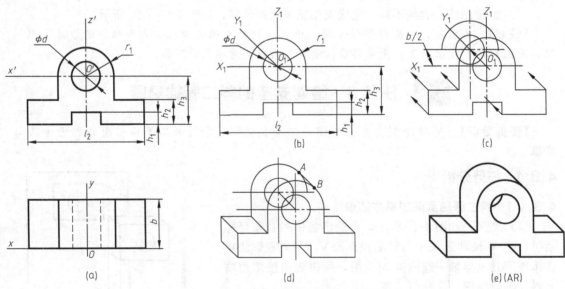

图 4-21　支座的斜二等轴测图的作图步骤

4.3.2.2　作图步骤

（1）画出轴测轴，绘制前端面的斜二测（主视图的重复图形），如图 4-21（b）所示。

（2）采用移心法，将坐标原点移至后端面大圆与中心线的交点上：在 Y_1 轴上向后量取

$b\times0.5$长度，定出后端面的圆心，画出后端面上的两个圆；过底板前面的各顶点，作Y_1轴的平行线并量取$b\times0.5$长度，如图4-21（c）所示。

（3）画出底板后面的轴测图：作平行线分别与X_1、Z_1轴的平行、与Y_1轴相交；作前、后端面两个大圆的公切线AB，如图4-21（d）所示。

（4）判断可见性，虚线不画，整理图线，完成支座的斜二测，如图4-21（e）所示。

4.3.3 知识链接

如图4-22（a）所示为拨叉视图，按图4-23所示绘制其斜二等轴测图。

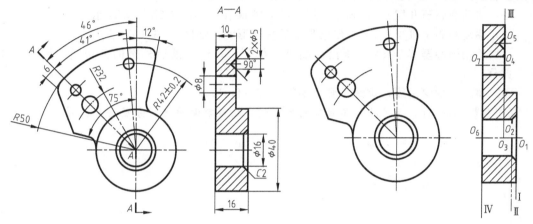

(a) 拨叉视图　　(b) 设置各层原点

图 4-22　拨叉视图及坐标原点

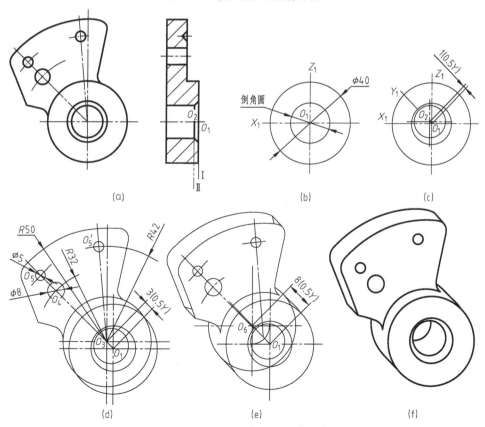

(a)　　(b)　　(c)

(d)　　(e)　　(f)

图 4-23　拨叉斜二等轴测图的作图步骤

4.3.3.1 分析形体，确定坐标原点

该零件由空心圆柱体和扇形面组成。在扇形面上有两个 90°圆锥孔和一个圆柱孔。在主视图上反映圆柱体和扇形面的实形，在左视图上反映零件的厚度方向的内部结构。零件上各圆分别在Ⅰ、Ⅱ、Ⅲ和Ⅳ层上，故在作图时，将坐标原点分别移至该层上的圆心位置，如图 4-22（b）所示。

4.3.3.2 作图步骤

（1）按照图 4-22 所示尺寸，在拨叉视图图 4-23（a）中取前端面的圆心为坐标原点 O_1，画出Ⅰ层上的 $\phi16$ 倒角圆和 $\phi40$ 的圆，如图 4-23（b）所示。

（2）移动圆心至Ⅱ层 O_2，画出Ⅱ层上的 $\phi16$ 圆孔，如图 4-23（c）所示。

（3）移动圆心至Ⅲ层 O_3，画出层Ⅲ上的拨叉形状，如图 4-23（d）所示。

（4）移动圆心至Ⅳ层 O_6，画出后面可见部分，并作出前后外圆的公切线，如图 4-23（e）所示。

（5）整理、加深图线，虚线不画，如图 4-23（f）所示。

【注意】 画图时，为了减少不必要的作图线，从最前面画起，分层绘制。

项目5

零件的常见画法

【项目功能】 学习典型零件结构的表达方法：视图、剖视图、断面图、局部放大图、简化画法等，熟悉各种表达方法的应用，掌握其画法和标注。

5.1 任务1 识读偶合凸轮零件视图

【任务目标】 通过识读偶合凸轮零件视图、绘制垫块零件视图，掌握基本视图的画法、向视图的画法与标注，熟悉基本视图、向视图的概念与应用，以及第三角投影的画法。

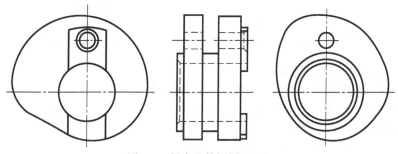

图 5-1 偶合凸轮视图（AR）

5.1.1 任务分析

5.1.1.1 分析视图种类

视图通常有基本视图、向视图、局部视图和斜视图。

从图 5-1 可见，偶合凸轮的表达采用了主视图、左视图和右视图 3 个基本视图。

5.1.1.2 基本视图的形成

如图 5-2 所示，用水平和铅垂的两投影面将空间分成四个分角，每个分角有六个基本投影面。在国家制图标准中要求：优先采用第一分角投影的画法。

基本视图是物体向基本投影面投影所得到的视图。如图 5-3 所示，将导向板置于第一分角的六个投影面内并投影，得到六个基本视图：主视图、俯视图、左视图、右视图、仰视图和后视图，如图 5-4 所示。在项目 2 中已介绍了主、俯、左三视图的形成，其他视图如下：

① 右视图：由右向左投射所得的视图；

② 仰视图：由下向上投射所得的视图；

③ 后视图：由后向前投射所得的视图。

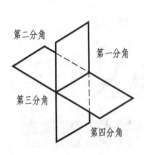

图 5-2　空间的四个分角

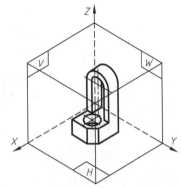

图 5-3　第一分角中的物体

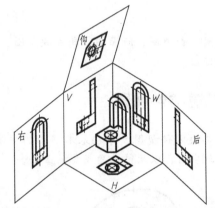

图 5-4　以 V 面为基准将投影面展开（AR）

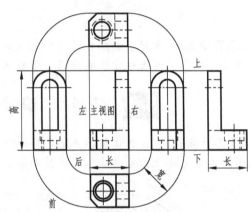

图 5-5　基本视图的配置

5.1.1.3　基本视图的配置与方位

基本视图的配置如图 5-5 所示。右视图在主视图的正左方，仰视图在主视图的正上方，后视图在左视图的正右方。远离主视图的一侧是物体的前面，而后面则靠近主视图。

5.1.1.4　基本视图的投影关系

如图 5-5 所示，主、俯、仰、后视图保持"长对正"；主、左、右、后视图保持"高平齐；左、俯、右、仰视图保持"宽相等"。

5.1.1.5　基本视图的画法

基本视图主要用来表达整个物体的外部结构形状，物体的可见轮廓用粗实线绘制，不可见轮廓用细虚线绘制。在同一张图纸内按图 5-5 配置视图时，可不标注视图的名称。

可见，偶合凸轮的表达采用了主视图、左视图和右视图 3 个基本视图。

5.1.2　任务实施

5.1.2.1　粗读视图

1）分析零件的形体

按照形体分析法，可把偶合凸轮分成 4 个形体：左凸轮、右凸轮、中间水平圆筒、右端面上的凸台，如图 5-6 所示。

2）分析视图表达的内容

主视图表达了凸轮各形体之间在长度方向和高度方向的相互位置，以及长度方向的形状与大小；左视图表达了凸轮左端面的形状；右视图表达了凸轮右端面的结构形状及凸台的形状及宽度方向的相对位置。

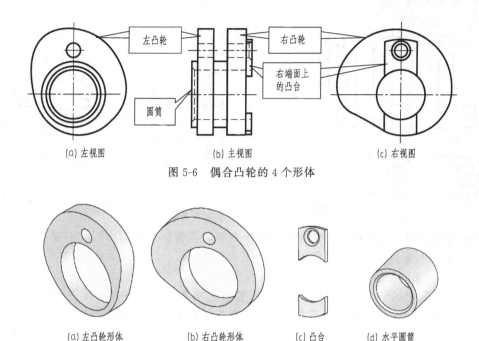

(a) 左视图　　　　　　　(b) 主视图　　　　　　　(c) 右视图

图 5-6　偶合凸轮的 4 个形体

(a) 左凸轮形体　　　　(b) 右凸轮形体　　　(c) 凸台　　　(d) 水平圆筒

图 5-7　偶合凸轮各形体直观图（AR）

5.1.2.2　精读视图

　　结合三个视图，利用形体分析法、线面分析法，逐个分析凸轮各个形体的形状与大小，想象各个形体的形状。左凸轮形体如图 5-7（a）所示，右凸轮形体如图 5-7（b）所示，右端面凸台形体如图 5-7（c）所示，水平圆筒形体如图 5-7（d）所示。

5.1.2.3　综合想象零件结构

　　结合上面的分析，综合想象偶合凸轮的结构形状，如图 5-8 所示。

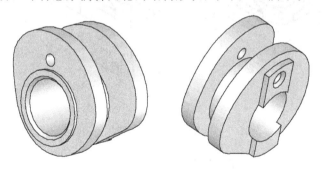

图 5-8　偶合凸轮的直观图

5.1.3　知识链接

5.1.3.1　向视图的画法与标注

　　向视图是自由配置的基本视图，如图 5-9 所示。在向视图的上方，用大写的拉丁字母标注名称，在相应视图的附近用箭头指明投射方向，并标注相同的名称。

　　向视图的应用：当一个零件上有两个或两个以上图形相同的视图，可以只画一个视图，并用箭头、字母和数字表示其投射方向和位置，如图 5-10 所示。

5.1.3.2　绘制垫块第三角视图

　　1）第三角投影的形成

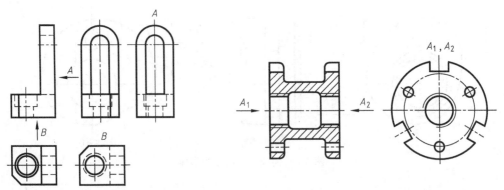

图 5-9 向视图的画法与标注（AR）   图 5-10 两个相同视图的表示

将垫块置于第三分角内，并使投影面处于观察者与物体之间而得到的多面正投影。以主视图投影面为基准，将其他投影面展开，如图 5-11 所示。

2）基本视图的配置与方位

各视图的配置如图 5-12 所示，俯视图配置在主视图的正上方；左视图配置在主视图的正左方；右视图配置在主视图的正右方；仰视图配置在主视图的正下方；后视图配置在主视图的右方。

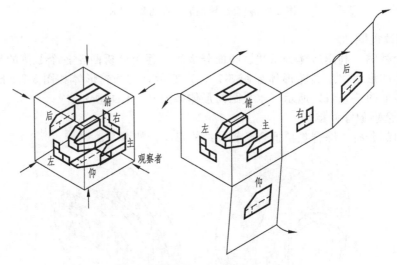

图 5-11 第三角投影的形成（AR）

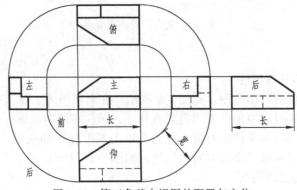

图 5-12 第三角基本视图的配置与方位

其特点：围绕着主视图"就近配置"，物体的后面远离主视图。

5.2 任务 2 绘制阀体零件视图

【任务目标】 通过绘制阀体、压块零件视图，掌握局部视图、斜视图的应用、画法和标注。

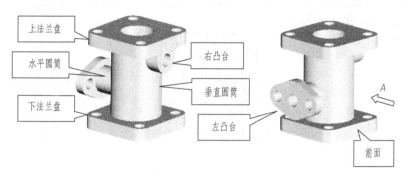

图 5-13 阀体直观图

5.2.1 任务分析

5.2.1.1 分析阀体结构

如图 5-13 所示，该阀体前后对称，由 6 个形体组成：中间的垂直圆筒和水平圆筒垂直正交；上、下法兰盘为带圆角的方形结构，其上有 4 个对称分布的圆孔，中间有一个与垂直圆筒一样大的圆孔；左凸台与水平圆筒同轴线，其上下、前后均为圆柱面，凸台上有 3 个圆孔，中间的圆孔与水平圆筒的孔一样大；右凸台由半个圆柱体和长方体组成，与上法兰盘右端面平齐，中间的圆孔与竖直圆筒的孔垂直正交。

5.2.1.2 选择视图

1）选择主视图

如图 5-13 所示中的箭头 A 向作为主视图的投射方向，该方向反映了阀体的结构特征，表达了 6 个形体长度方向与高度方向的形状与相互位置。

2）选择其他视图

（1）俯视图：为了表达 6 个形体在宽度方向的相互位置，上、下法兰盘形状及其孔的分布情况，优先选用俯视图。

（2）左视图与右视图：为了表达左、右凸台的结构形状，可以选择左视图和右视图。

表达方案如图 5-14 所示，可见，在左、右视图中，重复表达了上下法兰盘、竖直圆筒、左右凸台的结构，且虚线较多，不合理。

3）选择局部视图

局部视图是将物体的某一部分向基本投影面投射所得的视图。因阀体上的凸台分别平行于左、右投影面，故用局部视图来表达。

5.2.2 任务实施

5.2.2.1 绘制主、俯视图

阀体零件的主、俯视图如图 5-15 所示。

5.2.2.2 绘制局部视图

1）局部视图的画法

（1）完整图形：局部特征具有独立完整的轮廓，如：阀体零件上的左凸台端面具有独立

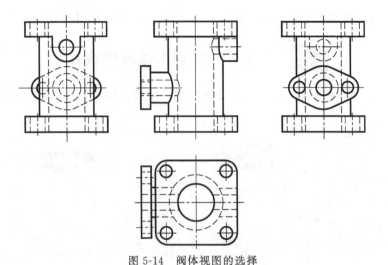

图 5-14　阀体视图的选择

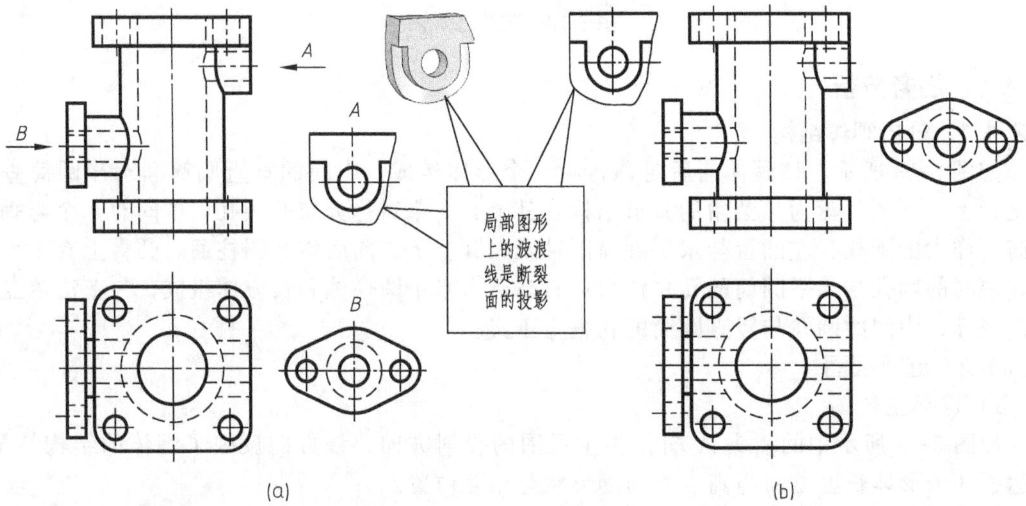

（a）　　　　　　　　　　　　　　　　　　　（b）

局部图形
上的波浪
线是断裂
面的投影

图 5-15　阀体零件视图（AR）

完整的轮廓，局部视图的画法如图 5-15（a）中的 B 向图形。

（2）局部图形：当局部特征与其他部分相连，必须用波浪线将局部特征与其他部分区分开。如：右凸台端面轮廓不是独立的，与上法兰盘连接，故需要用波浪线与其他结构分开，局部视图的画法如图 5-15（a）中的 A 向图形。

2）局部视图的标注

（1）按基本视图配置、中间又没有其他图形隔开时，则不必标注，如图 5-15（b）、图 5-16 所示中的局部视图。

（2）按向视图配置时，用箭头指明投射方向，并用大写的拉丁字母标注名称，在相应的局部视图上方注明相同的名称，如图 5-15（a）所示。

5.2.2.3　局部视图的应用

（1）绘制零件的局部结构：如图 5-15、图 5-16 所示。

（2）绘制对称结构的视图：为了节省绘图时间和图幅，零件对称结构的视图可只画一半或四分之一，并在对称中心线的两端绘制两条与其垂直的平行细实线，如图 5-17 所示。

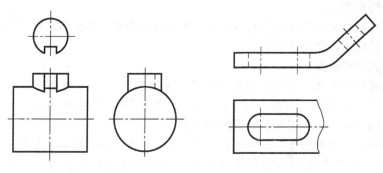

(a) 局部视图按第三角配置时的画法   (b) 局部视图按基本视图配置时的画法

图 5-16 局部视图的画法与标注

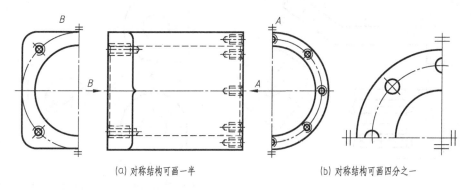

(a) 对称结构可画一半   (b) 对称结构可画四分之一

图 5-17 局部视图表达对称结构的画法

5.2.3 知识链接

绘制压板零件视图的方法与步骤。

5.2.3.1 分析压板结构

压板前后对称，主要由 2 个形体组成：水平的 L 形体、倾斜的半圆柱与长方体组合。如图 5-18 所示。

5.2.3.2 选择视图

（1）选择主视图：如图 5-18 箭头所示方向 A，为主视图投射方向。主视图重点表达压板的结构特征、形体之间长度与高度方向的相互位置等。

（2）选择俯视图：能清楚地表达压板水平面上 2 个孔的形状与相对位置，但倾斜结构不能反映实形，如图 5-19 所示。可见，倾斜结构表达不合理。

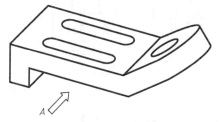

图 5-18 压板直观图

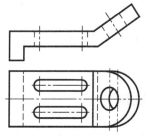

图 5-19 压板的基本视图

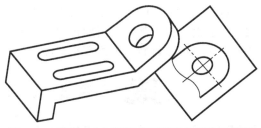

图 5-20 增设一个与倾斜表面平行的辅助投影面

（3）选择斜视图

增设一个与倾斜部分平行且与基本投影面垂直的平面作为投影面，物体向该平面投射所得的视图称为斜视图，如图 5-20 所示。

5.2.3.3 斜视图的画法

斜视图一般按箭头所指的方向且符合投影关系配置，也可配置在其他适当位置。必要时，可将图形旋正后画出，如图 5-21（b）所示。旋转符号按照图 5-21（c）中尺寸绘制。根据零件结构的完整性，其图形有以下两种画法。

（1）局部图形：局部特征与其他部分相连，用波浪线将局部特征与其他部分区分开。如图 5-21（a）所示，倾斜结构与 L 形体连接，故采用波浪线与其他部分区分开。在俯视图中，因 L 形体与水平面平行，可将 L 形体绘制成局部视图。

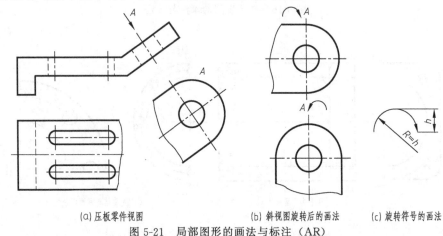

(a) 压板零件视图　　　　　　(b) 斜视图旋转后的画法　　(c) 旋转符号的画法

图 5-21　局部图形的画法与标注（AR）

（2）完整图形：局部特征具有独立完整的轮廓，如图 5-22、图 5-23 所示。

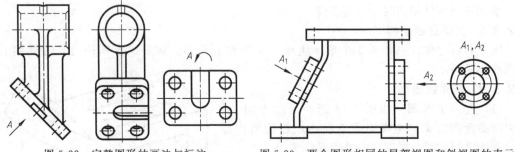

图 5-22　完整图形的画法与标注　　　　图 5-23　两个图形相同的局部视图和斜视图的表示

5.2.3.4 斜视图的标注

斜视图通常按向视图配置与标注，如图 5-21、图 5-22 所示。

（1）用箭头指明投射方向，该箭头必须垂直于被表达的倾斜部分。在箭头旁边用大写的拉丁字母标注名称，同时，在相应的斜视图上方标注相同的名称，字母须水平书写。

（2）必要时，允许将斜视图旋转配置。表示该视图名称的大写拉丁字母应靠近旋转符号的箭头端，也可以将旋转角度注写在字母后。

5.3　任务 3　绘制阀体零件剖视图

【任务目标】　通过绘制阀体零件剖视图，熟悉剖视图的形成、剖切面位置的选择原则，掌握全剖视图、半剖视图、局部剖视图的画法与标注。

5.3.1 任务分析

5.3.1.1 分析阀体结构

从"5.2.1任务分析"对阀体结构的分析中可知，阀体的内部结构与外部结构较复杂，需要表达。但在图5-14阀体零件视图表达中，主视图和俯视图中的虚线较多，内部结构表达的不清晰，也不便于尺寸的标注。因此，需要采用剖视图来表达其内部结构。

5.3.1.2 剖视图的形成

假想用剖切平面剖开物体，将处在观察者和剖切面之间的部分移去，而将其余部分向投影面投射，并在剖面区域内画上剖面符号，该图形称为剖视图，简称剖视，如图5-24所示。

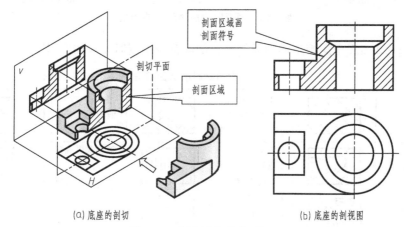

(a) 底座的剖切　　　　　　　　(b) 底座的剖视图

图5-24　剖视图的形成（AR）

5.3.1.3 剖视图的画法与标注

1）剖视图的画法

（1）合理选择剖切面位置。剖切平面一般通过机件的对称面或轴线，且平行或垂直于基本投影面。

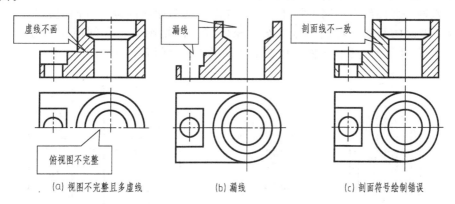

(a) 视图不完整且多虚线　　　(b) 漏线　　　(c) 剖面符号绘制错误

图5-25　剖视图中常见的错误画法

（2）剖切是一种假想，其他视图仍应完整画出，如图5-25（a）中错误的画法。

（3）剖切面后方的可见部分要全部画出，如图5-25（b）中错误的画法。

（4）在剖视图中已表达清楚的内部结构，在视图部分或其他视图上此部分结构的投影为虚线时，在不致引起误解时，其虚线省略不画，如图5-26所示。

（5）绘制剖面符号。在剖切平面通过零件的实体部分时，需要绘制剖面符号。根据零件

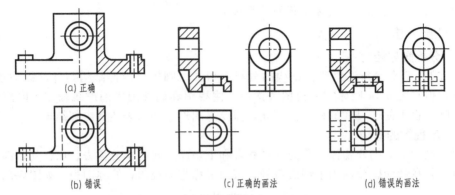

(a) 正确　　(b) 错误　　(c) 正确的画法　　(d) 错误的画法

图 5-26　剖视图中虚线的省略画法

材料不同，采用表 5-1 中所规定的剖面符号。剖面符号绘制时，应注意以下几点。

表 5-1　常用材料的剖面符号

金属材料 （已有规定 剖面符号者除外）		非金属材料 （已有规定 剖面符号者除外）		线圈绕组元件	
木材	纵剖面	转子、电枢、 变压器和电抗器 等的叠钢片		玻璃及供观察 用的 其他透明材料	
	横剖面	型砂、填沙、砂轮、 陶瓷及硬质合金 刀片、粉末冶金等		液体	

① 金属材料的剖面符号用细实线绘制，也称剖面线。

② 剖面线与图形的主要轮廓或剖面区域的对称线成 45°角。如图 5-27（a）所示。

③ 当图形中的主要轮廓线与水平线成 45°时，该图形的剖面线应画成与水平成 30°或 60°的平行线，其倾斜的方向仍与其他图形的剖面线一致，如图 5-27（b）所示。

④ 一般同一张图纸上的同一零件的各个视图，其剖面线间隔、方向应相同，如图 5-25（c）所示是错误的画法。在同一张图纸上相邻零件的视图上，其剖面线应方向相反，如图 5-27（c）为组合上模零件视图，由 2 个零件组成，故剖面线方向相反。

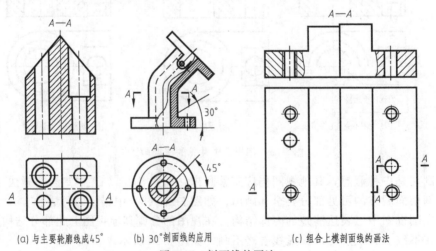

(a) 与主要轮廓线成45°　　(b) 30°剖面线的应用　　(c) 组合上模剖面线的画法

图 5-27　剖面线的画法

2）剖视图的标注

（1）剖视图中标注的内容有：剖切线、剖切符号、剖视图名称。

① 剖切线：指示剖切面的位置的线（细点画线），一般情况下可省略，但当只需剖切绘制零件的部分结构时，应绘制剖切线，如图 5-28 中剖切面位于零件实体之外。

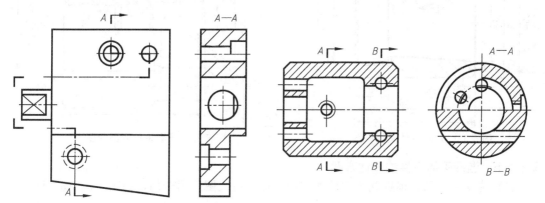

图 5-28　零件部分剖切结构的画法与标注　　　图 5-29　合成图形剖视图的画法与标注

② 剖切符号：表示剖切面起、迄和转折位置（用粗短画线表示）及投射方向（用箭头或粗短画表示）的符号，如图 5-29 所示。

③ 名称：用大写的拉丁字母标注在剖切符号附近，用相应的字母"×—×"标注在剖视图的上方。当零件结构对称，可将投射方向一致的几个对称图形画一半或四分之一，合并成一个图形，此时，应在剖视图附近标注相应的剖视图名称"×—×"，如图 5-29 所示。

（2）以下情况可以省略标注剖切符号、名称。

① 当单一剖切平面通过零件的对称平面或基本对称面，且剖视图按投影关系配置，中间又没有其他图形隔开时，不必标注，如图 5-29 中的主视图。

② 当单一剖切面的剖切位置明确时，局部剖视图不必标注，如图 5-30 中左视图。

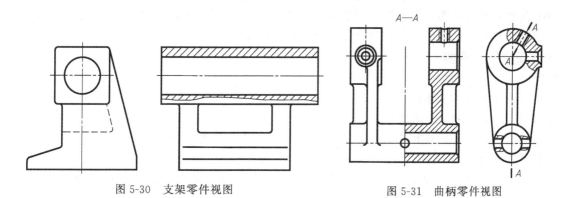

图 5-30　支架零件视图　　　　　　　　图 5-31　曲柄零件视图

③ 当剖视图按投影关系配置，中间无其他图形隔开时，可省略箭头，如图 5-31 所示。

5.3.1.4　剖视图的种类

剖视图可分为全剖视图、半剖视图、局部剖视图。

（1）全剖视图：用剖切平面完全地剖开物体所得的剖视图，如图 5-32 所示。

（2）半剖视图：当物体具有对称平面或基本对称平面时，向垂直于对称平面的投影面上投射所得的图形，可以对称中心线（点画线）为界，一半画成剖视图，另一半画成视图，这种剖视图称为半剖视图，如图 5-33 所示。

（3）用剖切面局部地剖开物体所得的剖视图，称为局部剖视图，如图 5-30 所示。

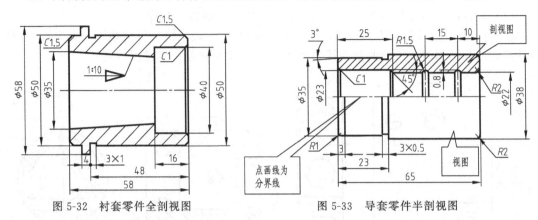

图 5-32 衬套零件全剖视图　　　　　　　图 5-33 导套零件半剖视图

5.3.1.5　选择阀体零件的表达方案

（1）选择主视图：根据阀体零件的结构特点，主视图采用全剖，如图 5-34（a）所示。

图 5-34　阀体零件剖视图的选择方案

（2）选择俯视图：俯视图若也采用全剖时，顶部的方形结构就表达不出来，如图 5-34（b）所示，因此，俯视图不能采用全剖，而采用半剖更合理，如图 5-34（c）所示。

（3）选择局部视图：左、右凸台采用局部视图表达。

5.3.2　任务实施

5.3.2.1　绘制视图

阀体零件视图的作图步骤如图 5-35 所示。

5.3.2.2　剖视图的应用与画法

（1）全剖视图的应用与画法：用于表达内部结构较复杂、外形比较简单的零件，如图 5-36 中的视图。也常用于外形简单的回转体以便标注尺寸，如图 5-32 所示。

（2）半剖视图的应用与画法：用于表达内、外形状较复杂的对称结构或基本对称结构的零件，如图 5-37 所示。标注方法与全剖视图相同，如图 5-35（e）中的 $A—A$ 所示。

（3）局部剖视图的应用与画法：用于局部的内部结构需要表达，而又不宜采用全剖视图或半剖视图的零件结构。剖视图与视图的分界线通常用波浪线绘制。

① 内、外形状较复杂的非对称箱体类零件。如图 5-38 所示为箱体零件，若采用全剖，则前面与顶面的凸台结构与位置表达不清。因此，采用局部剖视图，既可表达箱体的内部结构，又可表达凸台的结构和位置，如图 5-39 所示。

② 需要局部表达内部结构的叉架类零件，如图 5-40 所示。

③ 实心杆上有孔、槽时，应采用局部剖视，如图 5-41（a）、（b）所示。

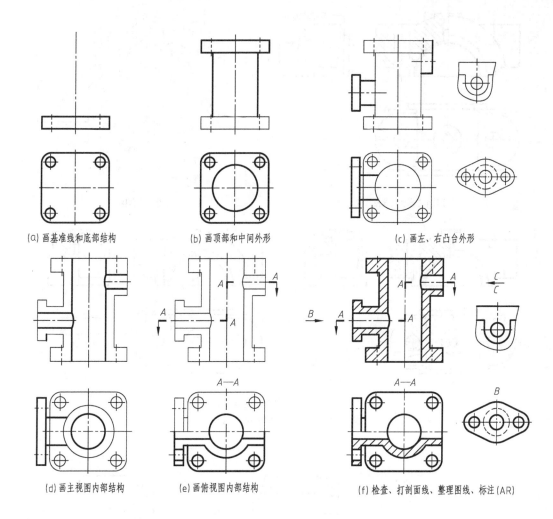

(a) 画基准线和底部结构　　(b) 画顶部和中间外形　　(c) 画左、右凸台外形

(d) 画主视图内部结构　　(e) 画俯视图内部结构　　(f) 检查、打剖面线、整理图线、标注(AR)

图 5-35　阀体零件视图绘制步骤

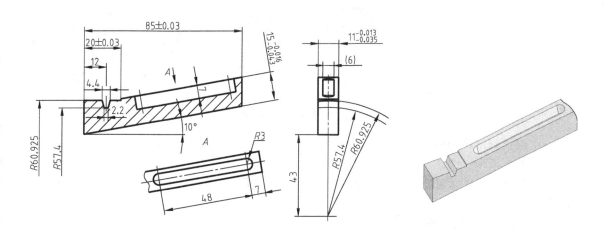

图 5-36　灯座模滑块零件视图（AR）

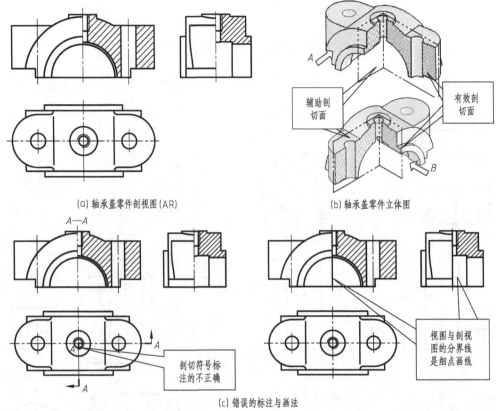

(a) 轴承盖零件剖视图(AR)　　　　　(b) 轴承盖零件立体图

(c) 错误的标注与画法

图 5-37　半剖视图的画法与应用

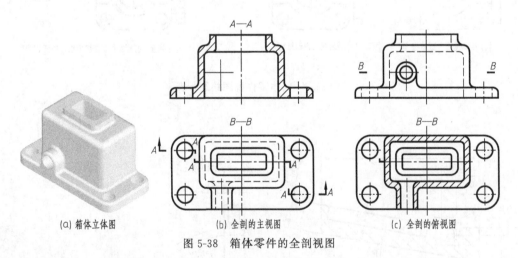

(a) 箱体立体图　　　(b) 全剖的主视图　　　(c) 全剖的俯视图

图 5-38　箱体零件的全剖视图

④ 当被剖结构为回转体时，允许将该结构的中心线作为局部剖视与视图的分界线。如图 5-41（c）所示。

⑤ 当被剖切平面通过零件对称面的投影是粗实线时，应采用局部剖，而不能采用半剖，如图 5-42 所示。

局部剖视图中波浪线的画法：

① 因波浪线是断裂面的投影，故不能穿空而过，也不能超出视图的轮廓线，如图 5-39

所示。图 5-43（a）为错误的画法。

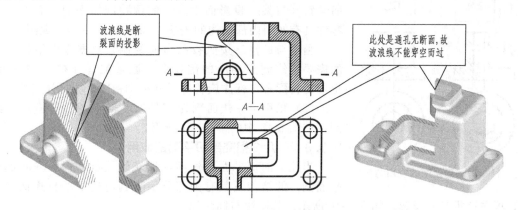

图 5-39　箱体零件的局部剖视图（AR）

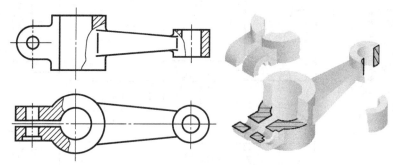

图 5-40　叉架零件的局部剖视图

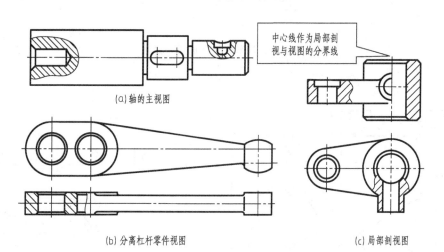

(a)轴的主视图

(b)分离杠杆零件视图　　　　　　　(c)局部剖视图

图 5-41　零件的局部剖视图画法

② 波浪线不能与其他图线重合，也不能画在轮廓线的延长线上，如图 5-43（b）所示。

5.3.3　知识链接

根据零件的结构不同，可选择相应的剖切平面。常用的剖切平面有单一剖切面、几个平行的剖切平面、几个相交的剖切平面（交线垂直于某一投影面）。

5.3.3.1　单一剖切面的应用

单一剖切面包括：单一剖切平面和单一剖切柱面。

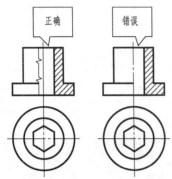

图 5-42 局部剖视图的应用与画法

（1）单一剖切平面：与基本投影面平行和与基本投影面倾斜（与某一投影面垂直）的两种剖切平面。后者用于零件具有倾斜内部结构的表达，如图 5-44 中的剖视图。

画法与标注：按照投射方向绘制，根据零件结构表达的需要，绘制成相应的剖视图，通常配置在视图的附近，也可旋转配置，标注旋转符号并在剖视图上方标注名称。

（2）采用单一柱面剖切零件时，剖视图一般应展开绘制，如图 5-45 中的"A—A 展开"。

5.3.3.2 几个相交剖切平面的应用

当几个剖切平面通过零件回转轴线剖切时，先将剖切平面剖开的结构及其有关部分旋转到与选定的投影面平行后，再向该投影面投影，如图 5-46 所示。其画法与标注如下。

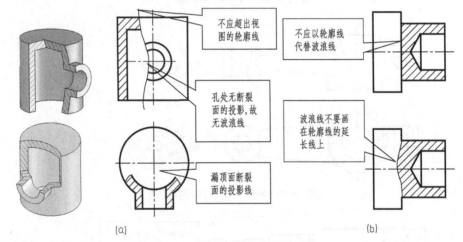

(a)　　　　　　　　　　　　　　　　　　(b)

图 5-43 局部剖视图的错误画法

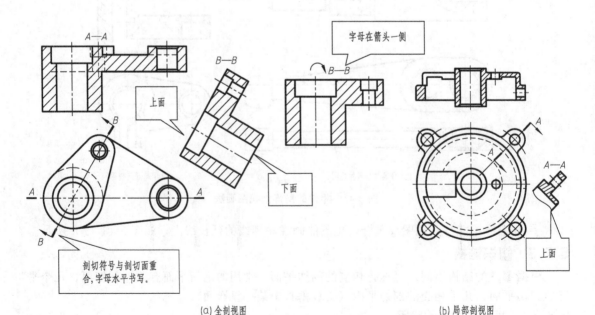

(a) 全剖视图　　　　　　　　　　　　　(b) 局部剖视图

图 5-44 单一剖切平面的应用与画法（AR）

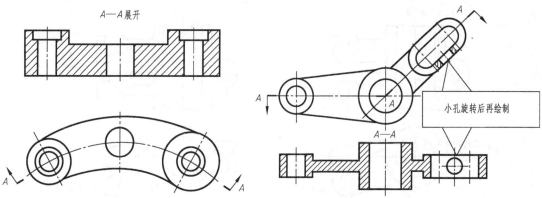

图 5-45　单一剖切柱面的应用与画法（AR）　　图 5-46　2个相交平面剖切后的画法与标注（一）（AR）

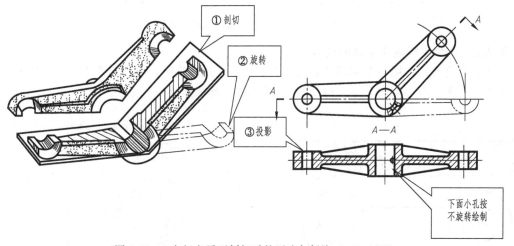

图 5-47　2个相交平面剖切后的画法与标注（二）（AR）

（1）作图步骤：如图 5-47 所示，先剖切、再旋转、后投影的顺序进行。

（2）在剖切平面后的其他结构，一般按原位置投射，如图 5-47 中的小孔。

（3）当两组剖切平面有公共交线时，在交点处用大写字母"O"标注，如图 5-48 所示。

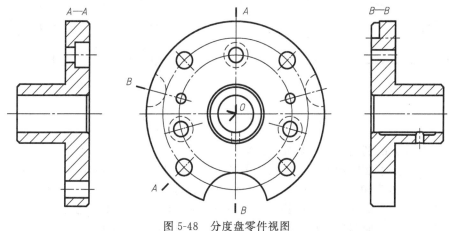

图 5-48　分度盘零件视图

（4）当剖切后产生不完整要素时，应将此部分按不剖绘制，如图 5-49 所示。

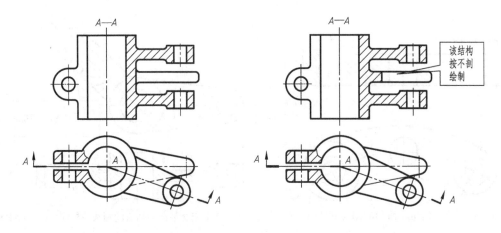

(a) 正确(AR)　　　　　　　　　　(b) 错误

图 5-49　剖切后产生不完整要素的画法

5.3.3.3　几个平行剖切平面的应用

当零件内部结构用一个剖切平面剖切不能完全表达出来时，可用几个平行的剖切平面剖切来表达内部结构，如图 5-50（a）所示。其画法与标注如下。

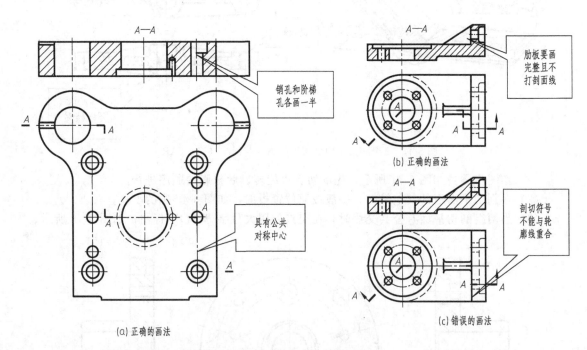

(a) 正确的画法　　　　　　　　　　(b) 正确的画法

(c) 错误的画法

图 5-50　几个平行的剖切后的画法与标注（AR）

（1）因是假象的剖切，故转折处无投影线。

（2）当两个要素在图形上具有公共对称中心线或轴线时，以对称中心线或轴线为界，可以各画一半，如图 5-50（a）中的销孔与阶梯孔的画法。

（3）在图形中不应出现不完整的要素，如图 5-50（b）中肋板的画法。

（4）剖切符号不应与轮廓线重合，如图 5-50（c）中错误的画法。

法兰盘零件视图如图 5-51 所示。

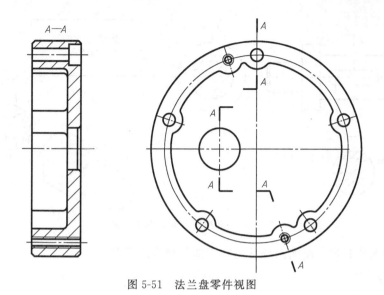

图 5-51　法兰盘零件视图

5.4　任务 4　识读下体零件视图

【任务目标】 通过识读下体零件视图，熟悉断面图的种类与应用，掌握断面图的画法与标注。

5.4.1　任务分析

5.4.1.1　分析视图种类

从图 5-52 可见：有全剖的主视图、$A—A$ 半剖的俯视图、B 向和 C 向的局部视图，以及主视图中的 2 处图形：左侧肋板上的移出断面图、右侧肋板上的重合断面图。

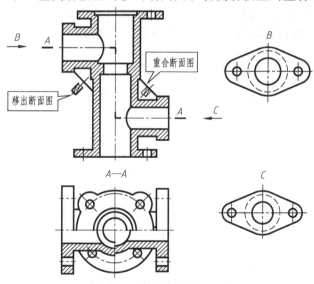

图 5-52　下体零件视图（AR）

5.4.1.2　断面图的形成

（1）断面图的定义：假想用剖切面将物体的某处切断，仅画出该剖切面与物体接触部分的图形，被称为断面图，简称断面。它与剖视图的区别如图 5-53 所示。

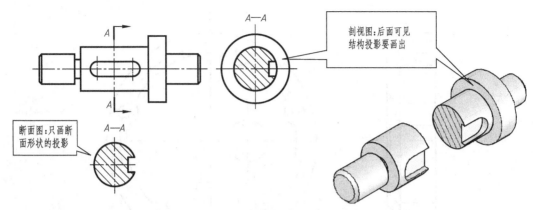

图 5-53　剖视图与断面图的区别

（2）断面图的分类：断面图分移出断面图与重合断面图。

5.4.2　任务实施

5.4.2.1　粗读视图

在分析图 5-52 中的视图种类基础上，再分析各视图重点表达的内容。

（1）主视图：重点表达了下体零件的内部结构、各个形体间的相互位置；移出断面图和重合断面图分别表达了左右肋板的断面形状。

（2）俯视图：一半表达了上下法兰的外形、孔的形状及其分布；另一半表达了左右凸台与中间圆筒的连接关系及相互位置。

（3）局部视图：B 向视图表达了左凸台的端面形状，C 向视图表达了右凸台的端面形状。

5.4.2.2　精读视图

下体零件前后对称，主要由上下法兰、中间阶梯形圆筒、左右凸台及其肋板等形体组成。结合各视图想象各形体结构，上下法兰结构如图 5-54（a）所示，中间阶梯形圆筒如图 5-54（b）所示，左右凸台结构如图 5-54（c）所示，肋板结构如图 5-54（d）所示。

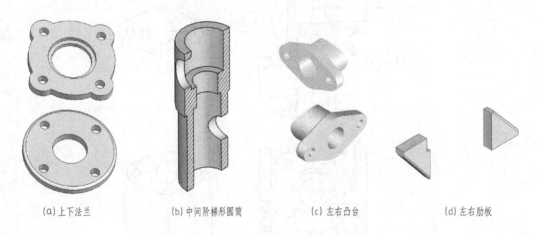

(a) 上下法兰　　(b) 中间阶梯形圆筒　　(c) 左右凸台　　(d) 左右肋板

图 5-54　下体零件各形体结构

5.4.2.3　综合想象零件结构

上、下法兰与中间圆筒相交且同轴，左右凸台前后对称相交于中间圆筒，左右肋板分别交于凸台和圆筒，综合想象下体零件的结构形状，如图 5-55 所示。

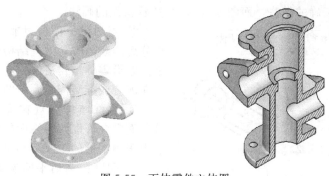

图 5-55   下体零件立体图

5.4.3   知识链接

5.4.3.1   移出断面图的画法与应用

（1）画法：移出断面图的图形应画在视图之外，轮廓线用粗实线绘制，断面处绘制剖面符号，并可配置在剖切线的延长线上或其他适当位置。

（2）标注：根据零件结构与断面图配置不同，需在视图和断面图上标注剖切符号和名称，标注内容与剖视图相同。当结构不对称，配置在剖切线的延长线上时，可省略名称，如图 5-53 中可省略"A—A"；当结构对称，没有配置在剖切线延长线上时，可省略箭头，如图 5-56（a）中省略"A—A"的箭头。

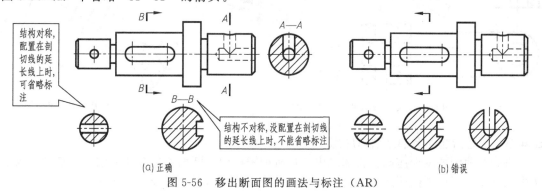

(a) 正确   (b) 错误

图 5-56   移出断面图的画法与标注（AR）

（3）移出断面图的应用

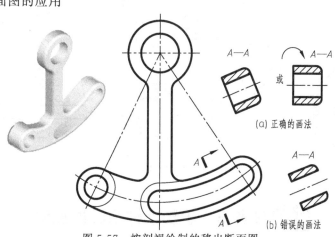

(a) 正确的画法

(b) 错误的画法

图 5-57   按剖视绘制的移出断面图

① 当剖切平面通过回转而形成的孔或凹坑的轴线时，该结构应按剖视图要求绘制，如

图 5-56 （a）所示正确的画法，而图 5-56 （b）所示错误的画法。

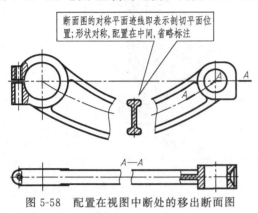

断面图的对称平面迹线即表示剖切平面位置；形状对称，配置在中间，省略标注

② 当剖切平面通过非圆孔而导致出现完全分离的断面时，这些结构应按剖视图要求绘制。应沿零件结构法线方向剖切，一般按投射方向配置或旋转配置，如图 5-57 所示。

③ 零件结构有规律变化且断面对称时，其断面图允许配置在视图的中断处，如图 5-58 主视图中断处的工字形移出断面图。

④ 配置在剖切平面迹线延长线上的对称移出断面可不必标注，如图 5-59 所示。

⑤ 由两个或多个相交剖切平面剖切的移出断面图，中间一般应断开，如图 5-60 所示。

图 5-58　配置在视图中断处的移出断面图

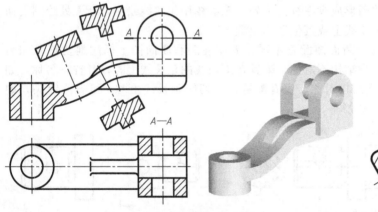

图 5-59　叉架零件视图与立体图

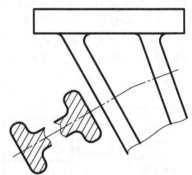

图 5-60　断开的移出断面图

5.4.3.2　重合断面图的画法与应用

重合断面图的图形应画在视图之内。在机械图样中，断面的轮廓线用细实线绘制。当视图中轮廓线与断面图的图形重叠时，轮廓线应连续绘制，不可间断，如图 5-61 所示。

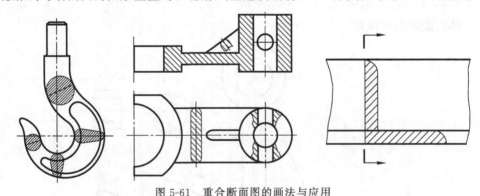

图 5-61　重合断面图的画法与应用

5.5 任务 5　绘制顶杆帽零件视图

【任务目标】　通过绘制顶杆零件视图，熟悉局部放大图的应用，掌握局部放大图的画法

与标注。

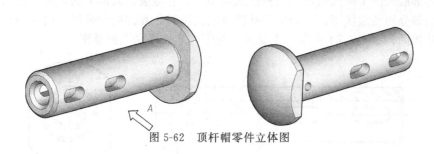

图 5-62　顶杆帽零件立体图

5.5.1　任务分析

5.5.1.1　分析顶杆帽零件结构

该零件前后、上下对称，主要由阶梯形的水平圆柱与右侧的球形体组成，中间挖了阶梯形的圆形盲孔，在左侧水平圆柱表面有 3 个前后贯穿的通孔，在右侧的圆柱与球形体上前后被切割成平面，如图 5-62 所示。

5.5.1.2　选择视图

1）选择主视图

按图 5-62 所示中的箭头 A 向作为主视图的投射方向，该方向反映了零件的结构特征，以及孔的形状和相对位置。主视图既要表达内部结构，又要表达前后面上的通孔，以及右侧圆柱与求形体的平面，故采用半剖视图，如图 5-63（a）所示。

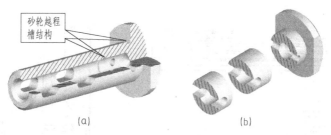

砂轮越程槽结构

(a)　　　　　　　　　(b)

图 5-63　视图表达方案的选择

2）选择其他视图

（1）左视图：为了表达水平圆柱与球形体的形状与相对位置，选择左视图。

（2）移出断面图：采用移出断面图表达前后通孔的断面形状，如图 5-63（b）所示。

（3）局部放大图：砂轮越程槽结构小，不便于尺寸标注，故采用局部放大图表达。

5.5.1.3　局部放大图的形成

当零件的部分结构在原图中表示不清楚、或不便于标注尺寸时，用大于原图形所采用的比例单独画出的图形，被称为局部放大图。如图 5-64 中的Ⅰ、Ⅱ处按 5∶1 放大的图形。

5.5.2　任务实施

5.5.2.1　绘制基本视图和移出断面图

因水平圆柱上的 2 个非圆形孔形状大小一样，故标注相同的名称"A—A"，并只画一个移出断面图，如图 5-64 所示。

5.5.2.2　绘制局部放大图

（1）当零件上有几个被放大的部分时，应用罗马数字依次标明被放大的部位，并在相应的局部放大图的上方标注相同罗马数字和所采用的比值，如图 5-64 所示。

（2）局部放大图可画成视图、剖视图或断面图，它与被放大部分的表示方法无关。其与整体连接的部分用波浪线画出；画成剖视图或断面图时，其剖面符号的方向和间距应与原图中剖面符号相同，如图 5-64 所示，Ⅰ 处画成视图，Ⅱ 处画成了剖视图。

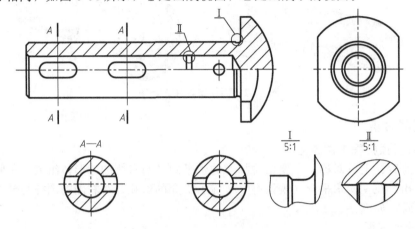

图 5-64　顶杆帽零件视图（AR）

5.5.2.3　局部放大图的应用与画法

（1）当机件上被放大的部分仅一处时，在局部放大图的上方只需注明所采用的比值，如图 5-65（a）所示。

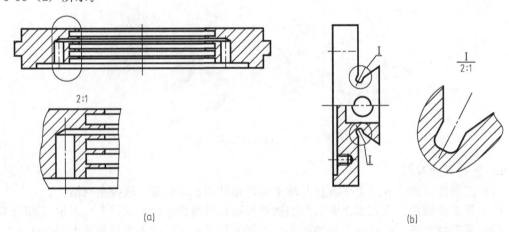

（a）

（b）

图 5-65　局部放大图画法

（2）同一机件上不同部位的局部放大图，当图形相同或对称时，只需画出一个，标注罗马数字和比值，如图 5-65（b）所示。

5.5.3　知识链接

在保证不致引起误解和不会产生理解的多义性的前提下，应力求制图简便。为了便于识读和绘制图样，国家标准 GB/T 16675.1—2012 规定了零件的简化画法。

5.5.3.1　肋、轮辐和薄壁的简化画法

（1）对于零件的肋、轮辐和薄壁等，如按纵向剖切，这些结构均不画剖面符号，而用粗实线将它与邻接部分分开；如按横向剖切，需在断面处画剖面符号，如图 5-66 所示。

（2）当零件回转体上均匀分布的肋、轮辐、孔等结构部处于剖切平面上时，可将这些结构旋转到剖切平面上画出，肋板、孔均对称绘制，可省略标注，如图 5-67 所示。圆柱形法

兰上均匀分布孔的画法如图 5-68 所示。

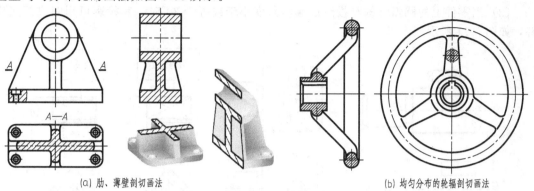

(a) 肋、薄壁剖切画法

(b) 均匀分布的轮辐剖切画法

图 5-66 肋、薄壁和轮辐的剖切画法

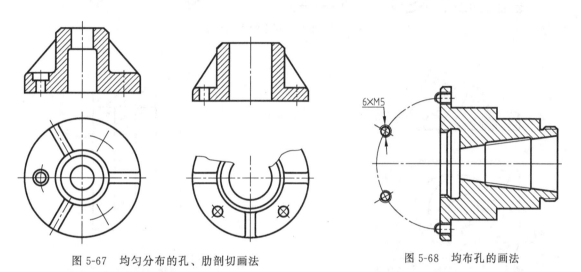

图 5-67 均匀分布的孔、肋剖切画法

图 5-68 均布孔的画法

5.5.3.2 相同结构要素的简化画法

零件上有若干直径相同且成规律分布的孔或槽，可以仅画出一个或几个，其余只需用细点画线或"十"表示其中心位置，并在图中注明孔（槽）的总数即可，如图 5-69 所示。

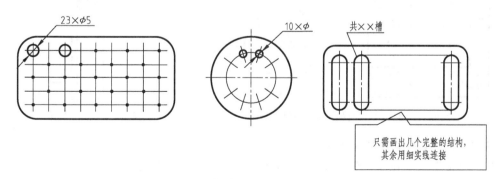

23×φ5

10×φ

共××槽

只需画出几个完整的结构，
其余用细实线连接

图 5-69 相同结构要素的简化画法与标注

5.5.3.3 较小结构要素的简化画法

（1）当零件上的结构较小可以在一个图形中表达清楚时，其他图形可简化或省略，如图

5-70 所示，用轮廓线代替交线。

（2）当零件上的圆弧结构与投影面倾斜角度小于或等于 30°时，其投影可用圆或圆弧代替，如图 5-71 所示。

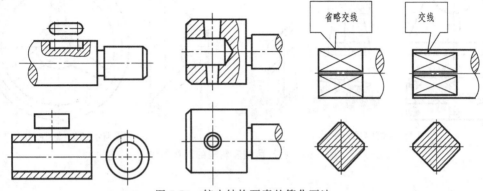

图 5-70 较小结构要素的简化画法

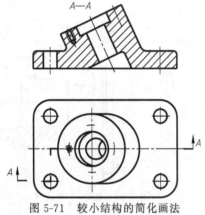

图 5-71 较小结构的简化画法

图 5-72 圆角（或倒角）的简化画法

（3）除确属需要表示的某些结构圆角外，其他圆角（或倒角）在零件图中均可不画，但必须注明尺寸，如图 5-72 所示。也可在技术要求中加以说明，如：未注圆角为 $R2 \sim R3$。

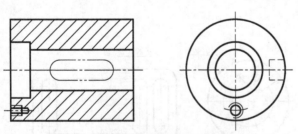

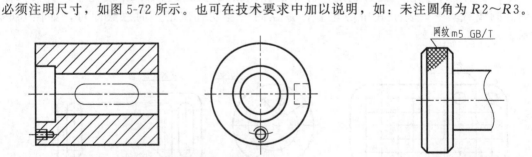

图 5-73 剖切平面前的结构的简化画法

图 5-74 滚花结构的简化画法

5.5.3.4 其他结构要素的简化画法

（1）当需要表示位于剖切平面前的结构时，该结构可假象地用细双点画线绘制，如图 5-73 所示。

（2）零件表面上的滚花，用粗实线局部绘制在轮廓线附近，如图 5-74 所示。可省略不画。

（3）当回转体零件上的平面在图形中不能充分表达时，可用两条相交的细实线表示这些平面，如图 5-75 所示。

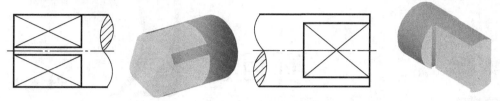

图 5-75　回转体零件上的平面结构的简化画法

（4）对较长的零件，其沿长度方向的形状相同或按一定规律变化时，可断开后缩短绘制，但要标注实际尺寸。断裂处可采用波浪线、折线或细双点划线绘制，如图 5-76 所示。

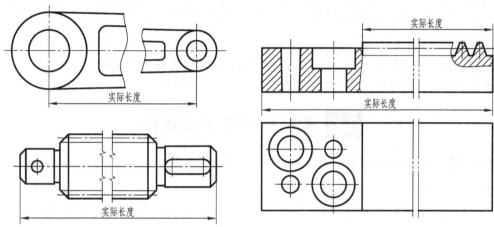

图 5-76　较长零件的简化画法

·项目6·

标准件与常用件的规定画法

【项目功能】 了解零件的分类、螺纹的结构要素，熟悉螺纹结构与标准件的标记；掌握标准件在装配图中的规定画法、齿轮与弹簧零件图的规定画法。

6.1 任务1 认识典型零件

【任务目标】 通过认识安全阀、落料模，了解其组成及工作原理，熟悉零件的分类。

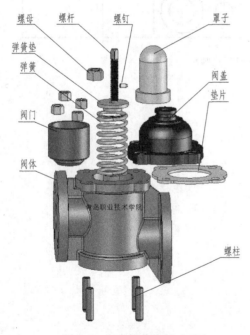

图 6-1 安全阀分解图（AR）

(a)安全阀关闭

(b)安全阀开启

图 6-2 安全阀工作原理

6.1.1 任务分析

6.1.1.1 分析安全阀的工作原理

安全阀是为了防止设备和容器在异常状况下，压力过高引起爆炸而设置的安全装置（图6-1）。

设备内压力正常时，安全阀呈关闭状态，如图6-2（a）所示。当设备内压力超高时，安全阀自动开启，如图6-2（b）所示。待压力降至安全范围时靠弹簧自动关闭，防止设备因压力过高而发生爆炸。

6.1.1.2 分析安全阀的结构组成

从图6-1可知，安全阀由阀体、阀门、弹簧、弹簧垫、螺母、螺杆、螺钉、罩子、阀盖、垫片、螺柱等零件组成。

6.1.2 任务实施

6.1.2.1 按照零件在机器中的用途分类

（1）专用件：如阀体、阀门、螺杆、弹簧垫、阀盖、垫片、罩子等。

（2）常用件：是指零件的部分结构和尺寸已标准化。如：齿轮、弹簧等。

（3）标准件：其结构形式、大小及技术要求均已标准化、系列化的零件，被称之为标准件。如螺钉、螺栓、螺母、垫圈、键、销、滚动轴承、弹性挡圈等。

6.1.2.2 按照零件结构特征分类

零件可分为轴套类、盘盖类、叉架类、箱体类等四类，如图6-3所示。

图6-3 普通车床主轴箱内部结构

6.1.3 知识链接

6.1.3.1 认识冲压模具

在冲压加工过程中，模具是一种将材料加工成零件或半成品件的特殊工艺装配。它由上、下模部分组成。上模由上模座、模柄、凸模固定板、凸模、导套、螺钉和销等零件组成，如图

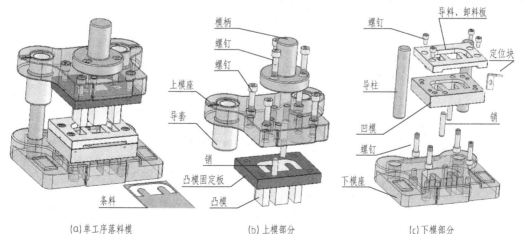

（a）单工序落料模　　　　　（b）上模部分　　　　　（c）下模部分

图6-4 落料模立体图（AR）

6-4（b）所示；下模由下模座、导柱、凹模、导料板、卸料板、定位块、螺钉和销等零件组成，如图 6-4（c）所示。上模通过模柄安装在压力机滑块上，随滑块做上下往复运动，因此称为活动部分。下模通过下模座固定在压力机的工作台上，故称为固定部分，如图 6-5 所示。

（1）工作原理：将条料放在导料板（本例既是导料板又是卸料板）内，并由定位块定位，如图 6-6 所示；当压力机的滑块下行时，上模座带动凸模进入凹模，实现对条料的剪切，如图 6-4（a）所示，冲压件由凸模沿着凹模孔、下模座孔推下；当滑块上行时，卸料板将箍在凸模上的废料刮下，从而完成冲裁全部过程。

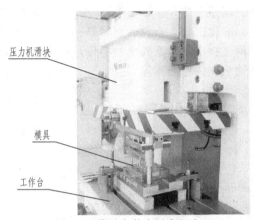

图 6-5 模具安装在压力机中

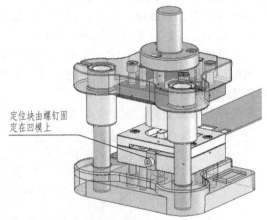

图 6-6 条料的定位

（2）根据零件在模具中的作用，通常将零件划分为以下 5 类。

① 工作零件：指实现冲裁变形、使材料分离的零件。如凸模、凹模、凸凹模等。

② 定位零件：指保证条料或毛坯在模具中的正确位置的零件。如导料板、定位块等。

③ 卸料及推件零件：指将冲压件或废料从模具中推卸下来的零件。如卸料板、顶件或推件装置等，包括弹簧、橡胶、卸料螺钉等零件。

④ 导向零件：用于保证上模对下模正确位置和运动的零件。如导套和导柱。

⑤ 联结固定零件：指将凸、凹模固定在上、下模座，以及将上、下模固定在压力机上等起连接、定位作用的零件，如螺钉、销等标准件。

6.1.3.2 冲模产品标准

在冲压模具的零部件中，有很多已经标准化，见表 6-1。

表 6-1 冲模产品（零件）标准

标准名称	标准号	简要内容
冲模零件	GB/T 2855.1～14—2008	冲模滑动导向对角、中间、后侧、四角导柱的上、下模座
	GB/T 2856.1～8—2008	冲模滚动导向对角、中间、后侧、四角导柱的上、下模座
	GB/T 2861.1～16—2008	各种导柱、导套等
	JB/T 8057.1～5—1995	模柄、圆凸模、圆凹模、快换圆凸模等
	JB/T 5825～5830—2008 JB/T 6499.1～2—2015 JB/T 7643～7653—2008 JB/T 7185～7187—1995	通用固定板、垫板、小导柱，各式模柄，导正销，侧刃，导料板，始用挡料装置；钢板滑动与滚动导向对角，中间，后侧，四角导柱上、下模座和导柱、导套等
冲模模架	GB/T 2851～2852—2008	滑动与滚动导向对角、中间、后侧、四角导柱模架（铸铁模座）
	JB/T 7181～7182—1995	滑动与滚动导向对角、中间、后侧、四角导柱钢板模架

6.2 任务2 绘制螺柱零件视图

【任务目标】 通过绘制螺柱零件视图，熟悉螺纹的形成与种类，掌握轴类零件视图选择方法、螺纹结构的规定画法与标注。

6.2.1 任务分析

6.2.1.1 分析螺柱零件结构

如图6-7所示，螺柱主要由阶梯形的回转体组成：右端是外螺纹结构；在左端的回转体上，外表面由圆柱和六棱柱组成，内部有内螺纹结构；中间是3个同轴线的圆柱体。外螺纹与内螺纹的形状不同。

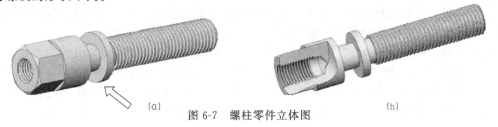

(a)   (b)

图 6-7 螺柱零件立体图

6.2.1.2 选择视图

（1）选择主视图：螺柱属于轴类零件，通常按加工位置摆放，即：轴线水平放置。选择垂直于轴线的方向作为主视图的投射方向，如图6-7（a）所示箭头方向。采用局部剖视图来表达左端内部的螺纹孔结构，如图6-7（b）所示。

（2）选择其他视图：采用左视图来表达大端六棱柱的结构与圆柱体的相对位置。

6.2.1.3 分析螺纹的形成与要素

螺纹是零件上常用的一种结构，按用途可分为连接螺纹和传动螺纹。

1）螺纹的形成

在回转表面上沿着螺旋线所形成的具有相同断面的连续凸起和沟槽称为螺纹。螺纹分为外螺纹和内螺纹。制作在圆柱体外表面上的螺纹叫外螺纹，制作在圆柱体内表面上的螺纹叫内螺纹，如图6-8所示，在车床上加工外螺纹和内螺纹。

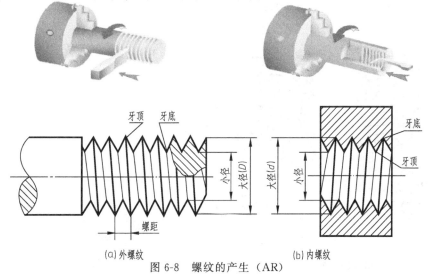

(a)外螺纹   (b)内螺纹

图 6-8 螺纹的产生（AR）

2）螺纹五要素

螺纹的五要素有牙型、大径、螺距、线数和旋向。国家标准规定：凡是符合标准的牙型、大径和螺距的螺纹称为标准螺纹。牙型符合标准，外径或螺距不符合标准的螺纹称为特殊螺纹；牙型不符合标准的称为非标准螺纹。

（1）牙型：在通过螺纹轴线的断面上，螺纹牙齿的轮廓形状。对于标准螺纹而言，用特征代号表示螺纹的牙型。如表 6-2 中的特征代号表示不同螺纹的牙型。

表 6-2　标准螺纹的牙型特征代号

螺纹类别	普通螺纹	小螺纹	梯形螺纹	锯齿形螺纹	60°圆锥管螺纹	非螺纹密封的管螺纹	用螺纹密封的管螺纹		
							圆锥外螺纹	圆锥内螺纹	圆柱内螺纹
牙型特征代号	M	S	Tr	B	NPT	G	R	Rc	Rp

（2）大径：外螺纹的牙顶直径 D，或内螺纹的牙底直径 d。一般情况公称直径指大径，如图 6-8 所示。外螺纹的牙底和内螺纹的牙顶为小径，小径＝0.85 大径。

（3）线数（n）：同一螺纹件中螺纹的条数，分单线和多线，如图 6-9 所示。

（4）螺距（p）：相邻牙齿在中径线上对应两点间的轴向距离，如图 6-10（a）所示。普通螺纹的螺距和直径可查附录 A 确定。普通螺纹分粗牙和细牙，粗牙只有一个螺距故不标注，细牙需要标注螺距，如：M20×1.5 表示是细牙普通螺纹。

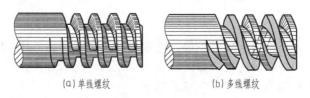

(a) 单线螺纹　　　　(b) 多线螺纹

图 6-9　螺纹线数

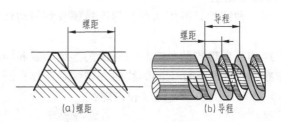

(a) 螺距　　　　(b) 导程

图 6-10　螺距与导程

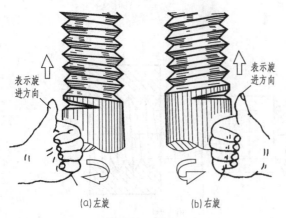

(a) 左旋　　　　(b) 右旋

图 6-11　旋向

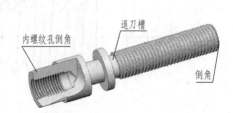

图 6-12　螺柱的退刀槽和倒角结构

（5）导程（P_h）：同一螺旋线上的相邻牙齿在中径线上对应两点的轴向距离，如图 6-10（b）所示。单线螺纹的螺距等于导程；多线螺纹的导程与螺距的关系：$P_h = p \times n$，多线螺纹需要标注导程（p 螺距）。

（6）旋向：螺纹旋转方向分左和右，如图 6-11 所示。右旋不标注，左旋标注"LH"。

（7）旋合长度：是指内外螺纹旋合时螺旋面接触部分的轴向长度，分长旋合长度（L）、短旋合长度（S）、中等旋合长度（N），其中，中等旋合长度不标注。螺柱应有退刀槽和倒角结构，如图 6-12 所示。

6.2.1.4　标准螺纹的标记

标准螺纹应在图样上注出相应标准所规定的螺纹标记。螺纹标记包括螺纹的五要素、螺纹尺寸公差和旋合状态，如图 6-13 所示。

（1）普通螺纹、梯形螺纹、锯齿形螺纹的标记，如图 6-13（a）、（b）所示。

（2）管螺纹的标记，如图 6-13（c）、（d）所示。非螺纹密封的管螺纹，其内螺纹公差等级只有一种，用螺纹密封的管螺纹，其内外螺纹也只有一种公差带，故不注公差带。

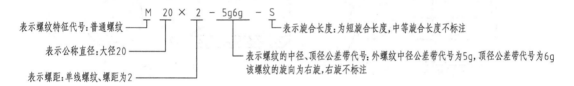

(a) 单线螺纹标记

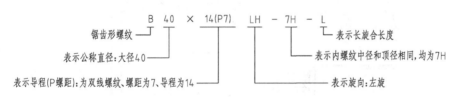

(b) 多线螺纹标记

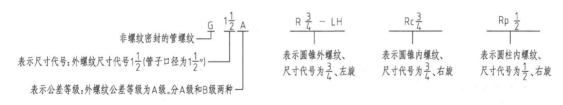

(c) 非螺纹密封的管螺纹标记　　　　　(d) 螺纹密封的管螺纹标记

图 6-13　标准螺纹标记

6.2.1.5　螺纹的工艺结构

（1）退刀槽：为了避免产生螺尾（不完整的牙型），便于刀具退出，在螺纹末尾处加工出一槽，称为退刀槽，如图 6-12 中的退刀槽结构。

退刀槽的标注：可按"槽宽×槽深"或"槽宽×槽直径"的形式标注，一般按照加工顺序标注，如图 6-14 中所示的 2×1.5、2×φ12，内螺纹中的 6、φ20 尺寸。

（2）倒角：为了便于装配和防止螺纹起始圈损坏，常在螺纹的起始处加工出倒角，如图 6-12 中的外螺纹和内螺纹的倒角。标注方式如图 6-14 所示。

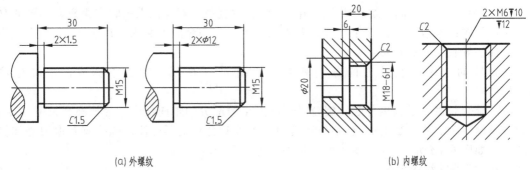

(a) 外螺纹　　　　　　　　　　　　　　　(b) 内螺纹

图 6-14　螺纹退刀槽和倒角的标注

6.2.1.6　单个螺纹的规定画法

（1）外螺纹的规定画法，如图 6-15 所示。

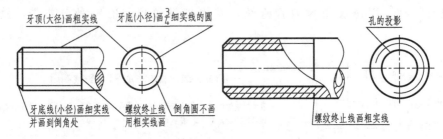

(a) 标准螺纹的规定画法

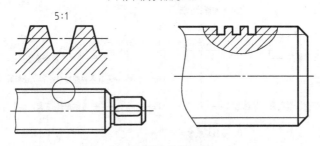

(b) 表达螺纹牙型时的画法

图 6-15　外螺纹的规定画法

（2）内螺纹的规定画法，如图 6-16 所示。螺纹通孔与盲孔的画法线型要求一样。

【作图要点】

① 摸得着的是牙顶，牙顶画粗实线；摸不着的是牙底，牙底画细实线。

② 非圆视图牙底画到倒角处，有圆视图牙底圆画成 3/4 圆。

③ 非圆视图画倒角，有圆视图省略不画。

④ 无论是外螺纹或内螺纹，剖面线都应画到粗实线处，如图 6-15～图 6-17 所示。

⑤ 不可见螺纹的所有图线用虚线绘制，如图 6-16（d）所示。

6.2.2　任务实施

6.2.2.1　绘制视图

螺柱视图的作图步骤如图 6-18 所示。

6.2.2.2　标注尺寸

（1）普通螺纹、梯形螺纹、锯齿形螺纹的标注：螺纹标记标注在大径的尺寸线上或其引出线上，如图 6-19 所示。

（2）管螺纹的标注：螺纹标记用指引线从大径处引出标注，如图 6-20 所示。

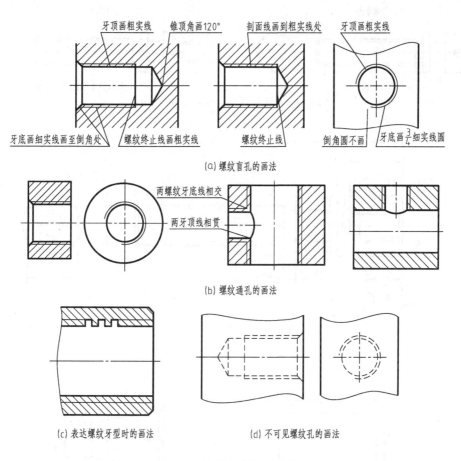

牙顶画粗实线　锥顶角画120°　剖面线画到粗实线处　牙顶画粗实线

牙底画细实线画至倒角处　螺纹终止线画粗实线　螺纹终止线　倒角圆不画　牙底画 $\frac{3}{4}$ 细实线圆

(a) 螺纹盲孔的画法

两螺纹牙底线相交

两牙顶线相贯

(b) 螺纹通孔的画法

(c) 表达螺纹牙型时的画法　　(d) 不可见螺纹孔的画法

图 6-16　内螺纹的规定画法

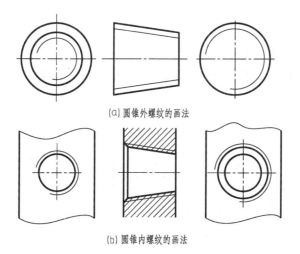

(a) 圆锥外螺纹的画法

(b) 圆锥内螺纹的画法

图 6-17　圆锥螺纹的规定画法

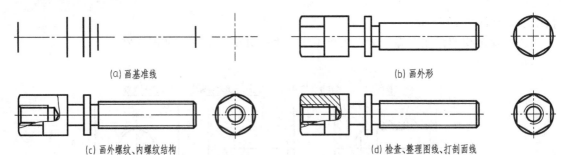

(a) 画基准线　　　　　　　　　　　　　　　　　(b) 画外形

(c) 画外螺纹、内螺纹结构　　　　　　　　　　(d) 检查、整理图线、打剖面线

图 6-18　螺柱视图的作图步骤（AR）

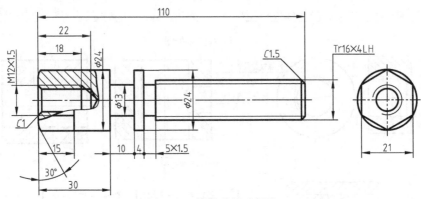

图 6-19　螺纹的尺寸标注

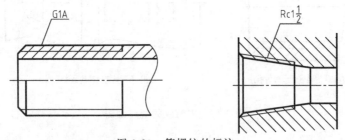

图 6-20　管螺纹的标注

6.2.3　知识链接

6.2.3.1　配合螺纹的规定画法

以剖视图表示内外螺纹的连接时，其旋合部分按外螺纹的画法绘制，其余部分按各自的画法绘制，如图 6-21 所示。

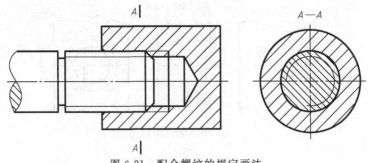

图 6-21　配合螺纹的规定画法

【作图要点】

（1）内、外螺纹的大径线和大径线对齐，小径线和小径线对齐；

（2）当剖切平面通过实心螺杆轴线剖切时，螺杆按不剖绘制；当剖切平面垂直于螺杆轴线剖切时，螺杆需要打剖面线，如图6-21所示。

6.2.3.2 螺纹副的标注方法

螺纹副标记的标注方法与螺纹标记的标注方法相同，普通螺纹、梯形螺纹、锯齿形螺纹配合时，直接标注在配合部分的尺寸线上；管螺纹配合时，从配合部分的大径处用引出线标注，如图6-22所示。

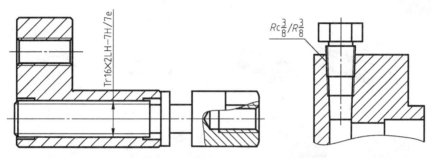

图6-22 螺纹副标记的标注

6.2.3.3 尺寸标注的形式

尺寸标注的形式有坐标式、链式和综合式三种。

（1）坐标式：同一方向的尺寸由同一基准注起，如图6-23（a）所示。其优点是各环轴向尺寸不会产生累积误差，但不易保证各环尺寸精度的要求。通常在数控加工中使用。

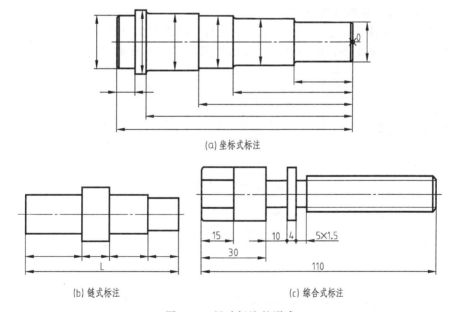

(a) 坐标式标注

(b) 链式标注

(c) 综合式标注

图6-23 尺寸标注的形式

（2）链式：同一方向的尺寸首尾相接，如图6-23（b）所示。其优点是可以保证每一环的尺寸精度要求，但每一环的误差若累积在总长 L 上，则总长的尺寸不能保证。

（3）综合式：将坐标式和链式综合在一起进行尺寸标注，这种形式最适应零件的设计和加工要求，被广泛应用，如图6-23（c）所示，螺柱轴向尺寸的标注形式。

6.3 任务 3　螺纹紧固件与销的规定画法

【任务目标】　通过学习，熟悉螺栓、螺柱、螺钉、垫圈、螺母等螺纹紧固件和销的种类与应用，掌握螺纹紧固件、销连接图的规定画法，并能正确地查表写出其标记。

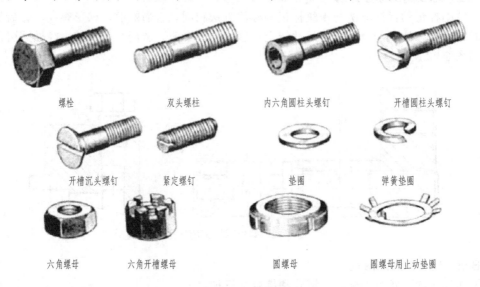

螺栓	双头螺柱	内六角圆柱头螺钉	开槽圆柱头螺钉
开槽沉头螺钉	紧定螺钉	垫圈	弹簧垫圈
六角螺母	六角开槽螺母	圆螺母	圆螺母用止动垫圈

图 6-24　常用的螺纹紧固件（AR）

6.3.1　任务分析

6.3.1.1　常用螺纹紧固件及其标记

常用的螺纹紧固件有螺栓、螺柱、螺钉、螺母、垫圈等标准件（图 6-24）。一般不画零件图，通常在装配图中绘制，但设计者需要提供其标记，以便购买与安装。标记写法如图 6-25 所示。

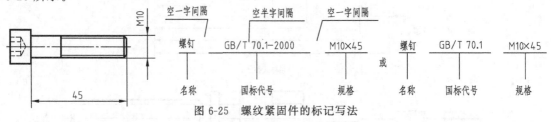

图 6-25　螺纹紧固件的标记写法

常用的螺纹紧固件的标记示例见表 6-3。

表 6-3　常用螺纹紧固件的标记示例

名称	图例	标记示例
六角头螺栓		螺栓　GB/T 5782—2006　M12×50 表示：螺纹规格 $d=$M12、公称长度 $l=$50mm、性能等级为 8.8 级、表面氧化、A 级的六角头螺栓
双头螺柱		螺柱　GB/T 897—1988　M12×50 表示：两端均为粗牙普通螺纹，螺纹规格 $d=$M12、公称长度 $l=$50mm、性能等级为 4.8 级、不经表面处理、B 型、$b_m=1d$ 的双头螺柱

续表

名称	图例	标记示例
开槽沉头螺钉		螺钉 GB/T 68—2016 M10×45 表示:螺纹规格 $d=$ M10、公称长度 $l=$45mm、性能等级为 4.8 级、不经表面处理的开槽沉头螺钉
开槽锥端紧定螺钉		螺钉 GB/T 71—2018 M12×40 表示:螺纹规格 $d=$ M10、公称长度 $l=$45mm、性能等级为 14H 级、表面氧化的开槽锥端紧定螺钉
Ⅰ型六角螺母		螺母 GB/T 6170—2015 M16 表示:螺纹规定 $D=$M16、性能等级为 8 级、不经表面处理、产品等级为 A 级的Ⅰ型六角螺母
平垫圈		垫圈 GB/T 97.1—2002 16—140HV 表示:标准系列、与公称直径为 16mm 的螺纹配合、性能等级为 140HV、不经表面处理、产品等级为 A 级的平垫圈

6.3.1.2 常用螺纹紧固件的画法

螺纹紧固件的画法有两种:比例画法和查表画法。

(1) 比例画法:以公称直径 d 为基础要素,其他尺寸均与之有关,六角螺母的作图步骤如图 6-26 (a) 所示。螺栓、螺柱、螺钉、垫圈的比例画法,如图 6-26 (b)、(c) 所示。

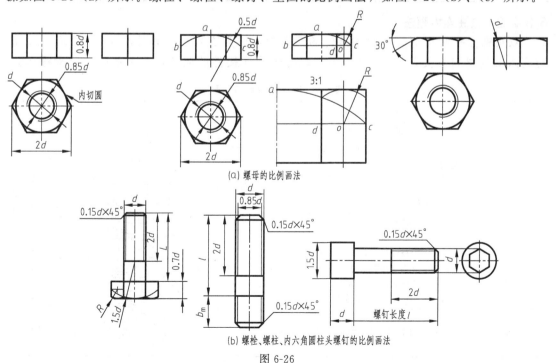

(a) 螺母的比例画法

(b) 螺栓、螺柱、内六角圆柱头螺钉的比例画法

图 6-26

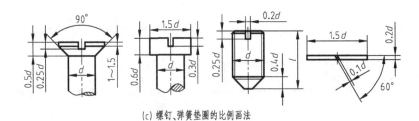

(c) 螺钉、弹簧垫圈的比例画法

图 6-26　螺纹紧固件的比例画法

（2）查表画法：根据紧固件标记，在附录 B 中查表得到各有关尺寸后作图。

6.3.2　任务实施

6.3.2.1　螺栓连接画法

螺栓的用途、特点、装配见表 6-4，螺栓连接画法的作图步骤，如图 6-27 所示。

表 6-4　螺栓的特点与装配

特　　点			装　配
用途		适用于连接两个不太厚的并能钻成通孔的零件	
规格	公称直径	测绘时用游标卡尺测量后,查有关机械设计手册取标准值 d	
	公称长度	取计算长度 $l'=\delta_1+\delta_2+h+m+a$,或测量后,查表在"$l$系列"中取 $l>l'$	
	公式说明	l'——计算长度,l——公称长度; δ_1、δ_2——分别为被连接的两个工件; h、m——分别为垫圈和螺母厚度,可查表获得,也可按比例画法取值:$h=0.15d$、$m=0.8d$; a——螺栓顶部露出螺母的高度,一般可按 $a=0.2\sim0.3d$	

6.3.2.2　螺柱连接画法

双头螺柱一端全部旋入被连接件的螺孔中，称为旋入端，其长度用 b_m 表示，b_m 值与旋入端的材料有关，见表 6-5；另一端穿过被连接件的通孔，套上垫圈，旋紧螺母。

表 6-5　螺柱的特点与装配

特　　点			装　配
用途		用于被连接件之一太厚而不能加工成通孔的情况	
规格	公称直径	测绘时用游标卡尺测量后,查有关机械设计手册取标准值 d	
	公称长度	取计算长度 $l'=\delta+h+m+a$,或测量后,查表在"l系列"中取 $l>l'$	
	公式说明	l'——计算长度; l——公称长度; δ——为被连接带光孔的工件; h、m——分别为垫圈和螺母厚度,可查表获得,也可按比例画法取值:$h=0.15d$、$m=0.8d$; a——一般可按 $a=0.2\sim0.3d$	
	国标代号	国标代号取决于旋入端的材料性质,见表 6-6	

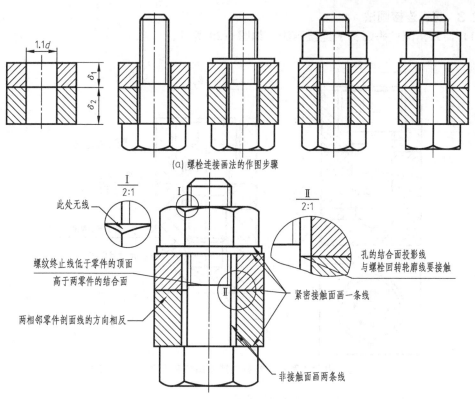

(a) 螺栓连接画法的作图步骤

此处无线

螺纹终止线低于零件的顶面
高于两零件的结合面

两相邻零件剖面线的方向相反

孔的结合面投影线
与螺栓回转轮廓线要接触

紧密接触画一条线

非接触画两条线

(b) 螺栓连接作图要点(AR)

图 6-27　螺栓的连接画法和作图要点

表 6-6　双头螺柱国标代号与旋入端材料的关系

带螺孔的机体的材料	b_m 值	标准编号
钢或青铜	$b_m = 1d$	GB/T 897—1988
铸铁	$B_m = 1.25d$	GB/T 898—1988
材料强度在铸铁、铝之间	$B_m = 1.5d$	GB/T 899—1988
铝合金	$b_m = 2d$	GB/T 900—1988

螺柱的连接画法如图 6-28 所示。

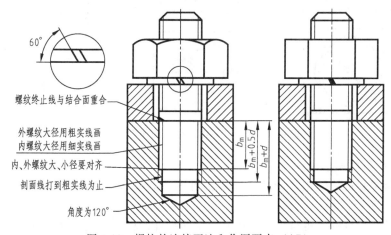

$60°$

螺纹终止线与结合面重合

外螺纹大径用粗实线画
内螺纹大径用细实线画

内、外螺纹大、小径要对齐

剖面线打到粗实线为止

角度为120°

图 6-28　螺柱的连接画法和作图要点（AR）

6.3.2.3 螺钉连接画法

（1）内六角圆柱头螺钉的连接画法，如图 6-29 所示。

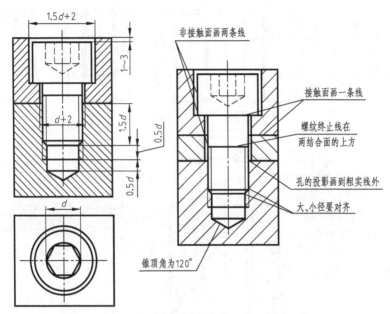

图 6-29　内六角圆柱头螺钉的连接画法和作图要点（AR）

（2）沉头螺钉的连接画法，如图 6-30 所示。

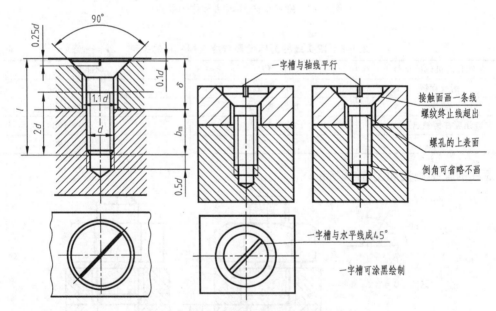

图 6-30　沉头螺钉的连接画法和作图要点

（3）紧定螺钉的连接画法

① 锥端紧定螺钉的作用与画法：靠端部锥面顶入零件上的小锥坑起定位、固定作用，如图 6-31（a）所示。

② 平端紧定螺钉的作用与画法：用来固定两零件的相对位置，如图 6-31（b）所示。

③ 柱端紧定螺钉的作用与画法：利用端部小圆柱插入机件上的小孔或环槽起定位、固

定作用。如图 6-31（c）所示。

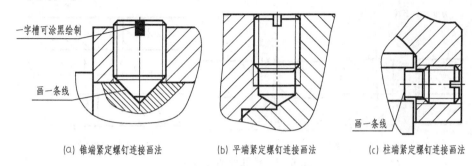

（a）锥端紧定螺钉连接画法　　（b）平端紧定螺钉连接画法　　（c）柱端紧定螺钉连接画法

图 6-31　紧定螺钉的连接画法和作图要点

【注意】　① 当剖切平面沿着螺纹紧固件的轴线剖切时，按不剖绘制。

② 作图时，可先画螺纹紧固件的投影，再补画螺孔的投影。补画时，螺纹的大、小径要对齐。

6.3.3　知识链接

在机械产品中，除了螺纹紧固件用于零件间的连接外，销也常被用于各零件之间的定位或联接。下面介绍销的种类、应用和规定画法。

6.3.3.1　销的种类与标记

常用的销有圆柱销、圆锥销和开口销等，见表 6-7。

表 6-7　常用销的种类、标记

名称	图　例	标记及含义
圆柱销		销　GB/T 119.1　6m6×30 表示：公称直径 d＝6mm，公差为 m6，公称长度 l＝30mm、材料为 35 钢、不经淬火、不经表面热处理的圆柱销
圆锥销		销　GB/T 117　6×30 表示：公称直径（小径尺寸）d＝6mm、公称长度 l＝30mm、材料为 35 钢、热处理硬度 28～38HRC、表面氧化处理的 A 型的圆锥销
开口销		销　GB/T 91　5×50 表示：公称规格 d＝5mm，公称长度 l＝50mm、材料为低碳钢或不锈钢、不经表面热处理的开口销

6.3.3.2　销孔的加工与标注

圆柱销和圆锥销常用于零件间的定位或连接，还可作为安全保护装置中的过载剪断元件；开口销用来防止连接螺母松动或固定其他零件。为了保证零件间销孔的尺寸与相对位置，常将零件连接后同时加工，如图 6-32 所示。

6.3.3.3　销连接的规定画法

（1）销与零件上的孔有配合关系，故销与零件的接触面画一条线，如图 6-33（a）所示。

（2）当剖切平面沿着销的轴线剖切时，销按不剖绘制；当剖切平面垂直于轴线剖切时，销要打剖面线，如图 6-33（b）所示。

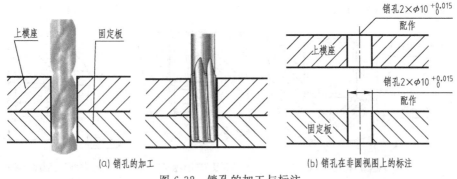

(a) 销孔的加工   (b) 销孔在非圆视图上的标注

图 6-32　销孔的加工与标注

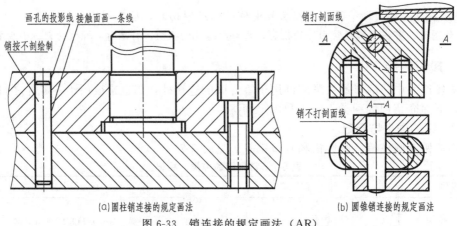

(a) 圆柱销连接的规定画法   (b) 圆锥销连接的规定画法

图 6-33　销连接的规定画法（AR）

6.4 任务 4　键和滚动轴承的规定画法

【任务目标】　通过学习，掌握键、滚动轴承在装配图中的规定画法，并能正确地查表写出键的标记、滚动轴承的代号，熟悉常用键和滚动轴承的种类与应用，了解尺寸公差的基本概念。

6.4.1　任务分析

6.4.1.1　常用键的种类与标记

（1）键的作用：键主要用于轴与轴上零件（如齿轮、带轮）间的周向定位，并传递运动和扭矩。如图 6-34 所示，在齿轮减速器的输出轴和齿轮的轮毂上加工出键槽，用键连接齿轮和轴，从而实现运动的传递。

图 6-34　键的作用（AR）

（2）常用键的种类：常用的有普通平键、半圆键、钩头楔键、花键等，如图 6-35 所示。

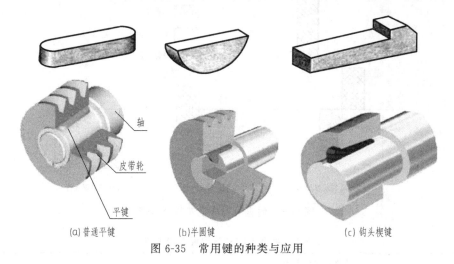

(a) 普通平键   (b)半圆键   (c) 钩头楔键

图 6-35　常用键的种类与应用

普通平键由于其对中性好，应用较广泛。普通平键分为三种，见表 6-8。

表 6-8　普通平键的种类与标记

名　称	图　例	标记及含义
A 型		键　16×50　GB/T 1096—2003 表示：圆头普通平键、键宽 $b=$ 16mm、公称长度 $L=50$mm
B 型		键　B16×50　GB/T 1096—2003 表示：方头普通平键、键宽 $b=$ 16mm、公称长度 $L=50$mm
C 型		键　C16×50　GB/T 1096—2003 表示：单圆头普通平键、键宽 $b=$ 16mm、公称长度 $L=50$mm

（3）普通平键连接的特点

平键连接是由键、轴键槽和轮毂键槽三部分组成。具有以下连接特点。

① 键是标准件，因此，键的配合采用基轴制。

② 国家标准对键宽只规定了一种公差带 h9，对轴槽宽与轮毂槽宽各规定了三种公差带，构成三种配合形式，分别用于不同场合，键宽与键槽宽 b 的公差带如图 6-36 所示。平键连接的配合及其应用见表 6-9。

③ 以键宽 b 作为配合的主要参数。在工作时，通过键的侧面与轴槽和轮毂槽的侧面相互接触来传递转矩。因此，键与轴槽、轮毂槽的宽度 b 是配合尺寸，其余的尺寸为非配合尺寸。而轴和轮毂上键槽的参数，可根据轴径查附录 D 获得。

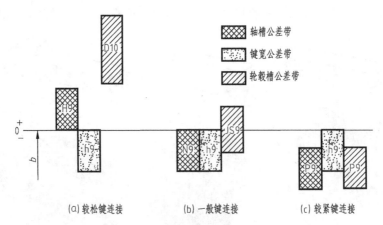

(a) 较松键连接   (b) 一般键连接   (c) 较紧键连接

图 6-36   键宽与键槽宽 b 的公差带

表 6-9   平键连接的三组配合及其应用

配合种类	尺寸 b 的公差带			应 用
	键	轴键槽	轮毂键槽	
较松连接	h9	H9	D10	用于导向平键,轮毂可在轴上移动
一般连接		N9	JS9	键在轴键槽中和轮毂键槽中均固定,用于载荷不大的场合
较紧连接		P9	P9	键在轴键槽中和轮毂键槽中均牢固地固定,用于载荷较大、有冲击和双向转矩的场合

6.4.1.2 滚动轴承的分类与标记

（1）滚动轴承的组成：滚动轴承是用来支撑轴的标准组件。一般由外圈、内圈、一组滚动体及保持架组成，如图 6-37（a）所示。外圈的外表面与机座的孔相配合，而内圈的内孔与轴径相配合，如图 6-37（b）所示。由于滚动轴承是标准件，因此，滚动轴承内圈内径和外圈外径的尺寸，分别决定了与之配合的轴径和座孔的尺寸。

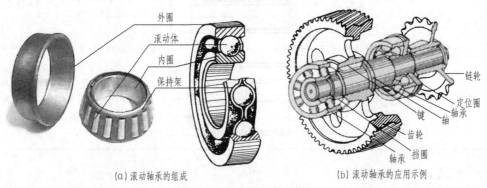

(a) 滚动轴承的组成   (b) 滚动轴承的应用示例

图 6-37   滚动轴承的组成

（2）滚动轴承的分类：滚动轴承的分类方法有多种，其中按滚动轴承结构类型分类如下。

① 按承受载荷的方向分类：分为向心轴承和推力轴承两类。向心轴承主要承受径向载荷；推力轴承主要承受轴向载荷。

② 按滚动体的形状分类：可分为球轴承和滚子轴承。滚子轴承按滚子种类，又分为：圆柱滚子轴承、滚针轴承、圆锥滚子轴承和调心滚子轴承。

（3）常用滚动轴承的结构特点与应用：见表6-10。

表 6-10　常用滚动轴承的结构特点与应用

轴承名称	轴承结构	轴承特点	应　用
深沟球轴承	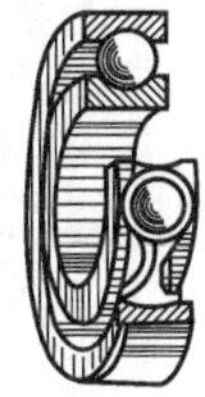	它的结构简单,应用广泛。主要用来承受径向载荷,但当增大轴承径向游隙时,具有一定的角接触球轴承的性能,可以承受径、轴向联合载荷。在转速较高又不宜采用推力球轴承时,也可用来承受纯轴向载荷。与尺寸相同的其他类型轴承比较,此类轴承摩擦系数小,极限转速高。但不耐冲击,不适宜承受重载荷	深沟球轴承广泛应用于汽车、拖拉机、机床、电机、水泵、农业机械、纺织机械等
推力圆柱滚子轴承	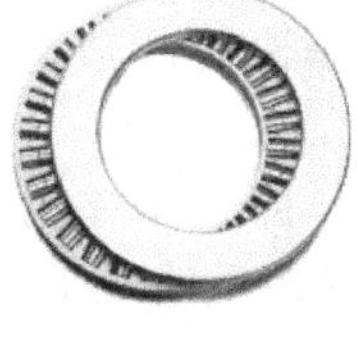	该轴承属分离型轴承,只能承受单向轴向载荷和轻微冲击,能够限制轴(或外壳)一个方向的轴向位移,因此可用作单向轴向定位。但其承载能力远远大于推力球轴承。滚子滚动时,由于滚子两端线速度不同,使滚子在套圈滚道上不可避免地产生滑动,因此,此类轴承的极限转速较推力球轴承低,通常仅适用于低速运转场合	推力圆柱滚子轴承主要用于重型机床、大功率船用齿轮箱、石油钻机、立式电机等机械中
圆柱滚子轴承		圆柱滚子轴承属分离型轴承,安装与拆卸非常方便。圆柱滚子轴承分为单列、双列和四列。其中应用较多的是有保持架的单列圆柱滚子轴承。此外,还有单列或双列满装滚子等其他结构的圆柱滚子轴承	圆柱滚子轴承主要用于电机、机床、石油、轧机装卸搬运机械和各类产业机械
圆锥滚子轴承	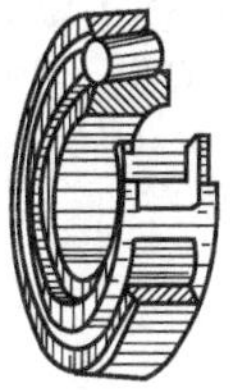	主要承受以径向为主的径、轴向联合载荷。该类轴承属分离型轴承,即由带滚子与保持架组件的内圈组成的圆锥内圈组件可以与圆锥外圈(外圈)分开安装。根据轴承中滚动体的列数分为单列、双列和四列圆锥滚子轴承	圆锥滚子轴承广泛用于汽车、轧机、矿山、冶金、塑料机械等行业

（4）滚动轴承的标记：滚动轴承的标记由名称、轴承代号及国标代号三部分组成,如图6-38（a）所示,并将标记打在轴承的内圈或外圈端面上,如图6-38（b）所示。滚动轴承代号是由一组字母和数字组成的产品符号,有前置代号、基本代号和后置代号。用以表示滚动轴承的结构、尺寸、公差等级和技术性能等特征。代号的排列方式见表6-11。

表 6-11　滚动轴承代号排列

前置代号	基本代号			后置代号							
				1	2	3	4	5	6	7	8
成套轴承分部件	类型尺寸	尺寸系列代号	内径代号	内部结构代号	密封与防尘结构代号	保持架及其材料代号	特殊轴承材料代号	公差等级代号	游隙代号	多轴承配置代号	其他代号

同一内径的轴承有几种不同的外径,分特轻、轻、中和重系列,分别用1、2、3、4表示。特轻系列外径最小,重系列外径最大。内径为20～459mm的轴承,内径尺寸代号乘5即为轴承内径。如：滚动轴承　30304　GB/T 293—1994,其中3表示圆锥滚子轴承,03

135

表示中系列，04 表示内径尺寸为 20mm。

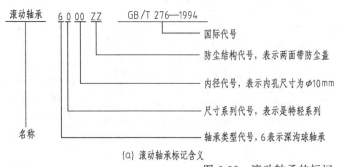

(a) 滚动轴承标记含义 　　　　　　　　　　(b) 滚动轴承标记

图 6-38　滚动轴承的标记

（5）滚动轴承的特点

① 滚动轴承为基准件。故轴承外径与外壳配合为基轴制，轴承内径与轴配合为基孔制。

② 滚动轴承内、外径公差带都单向偏置在零线以下，即上偏差为"0"，下偏差为负，如图 6-39 所示。即：当滚动轴承作为基准孔时，其公差带在零线之下，其主要原因是轴承配合的特殊需要，轴承内孔要随轴一起转动，两者之间的配合必须有一定的过盈。但过盈量不能太大，否则不便装配并会使内圈材料产生过大的应力而损坏。

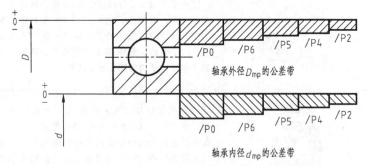

图 6-39　轴承内、外径公差带图

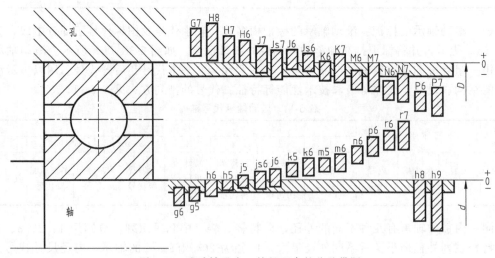

图 6-40　滚动轴承内、外径配合的公差带图

③ 国标 GB/T 275—2015《滚动轴承 配合》对与/P0、/P6 级滚动轴承内径相配的轴规定了 17 种公差带；与轴承外径相配的外壳孔规定了 16 种公差带，如图 6-40 所示。

6.4.2 任务实施

6.4.2.1 键连接的规定画法

（1）普通平键连接的作图要点，如图 6-41 所示。

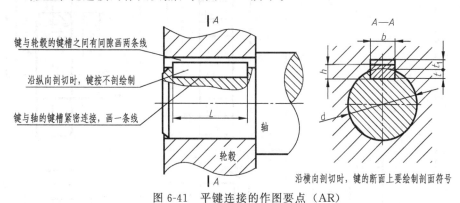

图 6-41 平键连接的作图要点（AR）

（2）轮毂和轴上键槽的尺寸标注，如图 6-42 所示。

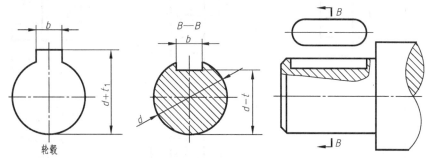

图 6-42 轮毂和轴上键槽的尺寸标注

6.4.2.2 滚动轴承在装配图中的规定画法

滚动轴承是标准件，单个轴承不需要画图，滚动轴承的表示法如图 6-43 所示。一般在装配图中，需要表示滚动轴承与其他零件的装配关系时，应按照《GB/T 4459.7—2017 机械制图 滚动轴承表示法》，根据不同轴承类型绘制，如表 6-12 所示，为常用滚动轴承的画法。

如图 6-44 所示，滚动轴承在装配图中的画法。

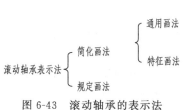

图 6-43 滚动轴承的表示法

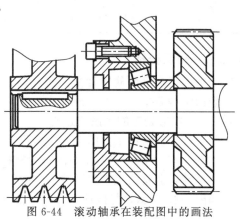

图 6-44 滚动轴承在装配图中的画法

表 6-12　常用滚动轴承的画法

轴承类型	通用画法	特征画法	规定画法
	均指滚动轴承在所属装配图的剖视图中的画法		
深沟球轴承 (GB/T 276—1994) 6000 型		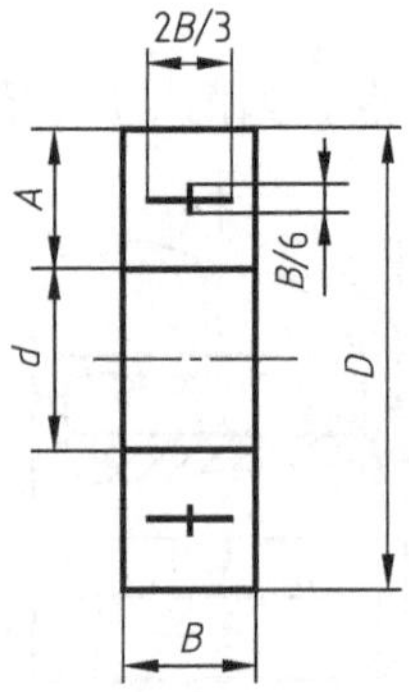	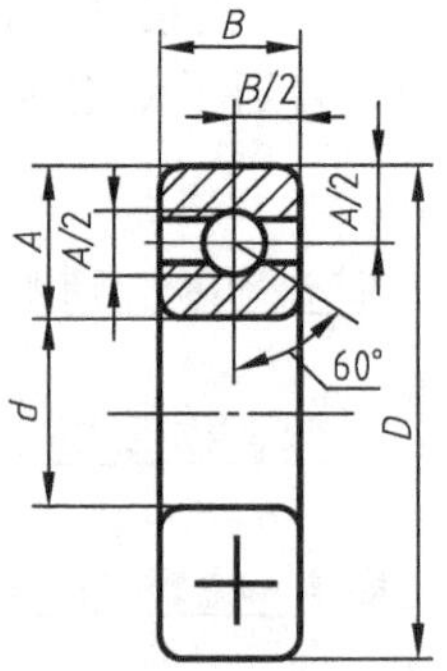
圆锥滚子轴承 (GB/T 276—1994) 30000 型	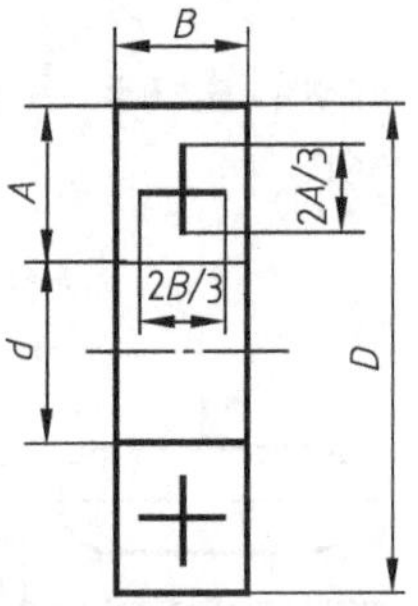	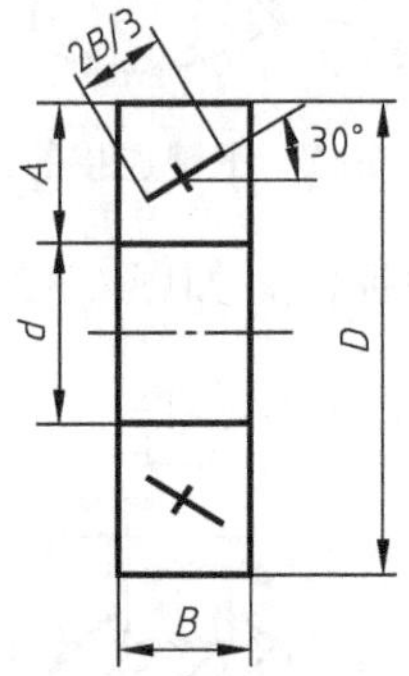	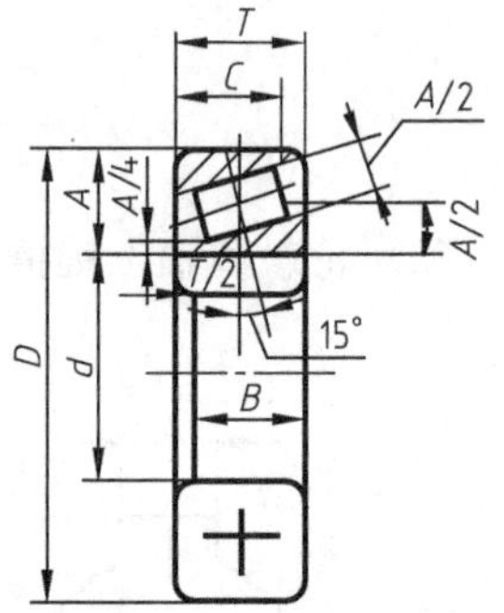
推力球轴承 (GB/T 301—1995) 51000 型		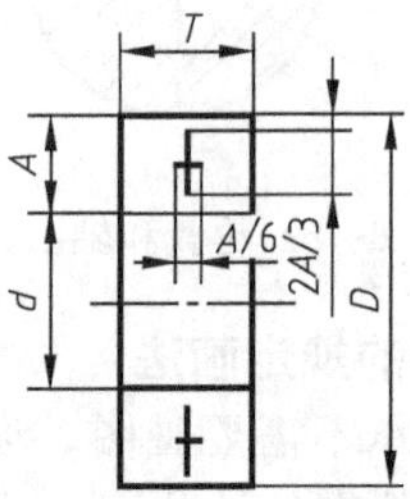	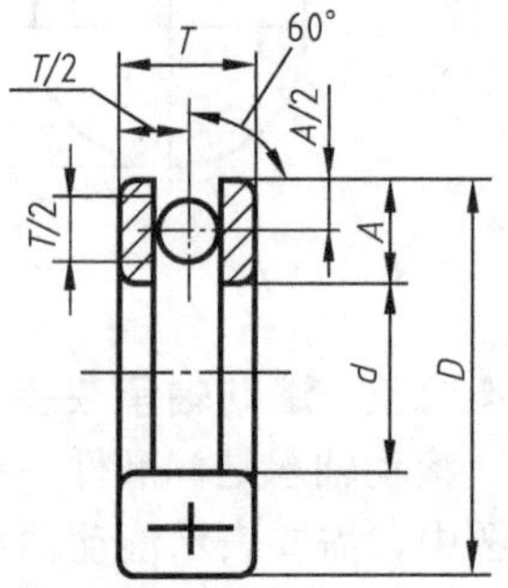
备注	当不需确切表示轴承的外形轮廓和结构特征时采用	当需较形象地表示轴承的结构特征时采用	产品样本、产品标准和产品说明书中采用

6.4.3　知识链接

为了满足产品的使用性能，对几何形体提出的理想设计要求，包括尺寸公差、几何公差、表面结构要求。下面介绍尺寸公差的相关术语与定义。

6.4.3.1　尺寸公差的术语与定义

(1) 轴：通常指工件的圆柱形外尺寸要素，也包括非圆柱形的外尺寸要素，它是被包容面，如图 6-45 所示，与上模座配合的模柄圆柱面、键的侧面。

(2) 孔：通常指工件的圆柱形的内尺寸要素，也包括非圆柱形的内尺寸要素，它是包容面，如图 6-45 所示，与模柄配合的上模座圆柱内表面、轴上键槽的侧面。

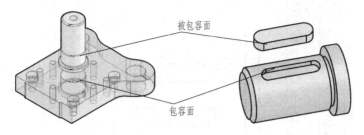

图 6-45 孔与轴的示意图

（3）尺寸要素：由一定大小的线性尺寸或角度尺寸确定的几何形状。

（4）公称尺寸：由图样规范确定的理想形状要素的尺寸。一般孔用 D 表示，轴用 d 表示。如图 6-46 中轴的公称尺寸是 $\phi 28$ mm。

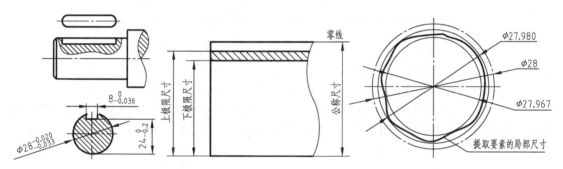

图 6-46 公称尺寸、极限尺寸、提取要素的局部尺寸

（5）极限尺寸：尺寸要素允许的尺寸的两个极端。分上极限尺寸和下极限尺寸。

① 上极限尺寸：尺寸要素允许的最大尺寸。孔用 D_{max} 表示，轴用 d_{max} 表示。

② 下极限尺寸：尺寸要素允许的最小尺寸。孔用 D_{min} 表示，轴用 d_{min} 表示。

如图 6-46 中 $\phi 28_{-0.033}^{-0.020}$ mm，上极限尺寸 $d_{max} = \phi 27.980$ mm，下极限尺寸 $d_{min} = \phi 27.967$ mm。

（6）提取要素的局部尺寸：一切提取组成要素上两对应点之间距离的统称（孔用 D_a、轴用 d_a 表示），如图 6-46 所示。提取要素的局部尺寸应位于其两个极限尺寸之内，也可达到极限尺寸。即完工零件尺寸的合格条件：

$$孔的合格条件 \ D_{max} \geqslant D_a \geqslant D_{min}; \quad 轴的合格条件 \ d_{max} \geqslant d_a \geqslant d_{min}。 \tag{6-1}$$

（7）偏差：某一尺寸减其公称尺寸所得的代数差。极限偏差分上极限偏差和下极限偏差。

① 上极限偏差：上极限尺寸减其公称尺寸所得的代数差，孔的上极限偏差代号用 ES、轴的上极限偏差代号用 es 表示。

② 下极限偏差：下极限尺寸减其公称尺寸所得的代数差，孔的下极限偏差代号用 EI、轴的下极限偏差代号用 ei 表示。可用公式表示：

$$\left. \begin{array}{ll} 孔:上极限偏差 \ ES = D_{max} - D & 轴:上极限偏差 \ es = d_{max} - d \\ 下极限偏差 \ EI = D_{min} - D & 下极限偏差 \ ei = d_{min} - d \end{array} \right\} \tag{6-2}$$

如图 6-47 所示 $\phi 28_{-0.033}^{-0.020}$ 圆柱体表面，上极限偏差 $es = -0.020$ mm，下极限偏差 $ei = -0.033$ mm。极限偏差用于控制实际偏差，即完工零件尺寸的合格条件用偏差关系表示：

$$孔的合格条件 \ ES \geqslant E_a \geqslant EI; \quad 轴的合格条件 \ es \geqslant e_a \geqslant ei。 \tag{6-3}$$

（8）尺寸公差（简称公差）：上极限尺寸减其下极限尺寸或上极限偏差减其下极限偏差的绝对值。是允许尺寸的变动量，用公式表示如下：

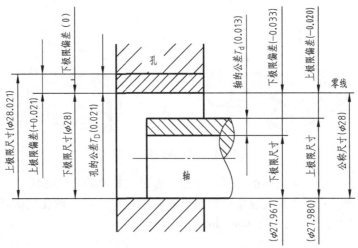

图 6-47 孔和轴的公称尺寸、极限尺寸、极限偏差、尺寸公差（AR）

$$\left.\begin{array}{l} 孔的公差\quad T_{\mathrm{D}}=\mid D_{\max}-D_{\min}\mid\ =\mid ES-EI\mid \\ 轴的公差\quad T_{\mathrm{d}}=\mid d_{\max}-d_{\min}\mid\ =\mid es-ei\mid \end{array}\right\} \qquad(6\text{-}4)$$

如图 6-47 所示，孔的公差 $T_{\mathrm{D}}=0.021\mathrm{mm}$，轴的公差 $T_{\mathrm{d}}=0.013\mathrm{mm}$。

（9）零线：在极限与配合的图解中，表示公称尺寸的一条直线，以其为基准确定偏差和公差。通常，零件沿水平方向绘制，正偏差位于其上，负偏差位于其下，如图 6-48 所示。

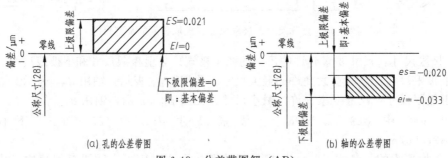

图 6-48 公差带图解（AR）

（10）公差带：在公差带图解中，由代表上极限偏差和下极限偏差或上极限尺寸和下极限尺寸的两条直线所限定的一个区域。它是由公差大小和其相对零线的位置如基本偏差来确定，如图 6-48 所示。

（11）基本偏差：在国家标准极限与配合制中，确定公差带相对于零线位置的那个极限偏差。如图 6-48 中，孔的下极限偏差为基本偏差，轴的上极限偏差为基本偏差。

（12）基本偏差代号：国家标准规定了轴和孔各 28 个基本偏差，按照一定的顺序和位置排列，形成基本偏差系列。用拉丁字母命名，大写字母代表孔，小写字母代表轴。26 个字母中除去 I、L、O、Q、W 容易与其他含义混淆的字母外，增加了 7 个双写字母。

如图 6-49 所示，在孔的基本偏差系列中，A～H 的基本偏差为下偏差 EI；J～ZC 的基本偏差为上偏差。在轴的基本偏差系列中，a～h 的基本偏差为上偏差 es；j～zc 的基本偏差为下偏差。其中 H 代表基准孔，h 代表基准轴。

（13）标准公差：在国家标准极限与配合制中所规定的任一公差，它决定了公差带的大小。标准公差用 IT 表示，共有 20 个公差等级，依次为 IT01、IT0、IT1、IT2…IT18，数字越小，公差等级越高，尺寸和配合精度也越高。在确定孔和轴公差时，应按照标准公差等级取值，以满足标准化和互换性的要求。可根据零件的公称尺寸和标准公差等级（IT）查附录F，确定尺寸公差数值。

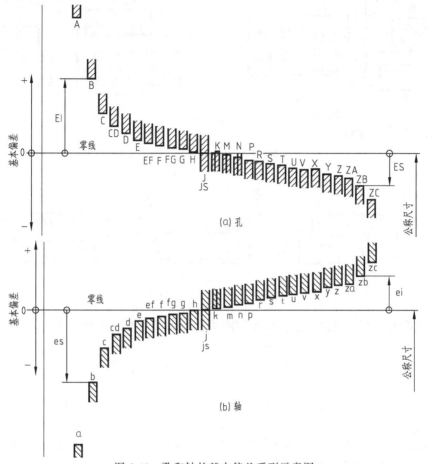

图 6-49 孔和轴的基本偏差系列示意图

图 6-50 零件间配合示意图

6.4.3.2 配合的术语与定义

（1）配合：公称尺寸相同的相互结合的孔和轴公差带之间的关系称为配合。如图 6-50 所示，键与轴配合比键与带轮配合较紧；为了维修时便于拆卸，轴与带轮的配合可松一点，可见，零件间的配合松紧程度，需要根据使用要求来选择不同的配合种类。

（2）配合种类：根据孔和轴配合时松紧程度可分为间隙配合、过盈配合和过渡配合，如

图 6-51 所示是三种配合公差带图。

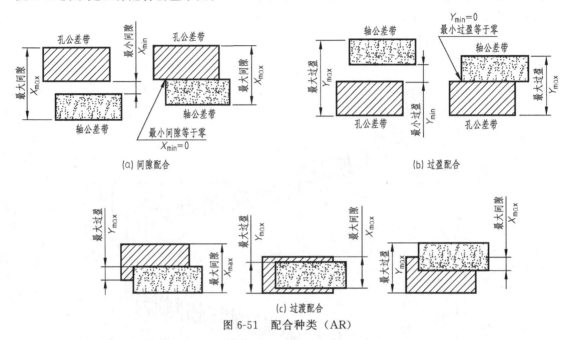

图 6-51   配合种类（AR）

① 间隙配合：具有间隙（包括最小间隙等于零的配合）的配合。此时，孔的公差带在轴的公差带之上，如图 6-51（a）所示。

② 过盈配合：具有过盈（包括最小过盈等于零的配合）的配合。此时，轴的公差带在孔的公差带之上，如图 6-51（b）所示。

③ 过渡配合：可能具有间隙或过盈的配合。此时，孔的公差带与轴的公差带相互交叠，如图 6-51（c）所示。

（3）配合制：配合制是同一极限制的孔和轴组成的一种配合制度。分为基准制和非基准制。基准制分为基孔制与基轴制配合。

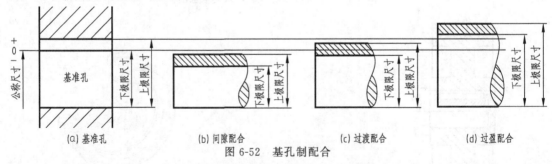

图 6-52   基孔制配合

① 基孔制：基本偏差为一定的孔的公差带，与不同基本偏差的轴的公差带形成各种配合的一种制度。基孔制的孔称为基准孔，用代号 H 表示。孔的下极限尺寸与公称尺寸相等、孔的下极限偏差为零的一种配合制度，如图 6-52 所示。

② 基轴制：基本偏差为一定的轴的公差带，与不同基本偏差的孔的公差带形成各种配合的一种制度。基轴制的轴称为基准轴，用代号 h 表示。轴的上极限尺寸与公称尺寸相等、轴的上极限偏差为零的一种配合制度，如图 6-53 所示。其公差带在零线之下。

在基孔制（基轴制）配合中：基本偏差 a～h（A～H）用于间隙配合；基本偏差 j～zc（J～ZC）用于过渡配合和过盈配合。

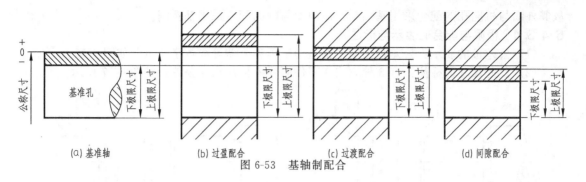

(a) 基准轴　　(b) 过盈配合　　(c) 过渡配合　　(d) 间隙配合

图 6-53　基轴制配合

6.4.3.3　基准制的选择原则

（1）在一般情况下，优先选用基孔制配合，如图 6-54 中的皮带轮孔与轴的配合。

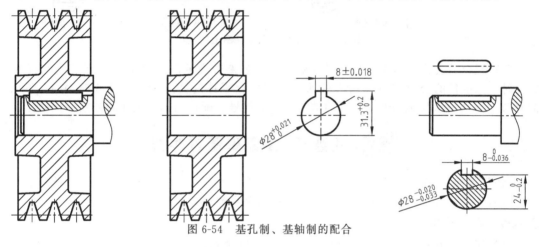

图 6-54　基孔制、基轴制的配合

（2）以下情况采用基轴制配合：如对于小尺寸的配合，改变孔径大小比改变轴径大小在技术和经济更为合理时，则采用基轴制配合；当同一轴与公称尺寸相同的多个孔相配合，且配合性质不同时。

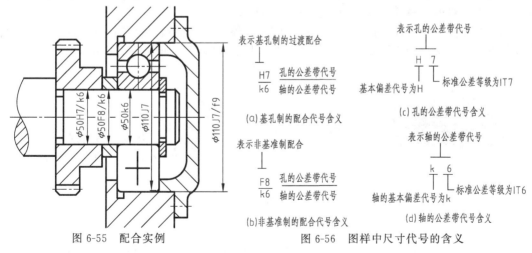

图 6-55　配合实例　　　　图 6-56　图样中尺寸代号的含义

（3）与标准件配合时，基准制的选择要视标准件配合面是孔、还是轴来确定，如是孔则采用基孔制，是轴则采用基轴制。如图 6-54 所示，键是基准轴，与轮毂和轴上的键槽配合采用基轴制配合；图 6-55 所示，滚动轴承是基准组件，视外圈为基准轴、内圈为基准孔，故其外圈与机座孔的配合采用基轴制，而内圈与轴的配合采用基孔制。

6.4.3.4 极限与配合的表示与标注

（1）公差带的表示：公差带用基本偏差的字母和公差等级数字表示，如图 6-56 所示。

（2）公差尺寸的标注：有 3 种方式在零件图样上标注尺寸公差，如图 6-57 所示。

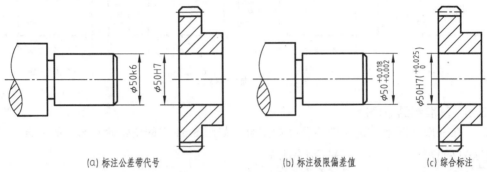

(a) 标注公差带代号　　　(b) 标注极限偏差值　　　(c) 综合标注

图 6-57　尺寸公差在零件图上的注法

（3）配合的表示：用相同公称尺寸的孔、轴公差带表示，如图 6-55 所示。当与标准件配合时，标准件的公差带可省略，只标注与其配合零件的公差带，如图 6-55 中的 ϕ50k6、ϕ110J7，分别表示与滚动轴承配合的轴的公差带代号、配合的轴承座孔的公差带代号。

6.5　任务 5　绘制弹簧零件图

【任务目标】　通过学习，掌握圆柱螺旋弹簧零件图的绘制方法与步骤，熟悉弹簧在装配图中的画法，了解弹簧的种类与应用、表面结构要求的相关知识。

6.5.1　任务分析

弹簧属于常用件，在 GB/T4459.4—2003《机械制图弹簧表示法》中，规定了各种弹簧的视图、剖视图及示意图的画法。下面以圆柱螺旋压缩弹簧为例，介绍其术语及画法。

6.5.1.1 弹簧的作用与种类

弹簧是利用材料的弹性变形进行减震、缓冲、复位、储能的机械零件。一般用弹簧钢制成。广泛用于机器、模具、仪表中，如图 6-58 所示。

弹簧的种类复杂多样，按形状分主要有螺旋弹簧、涡卷弹簧、板弹簧等。常用的螺旋弹簧按受力性质，又可分为压缩弹簧、拉伸弹簧和扭转弹簧等，如图 6-59 所示。

(a) 弹簧在汽车中的应用　　　(b) 弹簧在模具中的应用　　　(c) 弹簧插销

图 6-58　弹簧的应用

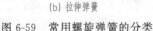

(a) 压缩弹簧　　　(b) 拉伸弹簧　　　(c) 扭转弹簧

图 6-59　常用螺旋弹簧的分类

6.5.1.2 圆柱螺旋压缩弹簧的主要参数

（1）簧丝直径 d：制造弹簧的钢丝直径。如图 6-60 所示。

（2）弹簧外径 D_2：弹簧的最大外径。

（3）弹簧内径 D_1：弹簧的最小外径。

（4）弹簧中径 D：弹簧的平均直径。其计算公式为：$D=D_1+d=D_2-d$。

（5）弹簧节距 t：除支承圈外，弹簧相邻两圈对应点在中径上的轴向距离称为节距。

（6）有效圈数 n：弹簧能保持相同节距的圈数。

（7）支承圈数 n_2：为了使弹簧在工作时受力均匀，保证轴线垂直端面，制造时，常将弹簧两端并紧。并紧的圈数仅起支承作用，称为支承圈。

（8）总圈数 n_1：有效圈数与支承圈的和，即：$n_1=n+n_2$。

（9）自由高 H_0：弹簧在未受外力作用下的高度。$H_0=nt+(n_2-0.5)d$。

（10）弹簧展开长度 L：绕制弹簧时所需钢丝的长度。

（11）螺旋方向：有左旋和右旋之分，右旋在图纸中不用注明，左旋需注明"左"字。

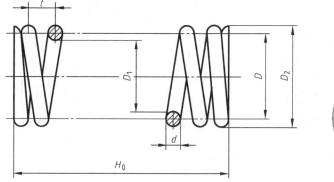

图 6-60　圆柱螺旋压缩弹簧

6.5.2　任务实施

6.5.2.1　单个圆柱螺旋压缩弹簧的表示法

弹簧可画成视图、剖视图及示意图，圆柱螺旋压缩弹簧的画法见表 6-13。

表 6-13　圆柱螺旋压缩弹簧的画法

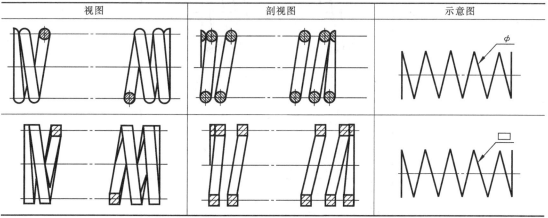

【作图要点】

（1）在平行于螺旋弹簧轴线的投影面的视图中，其各圈的轮廓应画成直线。

（2）螺旋压缩弹簧，如要求两端并紧且磨平时，不论支承圈的圈数多少和末端贴紧情况如何，均按表 6-13 的形式绘制。

（3）有效圈数在四圈以上的螺旋弹簧，中间部分可省略，但应用中径的点画线连接起来。当中间部分省略后，允许适当缩短图形的长度。

（4）螺旋压缩弹簧均可画成右旋，对必须保证的旋向要求应在"技术要求"中注明。

（5）弹簧的参数应直接标注在图形上，当直接标注有困难时可在"技术要求"中说明。

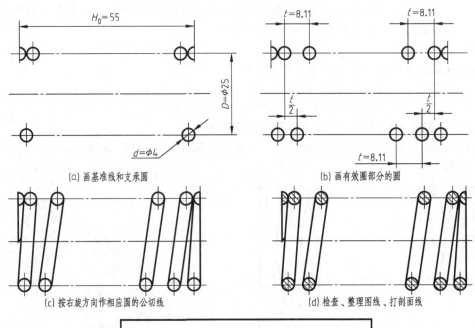

（a）画基准线和支承圈 　　（b）画有效圈部分的圆

（c）按右旋方向作相应圆的公切线 　　（d）检查、整理图线、打剖面线

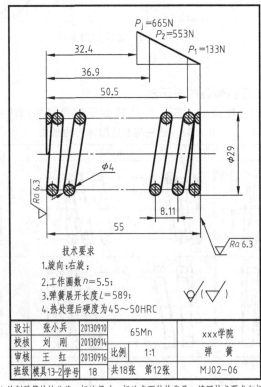

（e）绘制弹簧特性曲线、标注尺寸、标注表面结构代号、填写技术要求与标题栏（AR）

图 6-61　圆柱螺旋压缩弹簧零件图的作图步骤

（6）圆柱螺旋压缩弹簧的特性曲线画成直线，用粗实线绘制。

6.5.2.2 圆柱螺旋压缩弹簧零件图的作图步骤

【例题】已知圆柱螺旋压缩弹簧的参数：$d=\phi 4$、$D=\phi 25$、$D_2=\phi 29$、$t=8.11$、$H_0=55$。

圆柱螺旋压缩弹簧零件图的作图步骤，如图 6-61 所示。

6.5.2.3 装配图中弹簧的画法

（1）被弹簧挡住的结构一般不画出，可见部分应从弹簧的外轮廓线或从弹簧钢丝剖面的中心线画起，如图 6-62 所示。

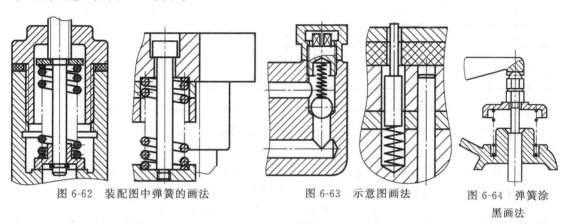

图 6-62 装配图中弹簧的画法   图 6-63 示意图画法   图 6-64 弹簧涂黑画法

（2）型材尺寸较小（直径或厚度在图形上等于或小于 2mm）的螺旋弹簧、蝶形弹簧、片弹簧允许用示意图表示，如图 6-63 所示。当弹簧被剖切时，可涂黑表示，如图 6-64 所示。

6.5.3 知识链接

6.5.3.1 表面结构的基本概念

（1）表面结构的定义：是由粗糙度轮廓、波纹度轮廓和原始轮廓构成的零件表面特征。

如图 6-65 所示，在加工零件时，由于刀具在零件表面上留下刀痕，使零件表面具有微小峰谷的不平程度，被称为表面粗糙度，属于微观几何形状误差。为了保证零件的使用性能，在机械图样中需要对零件的表面结构提出要求，如图 6-61（e）中的表面结构代号。

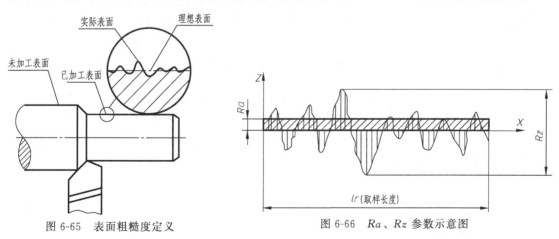

图 6-65 表面粗糙度定义   图 6-66 Ra、Rz 参数示意图

（2）表面结构的评定参数：轮廓参数、图形参数和支承率曲线参数。其中轮廓参数分为三种：R 轮廓参数（粗糙度参数）、W 轮廓参数（波纹度参数）和 P 轮廓参数（原始轮廓参数）。机械图样中，常用表面粗糙度参数 Ra 和 Rz 作为评定表面结构的参数。

① 轮廓算术平均偏差 Ra：它是在取样长度 lr 内，纵坐标 $Z(x)$（被测轮廓上各点至基准线 x 的距离）绝对值的算术平均值，如图 6-66 所示。

② 轮廓最大高度 Rz：它是在一个取样长度 lr 内，最大轮廓峰高与最大轮廓谷深之和，如图 6-66 所示。

国家标准 GB/T 1031—2009 给出的 Ra 和 Rz 系列值，见表 6-14。

表 6-14 Ra 和 Rz 系列值 μm

Ra	Rz	Ra	Rz	Ra	Rz	Ra	Rz
0.012		0.4	0.4	12.5	12.5		400
0.025	0.025	0.8	0.8	25	25		800
0.05	0.05	1.6	1.6	50	50		1600
0.1	0.1	3.2	3.2	100	100		
0.2	0.2	6.3	6.3		200		

在满足零件功能的前提下，尽量选用值大的表面粗糙度，可采用类比法选用。

6.5.3.2 表面结构的图形符号

（1）图形符号及其含义：在机械图样中，根据零件表面结构的要求用不同的图形符号来表示。图形符号用细实线绘制。标注表面结构的图形符号及其含义见表 6-15。

表 6-15 表面结构图形符号及其含义

符号名称	符号样式	含义
基本图形符号		未指定工艺方法的表面，当通过一个注释解释时可单独使用；基本图形符号仅用于简化代号标注，没有补充说明时不能单独使用
扩展图形符号		表示该表面用去除材料的方法获得，例如：车、铣、钻、磨、镗、腐蚀、电火花加工等方法；仅当其含义是被加工表面时可单独使用
		表示该表面用不去除材料的方法获得，或者表示保持上道工序形成的表面状况，例如铸造、锻造、热轧、冲压变形等方法
完整图形符号		在基本图形符号或扩展图形符号上面加一横，分别表示：允许任何工艺、去除材料、不去除材料；用于标注表面结构特征的补充信息
工件轮廓各表面图形符号	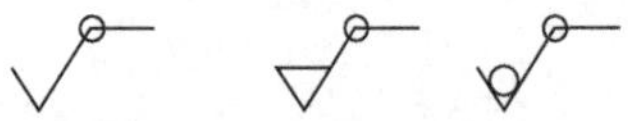	当在图样某个视图上构成封闭轮廓的各表面有相同结构要求时，应在完整图形符号上加以圆圈，标注在图样中工件的封闭轮廓线上

（2）图形符号的画法：图形符号的画法如图 6-67 所示，图形符号的尺寸见表 6-16。

表 6-16 表面结构图形符号的尺寸 mm

数字和字母高度 h（见 GB/T 14690）	2.5	3.5	5	7	10	14	20
符号线宽 d' / 字母线宽 d	0.25	0.35	0.5	0.7	1	1.4	2
高度 H_1	3.5	5	7	10	14	20	28
高度 H_2（最小值）①	7.5	10.5	15	21	30	42	60

① H_2 取决于标注内容。

（3）表面结构完整图形符号的组成：在完整符号中，除了标注表面结构参数和数值外，

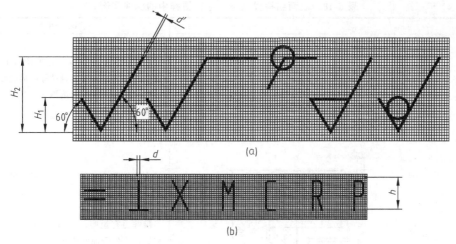

图 6-67　图形符号的画法

必要时应标注补充要求，并标注在如图 6-68 所示的指定位置。

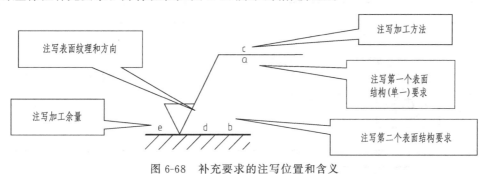

图 6-68　补充要求的注写位置和含义

6.5.3.3　表面结构代号及含义

在完整图形符号中注写参数代号、极限值等要求后，称为表面结构代号。表面结构代号示例及含义见表 6-17。

表 6-17　表面结构代号示例及含义

表面结构代号	含义及说明
$\sqrt{Ra\ 3.2}$	表示去除材料，单向上限值，默认传输带，R 轮廓，粗糙度算术平均偏差 3.2μm，评定长度为 5 个取样长度（默认），"16％规则"（默认）
$\sqrt{Rzmax\ 0.2}$	表示不允许去除材料，单向上限值，默认传输带，R 轮廓，粗糙度最大高度的最大值 0.2μm，评定长度为 5 个取样长度（默认），"最大规则"
$\sqrt{\begin{array}{l}U\ Ramax\ 3.2\\L\ Ra\ 0.8\end{array}}$	表示不允许去除材料，双向极限值，两极限值均使用默认传输带，R 轮廓，上限值：算术平均偏差 3.2μm，评定长度为 5 个取样长度（默认），"最大规则"，下限值：算术平均偏差 0.8μm，评定长度为 5 个取样长度（默认），"16％规则"（默认）
$\overset{铣}{\underset{\perp}{\sqrt{-0.8/Ra3\ 6.3}}}$	表示去除材料，单向上限值，传输带：根据 GB/T 6062，取样长度 0.8mm，R 轮廓，算术平均偏差极限值 6.3μm，评定长度包含 3 个取样长度，"16％规则"（默认），加工方法：铣削，纹理垂直于视图所在的投影面

6.5.3.4　表面结构代（符）号在图样中的注法

表面结构代（符）号在图样中的标注实例，见表 6-18。

表 6-18　表面结构代（符）号在图样中的标注实例

实　例	说　明
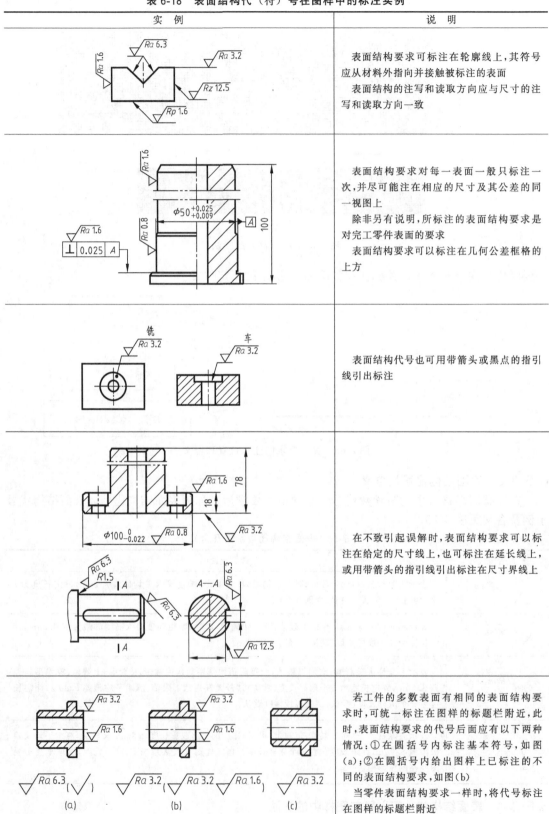	表面结构要求可标注在轮廓线上，其符号应从材料外指向并接触被标注的表面 表面结构的注写和读取方向应与尺寸的注写和读取方向一致
	表面结构要求对每一表面一般只标注一次，并尽可能注在相应的尺寸及其公差的同一视图上 除非另有说明，所标注的表面结构要求是对完工零件表面的要求 表面结构要求可以标注在几何公差框格的上方
	表面结构代号也可用带箭头或黑点的指引线引出标注
	在不致引起误解时，表面结构要求可以标注在给定的尺寸线上，也可标注在延长线上，或用带箭头的指引线引出标注在尺寸界线上
	若工件的多数表面有相同的表面结构要求时，可统一标注在图样的标题栏附近，此时，表面结构要求的代号后面应有以下两种情况：①在圆括号内标注基本符号，如图（a）；②在圆括号内给出图样上已标注的不同的表面结构要求，如图（b） 当零件表面结构要求一样时，将代号标注在图样的标题栏附近

续表

实 例	说 明
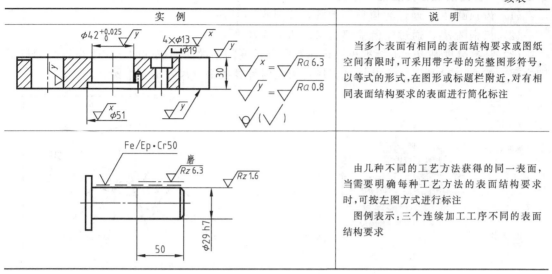	当多个表面有相同的表面结构要求或图纸空间有限时，可采用带字母的完整图形符号，以等式的形式，在图形或标题栏附近，对有相同表面结构要求的表面进行简化标注
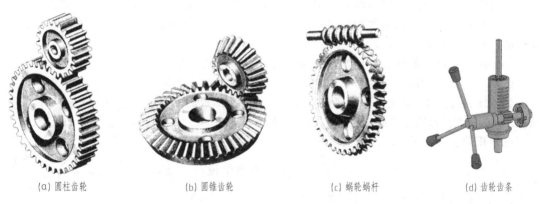	由几种不同的工艺方法获得的同一表面，当需要明确每种工艺方法的表面结构要求时，可按左图方式进行标注 图例表示：三个连续加工工序不同的表面结构要求

6.6 任务6　绘制齿轮零件草图

【任务目标】　通过绘制圆柱齿轮零件草图，熟悉齿轮的分类、用途和结构特点、齿轮测绘的方法与步骤，掌握单个齿轮与啮合齿轮的规定画法、零件草图的绘制要求。

(a) 圆柱齿轮　　　(b) 圆锥齿轮　　　(c) 蜗轮蜗杆　　　(d) 齿轮齿条

图6-69　齿轮的分类与作用（AR）

6.6.1　任务分析

6.6.1.1　齿轮的作用与分类

齿轮属于常用件，其主要作用是传递动力，改变运动速度和方向，如图6-69所示。根据两轴的相对位置，齿轮可分为以下几类。

（1）圆柱齿轮——用于两平行轴之间的传动，如图6-69（a）所示。

（2）圆锥齿轮——用于两相交轴之间的传动，如图6-69（b）所示。

（3）蜗轮蜗杆——用于两垂直交叉轴之间的传动，如图6-69（c）所示。

（4）齿轮齿条——用于直齿轮与齿条之间的传动，如图6-69（d）所示。

按照齿线在圆柱表面分布的不同，可分为：直齿轮、斜齿轮、人字齿轮、齿条、内齿轮等。按照齿廓曲线分类可分为渐开线齿轮、圆弧齿轮、摆线齿轮等，其中渐开线齿轮使用最为广泛。因此，下面重点介绍渐开线圆柱齿轮的有关术语。

6.6.1.2 直齿圆柱齿轮的相关术语

（1）齿顶圆 d_a：通过轮齿顶部的圆，如图 6-70 所示。

（2）齿根圆 d_f：通过轮齿根部的圆，如图 6-70 所示。

（3）标准分度圆 d：沿标准齿距齿轮数等倍长度的圆周而形成的圆，位于齿顶圆和齿根圆之间，如图 6-70 所示。它是设计、制造齿轮时计算各部分尺寸的基准圆。

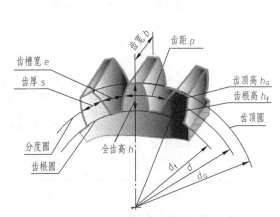

图 6-70　圆柱齿轮各部分的名称

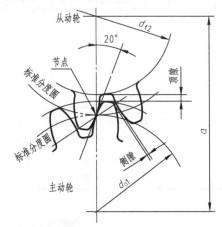

图 6-71　标准齿轮啮合示意图

（4）全齿高 h：齿顶高与齿根高之和为全齿高，$h=h_a+h_f$。分度圆至齿顶圆之间的径向距离，称为齿顶高 h_a。分度圆至齿根圆之间的径向距离 h_f，称为齿根高，如图 6-70 所示。

（5）齿距：分度圆上相邻两齿对应两点间的弧长，称为齿距，以 p 表示，如图 6-70 所示。一个轮齿齿廓间的弧长称为齿厚，以 s 表示；一个齿槽间的弧长称为槽宽，以 e 表示。在标准齿轮的分度圆周上，$s=e$，$p=s+e$。

（6）齿廓：齿面的剖面。包括端平面、法平面、轴平面等。

（7）节点：一对齿轮啮合时节圆上的接触点，如图 6-71 所示。

（8）压力角：过齿面上节点半径线与齿廓切线方向形成的角度。我国采用的标准压力角 $\alpha=20°$，如图 6-71 所示。

（9）模数：表示齿的大小的术语有两种，一种是模数制，另一种是径节制。模数 $m=\dfrac{\text{标准齿距 } p}{\text{圆周率 } \pi}$。模数是设计、制造齿轮的重要参数。模数越大，则齿越大，因而齿轮承载能力也增大，如图 6-72 所示。为了便于设计和加工，模数的数值已系列化、标准化，设计者只有选用标准模数数值，才能用系列刀具加工齿轮。标准模数数值见表 6-19 所示。齿轮模数确定后，按照与模数 m 的比例关系可算出轮齿部分的各基本尺寸，如表 6-20 所示。

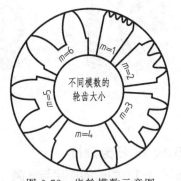

图 6-72　齿轮模数示意图

表 6-19　标准模数系列（GB/T 1357—2008）

第一系列	1, 1.25, 1.5, 2, 2.5, 3, 4, 5, 6, 8, 10, 12, 16, 20, 25, 32, 40, 50
第二系列	1.75, 2.25, 2.75, (3.25), 3.5, (3.75), 4.5, 5.5, (6.5), 7, 9, (11), 14, 18, 22, 28, 36, 45

表 6-20　标准外啮合直齿圆柱齿轮尺寸的计算公式

名　　称	代号	计算公式
模数	m	由设计或测绘确定后查表 6-19 取标准值
分度圆直径	d	$d=mz$

续表

名　称	代号	计算公式
齿顶高	h_a	$h_a = m$
齿根高	h_f	$h_f = 1.25m$
齿高	h	$h = 2.25m$
齿顶圆直径	d_a	$d_a = m(z+2)$
齿根圆直径	d_f	$d_f = m(z-2.5)$
齿距	p	$p = \pi m$
分度圆齿厚及槽宽	s, e	$s = e = p/2 = \pi m/2$
中心距	a	$a = m(z_1 + z_2)/2$

6.6.1.3 分析齿轮的结构

当齿轮的轮齿分布在圆盘表面时则属于盘盖类零件，当齿根圆较小时则制成齿轮轴，如图 6-73（b）所示。齿轮上常均布有孔、肋、槽、螺纹等结构，齿轮一般由轮毂、轮辐和轮缘三部分组成，轮毂上有键槽、轴孔，如图 6-73（a）所示。

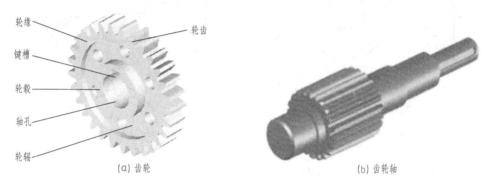

图 6-73　齿轮的组成（AR）

6.6.1.4 单个齿轮的表示法

（1）齿轮的表达方案

① 主视图：通常按加工位置原则选择主视图，即轴线水平放置；为了表达内部形状，通常直齿圆柱齿轮和圆锥齿轮采用全剖，斜齿轮和人字齿轮可采用半剖或局部剖，当要表示齿形特征时，绘制三条与齿线方向一致的细实线，如图 6-74（b）所示。

② 其他视图：对于圆盘类齿轮而言，通常选用左视图，可采用基本视图、局部视图来表达齿轮的端面结构形状或轮毂的端面形状，如图 6-74（a）～（d）所示。

如需表明齿形，可在图形中用粗实线绘制一个或两个齿，或用适当比例的局部放大图表示，如图 6-74（e）、（g）所示。当需要注出齿条的长度时，可标注在有齿形的视图中，并在另一视图中用粗实线画出其范围线，如图 6-74（f）所示。

（2）齿轮的画法：如图 6-74、图 6-75 所示，轮齿部分按以下要求绘制，其余按投影绘制。

① 在剖视图中，当剖切平面通过齿轮的轴线时，轮齿一律按不剖处理。

② 齿顶圆、齿顶线用粗实线绘制，如图 6-74、图 6-75 所示。

③ 分度圆、分度线用细点画线绘制，如图 6-74、图 6-75 所示。

④ 在剖视图中，齿根线用粗实线绘制；在视图中的齿根线和齿根圆可省略不画，也可用细实线绘制。如图 6-74、图 6-75 中的齿根圆省略不画。

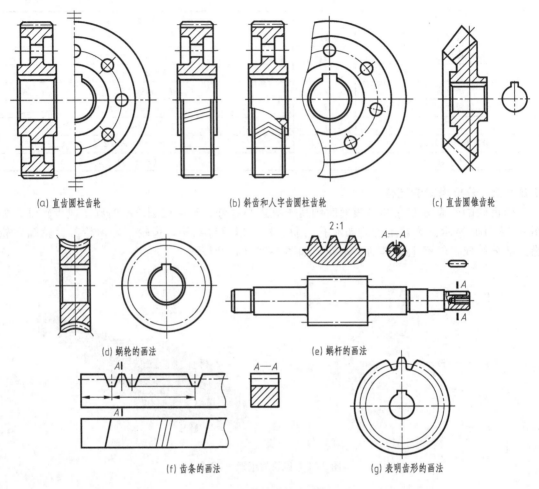

(a) 直齿圆柱齿轮   (b) 斜齿和人字齿圆柱齿轮   (c) 直齿圆锥齿轮

(d) 蜗轮的画法   (e) 蜗杆的画法

(f) 齿条的画法   (g) 表明齿形的画法

图 6-74   齿轮的表达方式与画法

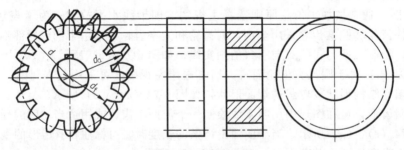

图 6-75   齿轮的画法

6.6.2   任务实施

零件草图是技术改造、零件维修的依据,其内容和要求与零件图一致,只是作图方法不同。草图采用徒手绘制,齿轮测绘的步骤如下。

6.6.2.1   标准直齿圆柱齿轮的测绘

1) 绘制视图

绘制齿轮零件草图视图,并标注尺寸界线和尺寸线,如图 6-76 所示。

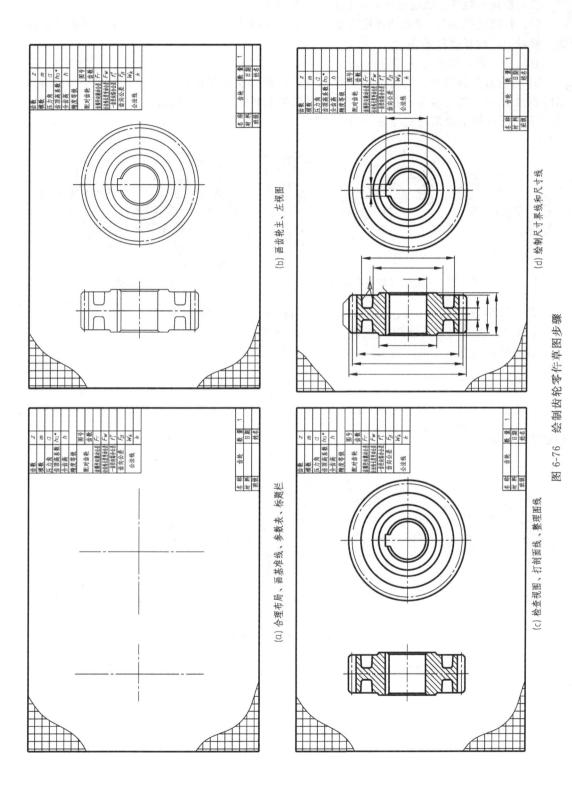

图 6-76　绘制齿轮零件草图步骤

2）齿轮齿形部分的测绘步骤

（1）测定齿数 z，确定是偶数齿轮还是奇数齿轮。

（2）计算模数 m'。模数的确定方法有测量齿顶圆直径法、测量全齿高法、测量中心距法、测量公法线长度法等多种。

方法一：采用测量齿顶圆直径 d_a' 法

① 当齿数为偶数时，沿齿顶圆表面不同的三处直接测量齿顶圆直径，取其平均值 d_a'，如图 6-77 所示；当齿数为奇数时，应测量齿轮的孔径 d_h 及齿顶到轴孔的距离 H，如图 6-78 所示，再计算出齿顶圆直径 $d_a' = d_h + 2H$。

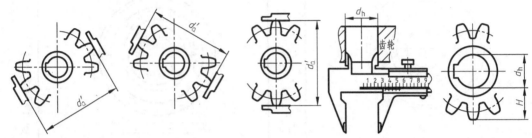

| 图 6-77　齿数为偶数的齿轮测量 | 图 6-78　齿数为奇数的齿轮测量 |

② 计算模数 m'。由公式 $d_a = m(z+2)$，得：$m' = d_a'/(z+2)$。

方法二：采用测量公法线长度 W_k 法来确定模数。

① 计算跨齿数 k。由公式 $k = z/9 + 0.5$ 求得。

② 根据求公法线长度公式 $W_k = m[1.476(2k-1) + 0.014z_2]$，得：$m = \dfrac{W_k}{[1.476(2k-1) + 0.014z_2]}$。

③ 根据跨齿数 k，测量三处互成 $120°$ 位置的齿廓公法线长度，如图 6-79 所示，取平均公法线长度 $\overline{W_k'} = \dfrac{W_{k1}' + W_{k2}' + W_{k3}}{3}$。

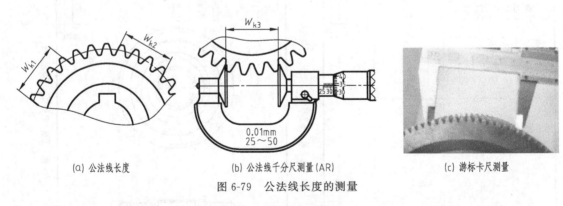

(a) 公法线长度　　　　　　(b) 公法线千分尺测量(AR)　　　　　　(c) 游标卡尺测量

图 6-79　公法线长度的测量

④ 查表 6-21，查得公法线长度公称值 W_k^*。标准直齿齿轮的公法线长度 $W_k = mW_k^*$，则计算模数 $m' = \dfrac{\overline{W_k'}}{W_k^*}$。

（3）取标准模数 m。根据计算的模数 m' 查表 6-19 所示，取标准模数 m。

（4）计算齿轮各部分尺寸。根据标准模数，按照表 6-20 计算齿形部分的各个尺寸。

3）其他部分的测绘

（1）查附录 D 获取齿轮键槽部分参数。

① 测量齿轮孔径尺寸，如图 6-78 所示，用游标卡尺测孔径 d_h。

表 6-21 跨齿数和公法线长度的公称值（$\alpha_n=\alpha=20°$，$m_n=m=1$） mm

假想齿数 z′	跨齿数 k	公法线长度 W_k^* (W_{kn}^*)	假想齿数 z′	跨齿数 k	公法线长度 W_k^* (W_{kn}^*)	假想齿数 z′	跨齿数 k	公法线长度 W_k^* (W_{kn}^*)	假想齿数 z′	跨齿数 k	公法线长度 W_k^* (W_{kn}^*)	假想齿数 z′	跨齿数 k	公法线长度 W_k^* (W_{kn}^*)
28	4	10.725	55	7	19.959	82	10	29.194	109	13	38.428			
29		10.739	56		19.973	83		29.208	110		38.442			
30		10.753	57		19.987	84		29.222	111		38.456			
31		10.767	58		20.001	85		29.236	112		38.470			
32		10.781	59		20.015	86		29.250	113		38.484			
33		10.795	60		20.029	87		29.264	114		38.498			
34		10.809	61		20.043	88		29.278	115		38.512			
35		10.823	62		20.057	89		29.292	116		38.526			
36		10.837	63		20.071	90		29.306	117		38.540			
37	5	13.803	64	8	23.037	91	11	32.272	109	14	41.380			
38		13.817	65		23.051	92		32.286	110		41.394			
39		13.831	66		23.065	93		32.300	111		41.408			
40		13.845	67		23.079	94		32.314	112		41.422			
41		13.859	68		23.093	95		32.328	113		41.436			
42		13.873	69		23.107	96		32.342	114		41.450			
43		13.887	70		23.121	97		32.356	115		41.464			
44		13.901	71		23.135	98		32.370	116		41.478			
45		13.915	72		23.149	99		32.384	117		41.492			
46	6	16.881	73	9	26.115	100	12	35.350				118	14	41.506
47		16.895	74		26.129	101		35.364				119		41.520
48		16.909	75		26.144	102		35.378				120		41.534
49		16.923	76		26.158	103		35.392				121		41.548
50		16.937	77		26.172	104		35.406				122		41.563
51		16.951	78		26.186	105		35.420				123		41.577
52		16.965	79		26.200	106		35.434				124		41.591
53		16.979	80		26.214	107		35.448				125		41.605
54		16.993	81		26.228	108		35.462				126		41.619

注：1. W_k^*（W_{kn}^*）为 $m=1mm$ 或 $m_n=1mm$ 时，标准齿轮的公法线长度；当模数 $m\neq 1mm$ 或 $m_n\neq 1mm$ 时，标准齿轮的公法线长度应为 $W_k=W_k^* m$ 或 $W_{kn}=W_{kn}^* m_n$。变位齿轮的公法线长度应按式 $W_k=m(W_k^*+\Delta W^*)$ 或 $W_{kn}=m_n(W_{kn}^*+\Delta W_n^*)$。$\Delta W_n$ 或 ΔW_n^* 查表获得。

2. 对直齿轮，表中 $z'=z$；对斜齿轮，$z'=z\dfrac{inv\alpha_t}{0.149}$，若计算出的 z' 后面有小数部分时，应查表6-20后按插入法进行补偿计算。

② 查 GB/T 1095—2003、GB/T 1096—2003，得键槽宽度 b、d_h+t_1。

（2）用游标卡尺或钢直尺测量其他尺寸，如图 6-80 所示，圆整到整数，测得齿宽、轮毂长度等尺寸，并标注在图样中。

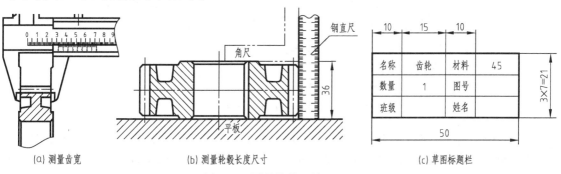

(a) 测量齿宽　　　　　　　(b) 测量轮毂长度尺寸　　　　　　　(c) 草图标题栏

图 6-80 测量其他尺寸（AR）

4）完成齿轮零件草图的绘制

如图 6-81 所示为直齿圆柱齿轮零件草图。草图标题栏可参照图 6-80（c）绘制。

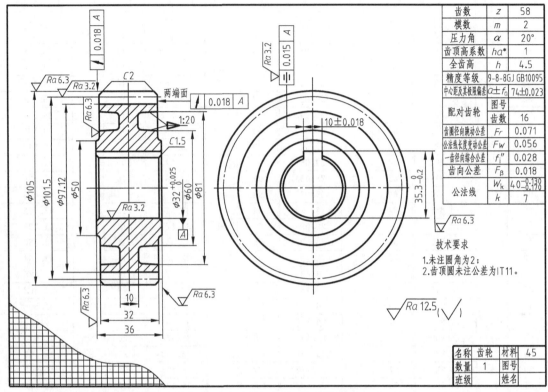

齿数	z	58
模数	m	2
压力角	α	20°
齿顶高系数	ha^*	1
全齿高	h	4.5
精度等级		9-8-8GJ GB10095
中心距及其极限偏差	$a\pm f_a$	74±0.023
配对齿轮	图号	
	齿数	16
齿圈径向跳动公差	F_r	0.071
公法线长度变动公差	F_w	0.056
一齿径向综合公差	f_i''	0.028
齿向公差	F_β	0.018
公法线	W_k	$40^{-0.130}_{-0.176}$
	k	7

技术要求
1.未注圆角为2；
2.齿顶圆未注公差为IT11。

名称	齿轮	材料	45
数量	1	图号	
班级		姓名	

图 6-81 直齿圆柱齿轮零件草图（AR）

6.6.2.2 标准斜齿圆柱齿轮的测绘

对于标准斜齿圆柱齿轮而言，其基本参数为齿数 z、法向模数 m_n、法向压力角 α_n、顶高系数 h_{an}^*、顶隙系数 c_n^*、螺旋角 β，斜齿轮的主要几何尺寸可根据表 6-22 计算而得。

1）渐开线斜齿圆柱齿轮的相关术语

（1）斜齿轮齿廓曲面：当发生面绕基圆柱作纯滚动时，发生面上一条与齿轮的轴线成一交角 β_b 的直线 $K-K$ 上的各点都展成一渐开线，这些渐开线的集合就是斜齿轮的齿廓曲面，如图 6-82 所示。

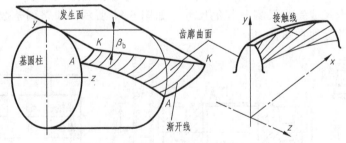

图 6-82 斜齿轮齿廓面的形成（AR）

（2）螺旋角 β：斜齿轮的齿廓曲面与分度圆柱相交所得螺旋线的螺旋角称为分度圆柱上的螺旋角，简称螺旋角，用 β 表示。螺旋角分为左旋和右旋，右旋 β 为正，左旋 β 为负，如图 6-83 所示。表示斜齿轮轮齿的倾斜程度，通常取 $\beta=8°\sim15°$。

图 6-83 斜齿轮的螺旋角

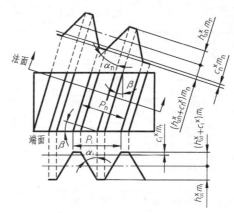

图 6-84 斜齿轮的法面与端面

（3）法面模数 m_n 与端面模数 m_t：如图 6-84 所示为斜齿条，其法面齿距 p_n 与端面齿距 p_t 的关系为：$p_n = p_t \cos\beta$，因 $p = \pi m$，$\pi m_n = \pi m_t \cos\beta$，故 $m_n = m_t \cos\beta$

（4）法面齿顶高系数 h_{an}^* 与端面齿顶高系数 h_{at}^*：因法面齿顶高与端面齿顶高是相同的，则 $h_a = h_{an}^* m_n = h_{at}^* m_t$，故 $h_{at}^* = \dfrac{h_{an}^* m_n}{m_t} = h_{an}^* \cos\beta$；同理，其顶隙系数的关系为：$c_t^* = c_n^* \cos\beta$

（5）法面压力角 α_n 与端面压力角 α_t：如图 6-84 所示，$\tan\alpha_n = \tan\alpha_t \cos\beta$。

（6）斜齿轮的正确啮合条件：

① 模数相等：$m_{n1} = m_{n2}$ 或 $m_{t1} = m_{t2}$。

② 压力角相等：$\alpha_{n1} = \alpha_{n2}$ 或 $\alpha_{t1} = \alpha_{t2}$。

③ 螺旋角大小相等：外啮合时应旋向相反，即：$\beta_1 = -\beta_2$；内啮合时应旋向相同，即：$\beta_1 = \beta_2$。

（7）外啮合标准斜齿圆柱齿轮传动几何尺寸的计算：因 $h_{an}^* = 1$、$c_n^* = 0.25$，故外啮合标准斜齿轮的几何尺寸计算公式见表 6-22。

表 6-22 外啮合标准斜齿圆柱齿轮传动几何尺寸计算公式

名 称	代号	计算公式
法向模数	m_n	取表 6-17 中的标准值
法向压力角	α_n	$\alpha_n = 20°$
分度圆	d	$d = zm_n / \cos\beta$
齿顶高	h_a	$h_a = m_n$
齿根高	h_f	$h_f = 1.25 m_n$
全齿高	h	$h = 2.25 m_n$
齿顶圆直径	d_a	$d_a = d + 2h_a$
齿根圆直径	d_f	$d_f = d - 2h_f$
（校核中心距）中心距	a	$a = \dfrac{d_1 + d_2}{2} = \dfrac{(z_1 + z_2) m_n}{2\cos\beta}$

2）标准斜齿圆柱齿轮齿形部分的测绘步骤

（1）测定齿数 z，确定是偶数齿轮还是奇数齿轮。

（2）确定标准法向模数 m_n。其确定方法有测量公法线长度法、测量齿顶圆和齿根圆直径法等，通过计算再查表 6-19 获得标准模数。

表 6-23　比值 $\dfrac{inv\alpha_t}{inv\alpha_n}=\dfrac{inv\alpha_t}{0.149}$　（$\alpha_n=20°$）

β	$\dfrac{inv\alpha_t}{0.149}$	差值	β	$\dfrac{inv\alpha_t}{0.149}$	差值	β	$\dfrac{inv\alpha_t}{0.149}$	差值
8°	1.0283		10°40′	1.0508		13°20′	1.0810	
		0.0026			0.0035			0.0043
8°20′	1.0309		11°	1.0543		13°40′	1.0853	
		0.0024			0.0034			0.0043
8°40′	1.0333		11°20′	1.0577		14°	1.0896	
		0.0026			0.0036			0.0046
9°	1.0359		11°40′	1.0613		14°20′	1.0943	
		0.0029			0.0039			0.0048
9°20′	1.0388		12°	1.0652		14°40′	1.0991	
		0.0027			0.0036			0.0048
9°40′	1.0415		12°20′	1.0688		15°	1.1039	
		0.0031			0.0040			0.0053
10°	1.0446		12°40′	1.0728		15°20′	1.1092	
		0.0031			0.0040			0.0048
10°20′	1.0477		13°	1.0768		15°40′	1.1140	

注：若计算出的螺旋角 β 值表中没有时，应查表 6-23 后按插入法进行补偿计算。

方法一：测量公法线长度法

① 计算跨齿数：根据公式 $k\approx\dfrac{a_n}{180°}z'+0.5$，假想齿数 $z'=z\dfrac{inv\alpha_t}{inv\alpha_n}$。当法向压力角 $\alpha_n=20°$ 时，比值 $\dfrac{inv\alpha_t}{inv\alpha_n}$ 查表 6-23 获得。

【例 1】　已知 $z=31$、$\beta=12°34′$、$\alpha_n=20°$，求跨齿数 k。

解：由表 6-23 查出 12°20′ 时 $\dfrac{inv\alpha_t}{inv\alpha_n}=1.0688$、与 12°40′ 时 $\dfrac{inv\alpha_t}{inv\alpha_n}$ 的差值为 0.0040，按照插入法计算 $\beta=12°34′$ 时的 $\dfrac{inv\alpha_t}{inv\alpha_n}=1.0688+0.004\times\dfrac{(34-20)}{(40-20)}=1.0716$；则 $z'=z\dfrac{inv\alpha_t}{inv\alpha_n}=31\times1.0716=33.21$

$$k\approx\dfrac{a_n}{180°}z'+0.5=\dfrac{20°}{180°}\times33.21+0.5=4.19，取 k=4。$$ 也可根据 z' 查表 6-21 得到 k。

② 测绘公法线长度：取 $\geqslant k$ 的跨齿数测绘斜齿轮的公法线长度，公法线的长度是在齿廓的法向上测量的，测量同一法面上互成 120°的三个点，可用公法线外径千分尺或游标卡尺进行测量。先测出 W_k 长度的公法线值，再测出跨齿数为 $k+1$ 的公法线长度 W_{k+1} 或测出跨齿数为 $k-1$ 的公法线长度 W_{k-1}，如图 6-85 所示，将测量值可填写在表 6-24 中。

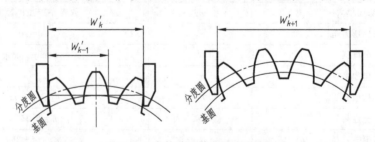

图 6-85　齿轮公法线长度的测量

表 6-24　公法线长度测绘值及法向模数计算值　　　　单位：mm

测量值 公法线长度 ＼ 测点	1	2	3	测绘平均值	基圆齿距 P'_b
W_k					$P'_b=\overline{W'_{k+1}}-\overline{W'_k}$
W_{k+1}					或
W_{k-1}					$P'_b=\overline{W'_k}-\overline{W'_{k-1}}$

③ 计算基圆齿距 P'_b：由表6-24可见，$P'_b = \overline{W'_{k+1}} - \overline{W'_k}$ 或 $P'_b = \overline{W'_k} - \overline{W'_{k-1}}$。

④ 计算法向模数近似值 m'_n：根据公式 $m = P_b/(\pi\cos\alpha)$，因 $\alpha_n = 20°$，则 $m'_n = P'_b/(\pi\cos\alpha)$。

⑤ 根据计算值 m'_n 查表6-19取标准法向模数 m_n。

方法二：测量齿顶圆和齿根圆直径法

① 测量法向齿顶圆直径 d'_a 和齿根圆直径 d'_f。

② 计算法向模数近似值 m'_n。根据公式：$m'_n = \dfrac{d'_a - d'_f}{4.5}$。

③ 查表6-19取标准法向模数 m_n。

（3）确定分度圆柱螺旋角 β

分度圆柱螺旋角 β 的测量方法有拓印法、中心距推算法、齿顶圆计算法、公法线计算法、滚珠-轴向齿距法、齿轮机床校定法、正弦棒原理法、标准钢球法、直接测量法等方法。

① 拓印法：将齿轮的齿顶涂上一层较薄的红丹，放在白纸上滚动一周，便可得到较清晰的压痕，如图6-86所示。可以直接使用量角器测量圆柱螺旋角 β；也可根据三角函数的关系，测绘齿距 p_t 与相应的高度 T，求得分度圆柱螺旋角 β，$\tan\beta = \dfrac{p'_t}{T_1} = \dfrac{2p'_t}{T_2} = \cdots\cdots = \dfrac{\pi d'_a}{T_a}$，式中：$p'_t$ 为端面齿距；T 为 n 个端面齿距所对应的高度。

   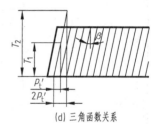

(a) 拓印斜齿轮　　(b) 使用量角器测量β　　(c) 测量齿距p_t　　(d) 三角函数关系

图6-86 拓印法测绘圆柱螺旋角

② 中心距推算法：如图6-87所示，采用间接测量法，先测量减速器两轴或两轴承孔之间的距离 A_1 或 A_2，分别测量轴或孔的直径 ϕ_1 和 ϕ_2；再计算 a'，$a' = A_1 + \dfrac{\phi_1 + \phi_2}{2}$ 或 $a' = A_2 - \dfrac{\phi_1 + \phi_2}{2}$；根据公式 $\cos\beta = \dfrac{z_1 + z_2}{2a'}m_n$ 计算分度圆螺旋角 β。

式中，z_1、z_2 分别为小齿轮与大齿轮的齿数。

③ 齿顶圆计算法：将测得的齿顶圆直径，计入公差补偿值，齿顶圆公差一般为 IT8～IT11，均为负公差，通常取 0.1～0.3mm，得齿顶圆直径 d'_a。对于标准斜齿轮，由公式 $d_a = d + 2h_a$，而 $d = zm_n/\cos\beta$，故分度圆柱螺旋角可由下式求得：$\cos\beta = \dfrac{m_n z}{d'_a - 2m_n h^*_{an}}$，因 $h^*_{an} = 1$，故 $\cos\beta = \dfrac{m_n z}{d'_a - 2m_n}$。

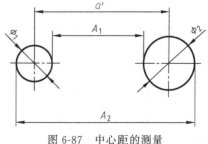

图6-87 中心距的测量

④ 公法线计算法：在同一法面上互成 $120°$ 的三个点处，测量跨 k 个齿的公法线长度 W'_{k1}、W'_{k2}、W'_{k3}，取平均值 $\overline{W'_{kn}}$。因标准斜齿轮的公法线长度 W_{kn} 由公式：$W_{kn} = m_n\cos\alpha_n[\pi(k-0.5) + z'inv\alpha_n] = m_n\cos\alpha_n[\pi(k-0.5) + zinv\alpha_t]$。

式中，z' 为假想齿数，$z'=z\dfrac{inv\alpha_t}{inv\alpha_n}$，$\alpha_n$ 为 $20°$ 时，求得端面压力角 $inv\alpha_t=\dfrac{\overline{W'_{kn}}}{zm_n\cos\alpha_n}-$

$\dfrac{\pi(k-0.5)}{z}$，根据公式：$\cos\beta=\dfrac{\tan\alpha_n}{\tan\alpha_t}$ 求得分度圆柱螺旋角 β。

（4）根据标准模数 m_n、$\alpha_n=20°$、螺旋角 β，按照表 6-22 计算标准斜齿轮主要几何尺寸。

其余步骤同直齿圆柱齿轮的测绘。斜齿圆柱齿轮的零件草图如图 6-88 所示。

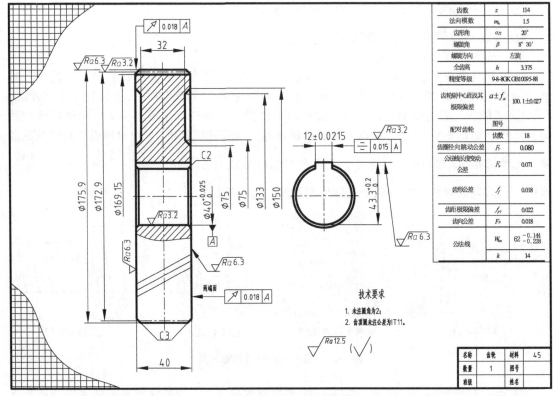

齿数	z	114
法向模数	m_n	1.5
齿形角	a_n	20°
螺旋角	β	8°30′
螺旋方向		左旋
全齿高	h	3.375
精度等级		9-8-8GK GB10095-88
齿轮副中心距及其极限偏差	$a\pm f_a$	100.1±0.027
配对齿轮	图号	
	齿数	18
齿圈径向跳动公差	F_r	0.080
公法线长度变动公差	F_v	0.071
齿形公差	f_f	0.018
齿距极限偏差	f_{pt}	0.022
齿向公差	F_β	0.018
公法线	W_{kn}	$62^{-0.144}_{-0.228}$
	k	14

名称	齿轮	材料	45
数量	1	图号	
班级		姓名	

技术要求

1. 未注圆角为2;
2. 齿顶圆柱未注公差为IT11。

图 6-88　斜齿圆柱齿轮零件草图

6.6.3　知识链接

6.6.3.1　齿轮测绘要点

1）齿轮零件草图与零件图绘制的注意事项

（1）零件草图所采用的表达方法应与零件图一致。一般按照加工位置选择齿轮的主视图，即轴线水平放置，采用全剖、半剖或局部剖。左视图则根据齿轮结构的复杂程度，可绘制成完整的视图，也可绘制成局部视图。

（2）零件上如有砂眼、气孔等铸造缺陷，不应画出；如有损坏部分应参照其相邻零件或有关资料，将损坏部分按完整形状画出。零件上的工艺结构，如倒角、圆角、退刀槽等应全部画出，不得遗漏。

（3）目测齿轮的大小和复杂程度，在方格纸上，徒手绘制出各个视图。合理布局视图，视图间应留出尺寸标注、技术要求标注的空间。另外，在草图的右上角和右下角分别绘制出齿轮的参数表和标题栏。

（4）根据零件图尺寸标注的基本原则标注尺寸。统一测量尺寸，逐个填写尺寸数字。

（5）零件上的标准结构要素的尺寸经测量后，应计算查手册，核对修整尺寸。如：齿轮孔上的键槽尺寸，应根据孔径查表获得；齿轮的齿形部分尺寸应根据标准模数、齿数、压力角等参数计算而得。

（6）测量有配合尺寸的零件结构时，应同时测量与其配合零件的相应尺寸，以校对测量尺寸的准确性。如：在测量齿轮孔 $\phi 32^{+0.025}_{0}$ 尺寸时，也要测量相配合的轴径尺寸，测量后的数值应圆整到接近标准直径。

2）齿轮测绘时需根据齿轮的磨损情况来选择模数确定的方法

（1）当齿轮因打牙而不便于测量齿顶圆直径时，可采用测量公法线长度 W'_k 法来初选模数 m'。

（2）当齿轮牙形变尖、磨损严重、滚牙等情况时，采用测量齿顶圆直径法和测量公法线长度法的误差较大，可根据两配对齿轮的中心距 a' 和两齿轮的齿数 z_1、z_2，利用公式初算模数 m'：$m' = \dfrac{2a'}{z_1 + z_2}$。然后，再查表 6-19 取标准模数 m。

3）采用类比法设计齿轮的精度与齿坯的技术要求。

4）测量公法线长度时的注意事项

（1）使用公法线千分尺（或游标卡尺）的卡脚与齿面相切，其接触点最好在齿廓的中间部位，以保证卡脚与齿廓相切在分度圆附近。

（2）为了减少测量误差，应在齿轮一周相隔 $120°$ 的位置上各测量取其平均值，即：

$$W'_k = \frac{1}{3}(W'_{k1} + W'_{k2} + W'_{k3}) ; W'_{k+1} = \frac{1}{3}\left[W'_{(k+1)1} + W'_{(k+1)2} + W'_{(k+1)3}\right]$$

（3）测量时选择磨损较小的齿面。

6.6.3.2 啮合齿轮的表示法

（1）两齿轮啮合可画成视图，如图 6-89（a）所示；也可画成剖视图。

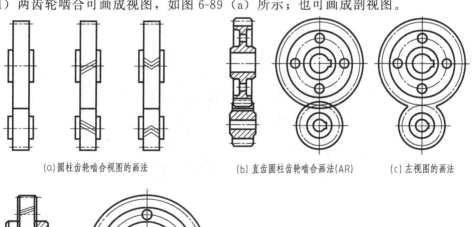

(a) 圆柱齿轮啮合视图的画法　　　(b) 直齿圆柱齿轮啮合画法(AR)　　(c) 左视图的画法

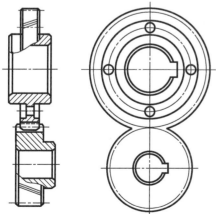

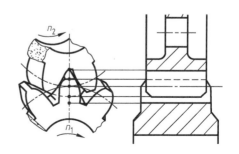

(d) 斜齿圆柱齿轮啮合的画法(AR)　　　　(e) 啮合区的画法

图 6-89　圆柱齿轮外啮合的画法

（2）在平行于齿轮轴线的投影面的视图中，啮合区内的齿顶线不画，分度线用粗实线绘制，其他处的分度线用细点画线绘制，如图 6-89（a）所示。

（3）在垂直于齿轮轴线的投影面的视图中，两齿轮的分度圆相切；啮合区内的齿顶圆均用粗实线绘制，如图 6-89（b）所示；也可省略不画，如图 6-89（c）所示。

（4）当剖切平面通过两啮合齿轮的轴线时，在啮合区内，将一个齿轮的轮齿用粗实线绘制，另一个齿轮被挡住的齿顶圆用虚线绘制，如图 6-89（b）、（d）、（e）所示；也可省略不画，如图 6-90 中的左视图、如图 6-91 中的主视图，其中一条齿顶线省略不画。

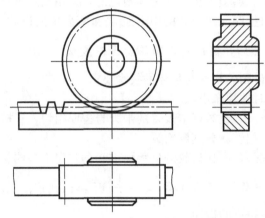

图 6-90　齿轮与齿条啮合的画法

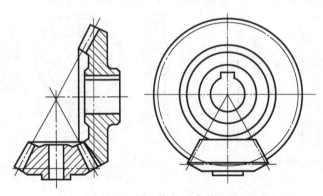

图 6-91　圆锥齿轮啮合的画法

项目 7

识读与绘制典型零件图

【项目功能】 熟悉典型零件的结构特点、零件上常见的工艺结构，掌握典型零件的视图表达方式、技术要求的标注方法，以及识读与绘制零件图的方法与步骤。

7.1 任务 1 识读轴套零件图

【任务目标】 通过识读轴套零件图，熟悉零件图的组成与作用、轴套类零件的应用与结构特点，掌握轴套类零件视图的表达方案、尺寸标注的合理性，以及识读零件图步骤。

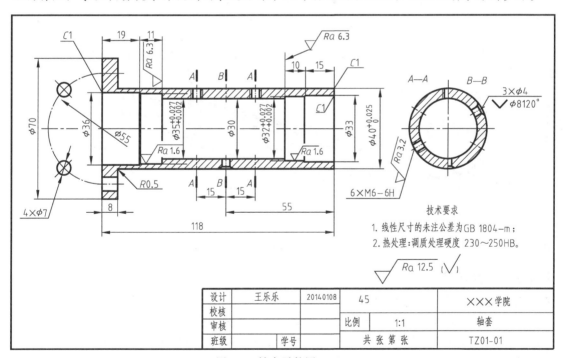

图 7-1 轴套零件图（AR）

7.1.1 任务分析

7.1.1.1 零件图的作用

零件是组成机器或部件的最小单元，制造机器必须先制造出零件。零件图作用如下。

（1）零件图反映了设计者的意图，表达了机器或部件对零件使用和加工的技术要求。

（2）零件图是工艺、工装设计的重要依据。也是加工、检验、维修零件的主要依据。

7.1.1.2 零件图的组成

零件图主要由一组视图、全部尺寸、技术要求和标题栏等四部分组成，如图7-1所示。

（1）一组视图：能正确、完整、清晰、简便地表达零件结构形状的图形。

（2）全部尺寸：能正确、清晰、完整、合理地注出零件所需的全部尺寸。

（3）技术要求：一组满足使用和加工性能的技术指标，标注的方式有以下两种。

① 标注在图中：用代符号、数字、字母文字直接标注在图形的相应位置上，如尺寸公差、几何公差、表面结构代（符）号的标注等。

② 写在文本中：对于一些无法标注在图样上的内容，或需要统一说明的内容，可以写在标题栏的上方或左下方空白处，如图7-1中的技术要求内容。

（4）标题栏：表达零件名称、材料、比例、图号等内容。

7.1.1.3 分析轴套类零件的应用与结构特点

（1）应用：在机械中，该类零件主要用来支承传动零件（如齿轮、带轮）和传递转矩。

（2）结构特点：该类零件常以大小不同的回转体形成阶梯状，其轴向尺寸大于径向尺寸。根据用途不同，可制成实心轴、空心轴、套筒等其他形式，如图7-2所示。

图 7-2 轴套类零件

零件上常有退刀槽、倒角、键槽、花键、销孔、中心孔、螺纹等结构。如图7-3所示为矩形花键轴。

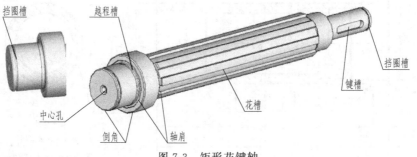

图 7-3 矩形花键轴

7.1.2 任务实施

7.1.2.1 读标题栏，了解零件概括

（1）读"名称"：可以大致判断该零件属于哪一类型，粗略估计其结构形状、用途。

① 由图7-1可知：轴套属于套类零件，由大小不同的空心圆柱体组成呈阶梯状。

② 轴套起保护作用，防止轴和座体的磨损，可更换轴套来节约成本。根据使用要求，轴套还可起到轴向定位、消除装配间隙、滑动轴承等作用。

（2）读"材料"：了解零件的加工方法，粗略估计其工艺结构和形体交线的特点。

轴套所用材料为45钢，属于优质碳素结构钢，经过热处理后具有良好的综合机械性能，一般经锻造后车削、磨削加工而成。

（3）读"比例"：轴套零件图的比例为 1：1 可见，图形的大小与零件的实际大小一样。

7.1.2.2 读视图，分析零件结构

（1）粗读视图：首先了解视图的配置，弄清楚视图的种类及之间的投影对应关系。

① 视图：因轴套类零件的主要加工方法为车削、磨削，如图 7-4 所示，故为了便于看图，零件按加工位置摆放——轴线水平放置。可以采用全剖、半剖、局部剖等方式表达。

如图 7-1 所示，轴套零件采用全剖视图表达内部结构，同时，采用了简化画法，表达左端面上 4 个直径为 φ7 的均布通孔。

主视图确定后，可根据零件结构特点，来选择其他视图。如图 7-5 所示为花键轴零件视图。

图 7-4 在车床上加工轴

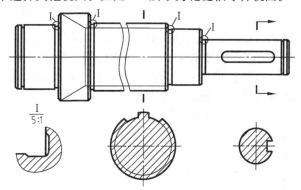

图 7-5 花键轴零件视图

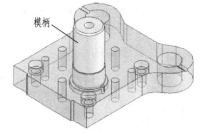

（a）上模座与模柄装配图

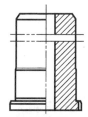

（b）模柄主视图

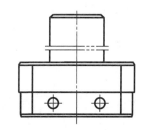

（c）槽型模柄主、左视图

图 7-6 模柄零件视图的表达方案

而在模具图样中，模柄、冲头等回转体结构的零件，通常按照零件在机器或部件中的工作位置，来选择主视图。如图 7-6（a）为上模座与模柄装配时的工作位置，模柄虽然属于轴套类零件，但为了便于装配时看图，主视图通常与零件的工作位置相一致，如图 7-6（b）、（c）所示。

② 其他视图：如图 7-1 所示的左视图，为了表达圆筒表面上的 6 个螺纹孔的分布情况，用两个"A—A"剖切平面，通过不同截面上的螺孔轴线，分别剖开零件，得到的剖视图为相同的图形时，可以只画一个图形。圆筒表面上的 3 个沉孔的分布情况，用"B—B"剖切平面剖开零件。可将投影方向一致的"A—A""B—B"对称剖视图各取一半，合并成一个图形，此时，应在剖视图附近标注相应的剖视图名称"A—A""B—B"。

（2）精读视图：从主视图入手，结合其他视图与尺寸。

如图 7-1 所示，轴套零件外部形状由 2 个同轴线的回转形体组成。

① 左端的形体外径为 φ70、长 8mm；中间有 φ36 的圆孔，圆孔的左端有 C1 倒角，便于装配；在左端面上均布 4 个直径为 φ7 的通孔，构思形体如图 7-7（a）所示。

② 右端的形体外径为 φ40、长 110mm，在距离右端面 55mm 对称处的截面上，均布了 3 个 φ4 沉孔；在沉孔截面左右 15mm 处的截面上，又分别均布了 3 个 M6 的螺纹孔；在圆

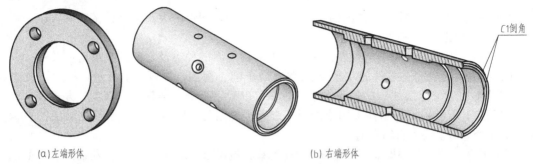

(a)左端形体　　　　　　　　　　　　　　　(b) 右端形体

图 7-7　轴套零件的几何形体

柱内表面有 5 段同轴线的阶梯孔；右端面有 C1 倒角。构思形体如图 7-7（b）所示。

7.1.2.3　读技术要求，了解零件加工要求

（1）分析尺寸基准：由图 7-1 可见，径向以水平轴线为基准标注直径尺寸，轴向以 $\phi40$ 的圆柱体右端面为基准，标注轴向尺寸。

（2）分析技术要求：带尺寸公差的形体直径为 $\phi40^{+0.025}_{0}$、$\phi32^{+0.027}_{+0.002}$、$\phi35^{+0.027}_{+0.002}$，其余为线性尺寸的未注公差 GB/T 804-m。其中 $\phi32$、$\phi35$ 孔径的内表面加工质量要求最高，为 MRR $Ra1.6$，孔径的内端面为 MRR $Ra6.3$，孔径用于安装滚动轴承，与轴承外径配合；$\phi40$ 的圆柱体与座体有配合关系。未注几何公差按 GB/T 1184-k 加工，轴套需进行调质处理。

7.1.2.4　综合想象零件形状

止右端圆柱体与左端圆柱体相交处产生裂纹，设计了 R0.5 的圆角工艺结构，在图样中虽没有画出圆弧，但用标注的形式表示，如图 7-1 所示。综合想象零件整体截断面形状，如图 7-8（a）所示。如图 7-8（b）所示为"A—A""B—B"截断面的形状。

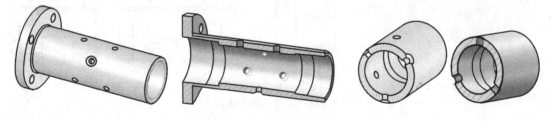

(a)零件整体截断面　　　　　　　　　　　　(b)"A—A""B—B"截断面

图 7-8　轴套零件立体图

7.1.3　知识链接

在绘制零件图样中，需要正确、完整、清晰、合理地标注尺寸。在项目 1、项目 3 和项目 6 中介绍了正确、完整、清晰地标注尺寸实例，下面介绍尺寸标注的合理性。

7.1.3.1　尺寸标注应满足设计要求

（1）重要尺寸应从设计基准直接注出：所谓的重要尺寸是指影响产品性能、工作精度和配合的尺寸；非重要尺寸则是指非配合的直径、长度、外轮廓尺寸等。

① 如图 7-9 所示，两端面是工艺基准，轴向用于固定齿轮的轴肩为设计基准，按照以设计基准为主、工艺基准为辅的原则，该轴肩为尺寸标注的轴向基准；与轴承配合的圆柱体的水平轴线既是设计基准又是工艺基准，基准重合，为径向基准。轴向的重要尺寸从设计基准直接标注，如：$32^{-0.1}_{-0.2}$、6 等尺寸，径向尺寸以水平轴线为基准标注直径。

② 如图 7-10（a）所示，轴承座轴孔的中心高 40 ± 0.02 是高度方向的重要尺寸，应直

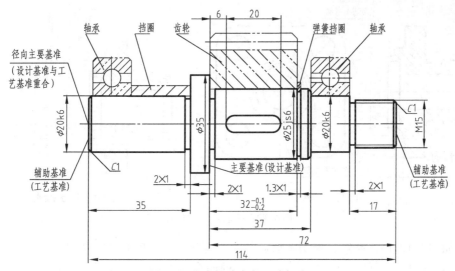

图 7-9　基准的确定与尺寸标注

接从基准标注。同理，轴承座上的两个安装螺孔的中心距 65 应直接注出。若按图 7-10（b）所示分别标注尺寸 12.5，则 2×φ6 中心距将不能保证加工精度。

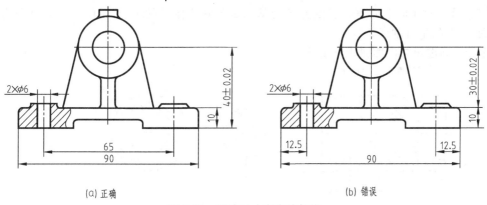

　　　　（a）正确　　　　　　　　　　　　　　　　（b）错误

图 7-10　重要尺寸应直接标注

　　（2）不要将尺寸注成封闭的尺寸链：因零件在实际加工过程中，会出现误差，若注成封闭的尺寸链，则各环尺寸精度就会相互影响，不能保证设计要求。一般选择不太重要的一环不注尺寸，如图 7-11（a）中所示的 C 环，零件加工过程中出现的累积误差可集中地反映在该环上，从而保证了零件的使用性能，如图 7-11（b）所示为正确的尺寸注法。

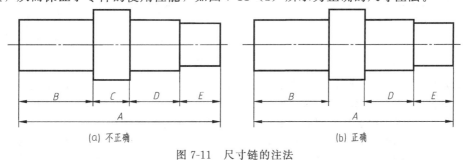

　　　　（a）不正确　　　　　　　　　　　　　　　（b）正确

图 7-11　尺寸链的注法

　　（3）关联零件间的尺寸应协调：在标注关联尺寸时，相配合的公称尺寸必须相同并应直接注出。

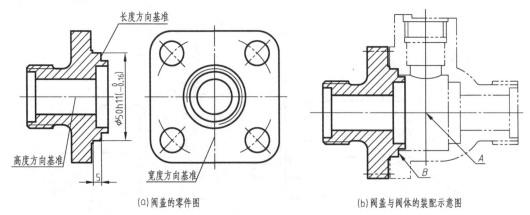

(a)阀盖的零件图　　　　　　　　　　　　　(b)阀盖与阀体的装配示意图

图 7-12　关联尺寸的标注

① 如图 7-12（a）所示，因阀盖前后、上下对称，故对称面是宽基准，通过 $\phi50$ 轴线的上下对称面是高度基准；由尺寸为 $\phi50$ 和 5 的凸台镶在阀体中定位，与阀体有配合关系，故图 7-12（b）中的 B 接触面是长度基准。

② 两配合零件所选基准应尽量一致，如图 7-12（b）所示，只有当阀盖与阀体的径向尺寸基准为通过球阀中心 A 点的水平线时，才能满足使用要求，故该水平线是阀盖与阀体共有的高基准。对于阀盖而言，长度方向的基准是与阀体接触的 B 面，而对于阀体而言，则是通过 A 点的垂直轴线。

7.1.3.2　标注尺寸应兼顾工艺要求

（1）尺寸标注要便于测量。

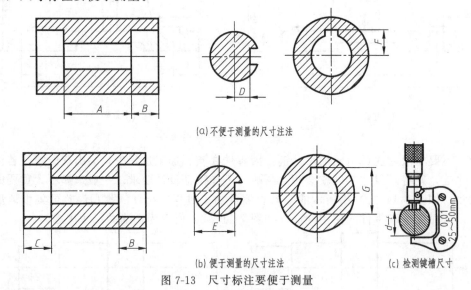

(a)不便于测量的尺寸注法

(b)便于测量的尺寸注法　　　　　　　　　　(c)检测键槽尺寸

图 7-13　尺寸标注要便于测量

在满足设计要求的前提下，标注的尺寸尽量使用普通量具进行检测，避免或减少使用专用量具。如图 7-13（a）所示，尺寸 A、D、F 不便于测量，而图 7-13（b）所示中的尺寸 B、C、E、G 则可以用游标卡尺、外径千分尺等通用量具进行检测。

（2）按加工顺序标注尺寸。零件图上除重要尺寸应直接标注外，其他尺寸一般按加工顺序进行标注。这样便于加工者直接读出每个加工环节的尺寸，如图 7-14 为该轴的加工过程与尺寸标注。

（3）不同工序加工的尺寸尽量分别标注。同一工序上加工的结构，尺寸尽量集中标注，

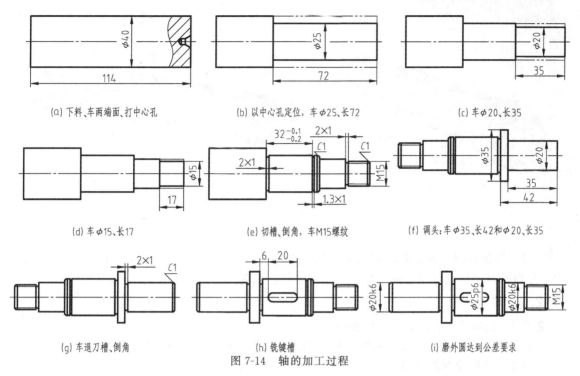

(a) 下料、车两端面、打中心孔   (b) 以中心孔定位，车φ25、长72   (c) 车φ20、长35

(d) 车φ15、长17   (e) 切槽、倒角，车M15螺纹   (f) 调头：车φ35、长42和φ20、长35

(g) 车退刀槽、倒角   (h) 铣键槽   (i) 磨外圆达到公差要求

图 7-14　轴的加工过程

不同加工方法的尺寸宜分开标注。如图 7-9 所示，键槽孔的长度 20 与轴向定位尺寸 6 标注在轴线的上方，车削加工的结构尺寸标注在下方，这样看图清晰。

7.2 任务 2　测绘输出轴零件图

【任务目标】　通过学习，掌握轴类零件的测绘与作图步骤、尺寸公差、几何公差、表面结构代（符）号的注法，熟悉中心孔型号的选择与注法，了解几何公差的基本概念。

7.2.1　任务分析

7.2.1.1　分析零件结构

如图 7-15 所示为一级斜齿圆柱齿轮减速器的输出轴，由 5 段不同直径的同轴线回转体组成。轴肩结构用于其他零件的轴向定位；键槽用于安装普通平键，来传递运动和扭矩。为了避免因直径的变化产生的应力而造成断裂，以及便于安装，轴上设计了圆角、倒角；另外，为了便于加工与检测，轴的两端面加工了 B 型中心孔。材料为 45 钢。

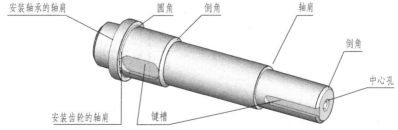

图 7-15　输出轴及其结构特点（AR）

7.2.1.2　选择表达方案

（1）主视图：在主视图中，轴线按水平加工位置摆放，一般先加工大头，再加工小头，故将小头朝右，大头朝左。键槽朝前，投射方向垂直于轴线，如图 7-16（a）所示。

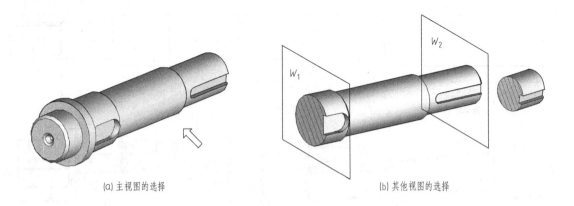

(a) 主视图的选择　　　　　　　　　　　　(b) 其他视图的选择

图 7-16　视图表达方案

（2）其他视图：为了表达轴上键槽断面的形状，用垂直于水平轴线的剖切平面 W_1 和 W_2 分别来截切两处键槽，画出其移出断面形状，如图 7-16（b）所示。

7.2.2　任务实施

7.2.2.1　选择图幅，画图框和标题栏

根据零件的结构形状和视图的数量，选择合适的图幅，绘制图框和标题栏。

7.2.2.2　徒手绘制零件视图

（1）用 H 或 2H 的铅笔打底稿，作图步骤如图 7-17（a）～（e）所示。

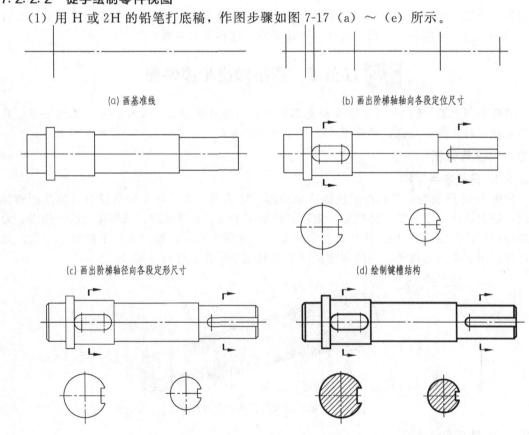

(a) 画基准线　　　　　　　　　　　　(b) 画出阶梯轴轴向各段定位尺寸

(c) 画出阶梯轴径向各段定形尺寸　　　　　　　　(d) 绘制键槽结构

(e) 绘制倒角和圆角结构　　　　　　　　(f) 检查、画剖面线、整理加深图线

图 7-17　绘制零件视图的步骤

（2）检查、画剖面线、整理图线，加深，如图7-17（f）所示。

7.2.2.3 标注尺寸线和尺寸界线

1）选择尺寸基准

（1）轴向基准：为了保证减速器的正常工作，啮合的大齿轮和小齿轮在轴向与箱体内腔的宽度对称，如图7-18（b）所示。输出轴的轴肩决定了大齿轮在箱体中位置，故该轴肩是设计基准，也是轴向尺寸标注的主要基准，如图7-18（a）所示。两端面的工艺基准作为辅助基准来标注轴向尺寸。

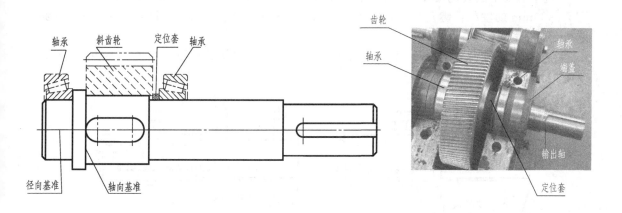

(a) 尺寸基准　　　　　　　　　　　　　(b) 减速器输出轴上的零件

图7-18　零件尺寸基准的确定

（2）径向基准：水平轴线既是设计基准又是工艺基准，基准重合，标注直径尺寸。

2）标注尺寸线和尺寸界线

如图7-19所示，标注尺寸线和尺寸界线。

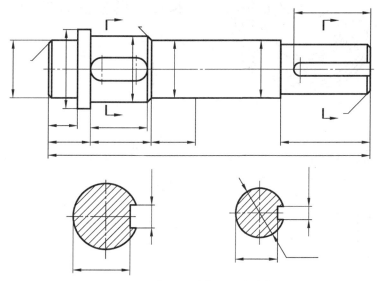

图7-19　标注尺寸线和尺寸界线

7.2.2.4 测量并标注尺寸

（1）测量径向尺寸：用游标卡尺或外径千分尺测量轴的外圆直径尺寸，圆整测量数到整数，如图 7-20（a）、（b）所示，并标注在视图中，如图 7-21 所示。

　　（2）测量轴向尺寸：用钢直尺配合直角尺或三角板测量轴伸长度，如图 7-20（c）所示。对于轴肩为圆弧过渡，可用分度值为 0.02mm 的不等长卡尺，俗称"瘫腿卡尺"，测量轴的中间长度，如图 7-20（d）所示。用测量范围为 0～300mm 的Ⅱ型游标卡尺测量轴的总长度，也可用钢直尺配合直角尺、三角板测量轴的总长度，如图 7-20（e）所示。

　　（3）标注与标准件配合部分的尺寸：与标准件配合的结构尺寸应查表、计算获得。

　　① 键槽尺寸：用游标卡尺测量键槽长度，如图 7-20（f）所示。

键槽截面上的其他尺寸，根据轴径查附录 D（GB/T 1095—2003）计算得到：

　　ϕ30mm 的轴径：键宽为 8mm，键槽深 $t=4$mm，键槽的标注尺寸 $d-t=30-4=26$（mm）；

　　ϕ40mm 的轴径：键宽为 14mm，键槽深 $t=75$mm，键槽的标注尺寸 $d-t=40-5=35$（mm）；

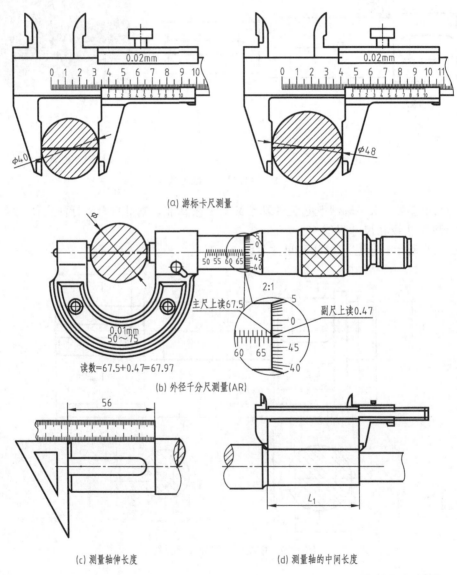

(a) 游标卡尺测量

(b) 外径千分尺测量(AR)

(c) 测量轴伸长度　　　　　　　　　　(d) 测量轴的中间长度

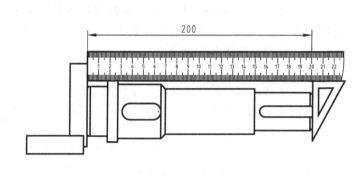
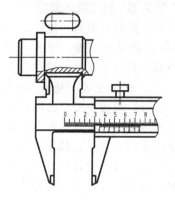

(e) 测量轴的长度　　　　　　　　　　　　　　(f) 测量键槽长度

图 7-20　测量实际尺寸

② 与滚动轴承配合处的轴径尺寸的确定，有两种方法。

方法一：根据滚动轴承端面上的代号查附录 E 确定轴径（孔径）。

方法二：判断轴承类型，用游标卡尺测量轴承的外径尺寸、内径和宽度尺寸，然后，再查附录 E 选取接近测量值尺寸的滚动轴承代号，从而确定轴颈尺寸 $\phi 35$mm。本例滚动轴承的标记为：滚动轴承 30207 GB/T 297—2015。

（4）标注倒角和圆角尺寸：倒角和圆角尺寸可直接测量，也可查附录 G 获得。

（5）标注中心孔符号：因考虑到零件加工后要进行几何公差的检测，选择 B 型中心孔。参照附录 G，根据轴径 $\phi 30$ 和轴的质量，得：$D=2.5$、$D_1=8$。B 型中心孔符号 $2\times$GB/T 4459.5-B2.5/8。可直接标注在图中，如图 7-21 所示，也可写在"技术要求"中。

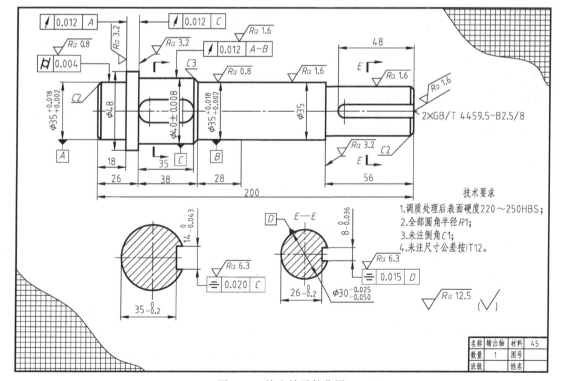

图 7-21　输出轴零件草图

7.2.2.5　标注技术要求

分析输出轴与其他件的装配关系，找出有配合关系的结构。如：带键槽的轴径 $\phi30$ 和 $\phi40$ 及键槽两侧面、与滚动轴承内圈配合的轴径 $\phi35$。采用类比法选择尺寸公差、表面结构要求、几何公差，并标注在图样上或用文字说明。如图 7-21 所示。

1）尺寸公差的选择与标注

（1）与齿轮配合的轴径尺寸：轴与齿轮配合通过平键传递扭矩，定位配合精度较高。在使用过程中，齿轮一般不拆卸，只有大修时才拆卸。采用优先过渡配合中的 H7/js6，以增加连接的可靠性，其尺寸公差代号为 $\phi40js6$。

（2）与皮带轮配合的轴径：轴与皮带轮配合通过平键传递扭矩，因考虑到便于拆装维修，选用基孔制的间隙配合，其配合代号为 $\phi30H8/f7$，轴的尺寸公差代号为 $\phi30f7$。

（3）键槽两侧面：减速器属于一般机械，其输出轴上平键承受载荷不大，参照表 6-9，选取轴与平键的配合为一般联结，即键槽的宽度 b 公差带为 N9。根据轴的直径和配合种类，由附录 D 查得，$\phi30$ 轴径的键槽宽度 b 和 $D\text{-}t$ 的尺寸公差分别为 $8_{-0.036}^{\ 0}$、$26_{-0.2}^{\ 0}$；$\phi40$ 轴径的键槽宽度 b 和 $D\text{-}t$ 的尺寸公差分别为 $14_{-0.043}^{\ 0}$、$35_{-0.2}^{\ \ 0}$。

（4）与滚动轴承内圈配合：因是斜齿圆柱齿轮，轴承承受轴向和径向载荷，故用圆锥滚子轴承，采用类比法，查表 7-1。

表 7-1　安装向心轴承和角接触轴承的轴的公差带

内圈工作条件			应用举例	深沟球轴承 角接触轴承	圆柱滚子轴承 圆锥滚子轴承	调心滚子轴承	公差带
旋转状态	负荷类型	负荷		轴承公称内径/mm			
			圆柱孔轴承				
轴承内圈相对于负荷方向旋转或摆动	循环负荷或摆动负荷	轻负荷	电器仪表、机床（主轴）、精密仪器、泵、通风机、传送带	≤18			h5
				>18~100	≤40	≤40	js6① k6①
				>100~200	>40~140	>40~140	
				—	>140~200	>140~200	m6①
		正常负荷	一般通用机械、电动机、涡轮机、泵、内燃机、变速箱、木工机械	≥18	—	—	j5
				>18~100	≤40	≤40	k5②
				>100~140	>40~100	>40~65	m5②
				>140~200	>100~140	>65~100	m6
				>200~280	>140~200	>100~140	n6
				—	>200~400	>140~280	p6
						>280~500	r6
						>500	r7
		重负荷	铁路车辆和电力机车的轴箱、牵引电动机、轧钢机、破碎机等	—	>50~140	>50~100	n6③
				—	>140~200	>100~140	p6③
				—	>200	>140~200	r6③
						>200	r7③

① 凡对精度有较高要求场合，应用 j5、k5……代替 j6、k6；

② 圆锥滚子轴承和角接触轴承，因内部游隙的影响不重要，可选用 k6 和 m6 代替 k5 和 m5。

③ 选用轴承径向游隙大于基本组的滚子轴承。

根据轴承内圈工作条件、轴承的种类、轴承圆柱孔直径尺寸等，由表 7-1 选择公差带代号为 m5，可用 m6 代替。再根据公称尺寸 $\phi35$ 和 m6，查附录 F 得：$\phi35_{+0.002}^{+0.018}$。

2）表面结构要求的选择与标注

选用轮廓算术平均偏差 Ra 作为评定参数，其数值可采用类比法获取。

（1）与滚动轴承配合的 $\phi 35$ 轴径处，根据轴承配合面的结构要求，Ra 的数值取 $0.8\mu m$。

（2）轴上键槽结构的 Ra 值参照附录 D 选取，键槽两侧面 Ra 取 $6.3\mu m$，键槽底面 Ra 取 $12.5\mu m$。

（3）其他结构的表面粗糙度值可根据使用要求和加工方法，采用类比法获取：$\phi 30$、$\phi 40$ 轴颈 Ra 数值取 $1.6\mu m$、定位轴肩 Ra 的数值取 $3.2\mu m$，其余取 $12.5\mu m$。

3）几何公差的选择与标注

（1）圆柱度：因轴承套圈为薄壁件，装配后靠轴颈和壳体孔来矫正，故套圈工作时的形状与轴颈及壳体孔表面形状密切相关，如果形状误差过大，就会使轴在回转中轴心不稳，产生振动和噪声，降低回转精度。因此，为保证轴承正常工作，对轴径（$\phi 35$）和壳体孔表面应有圆柱度要求。其公差数值的选择可参照表 7-2。

① 圆柱度公差带的定义：公差带为半径差等于公差值 t 的两同轴圆柱面所限定的区域，如图 7-22（a）所示。

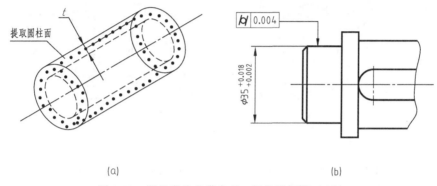

（a）　　　　　　　　　　　　　　　　（b）

图 7-22　圆柱度公差带定义、标注及解释（AR）

② 标注及解释：提取（实际）圆柱面应限定在半径差等于 0.004 的两同轴圆柱面之间，如图 7-22（b）所示。

表 7-2　与滚动轴承配合的轴和壳体孔的几何公差值

公称尺寸/mm		圆柱度 t								端面圆跳动 t_1							
		轴颈				壳体孔				轴颈				壳体孔			
		滚动轴承公差等级															
		/P0	/P6	/P5	/P4	/P0	/P6	/P5	/P4	/P0	/P6	/P5	/P4	/P0	/P6	/P5	/P4
>	至	公　差　值/μm															
10	18	3	2	1.2	0.8	5	3	1	1.2	8	5	3	2	12	8	5	3
18	30	4	2.5	1.5	1	6	4	2.5	1.5	10	6	4	2.5	15	10	6	4
30	50	4	2.5	1.5	1	7	4	2.5	1.5	12	8	5	3	20	12	8	5
50	80	5	3	1	1.2	8	5	3	2	15	10	6	4	25	15	10	6
80	100	6	4	2.5	1.5	10	6	4	1	15	10	6	4	25	15	10	6

（2）圆跳动：圆跳动公差分为径向、轴向和斜向圆跳动公差。为了保证齿轮、滚动轴承绕输出轴的轴线旋转时均匀、稳定，对配合的轴颈外表面及相应的轴肩端面，提出了径向圆跳动和轴向圆跳动的几何公差要求。其公差数值的选择参照表 7-2。

① 径向圆跳动公差带的定义：公差带为在任一垂直于基准轴线的横截面内、半径差等于公差值 t、圆心在基准轴线上的两同心圆所限定的区域，如图 7-23（a）所示。

标注及解释：在任一垂直于公共基准轴线 $A—B$ 的横截面内，提取（实际）圆应限定在半径差等于 0.012、圆心在基准轴线 $A—B$ 上的两同心圆之间，如图 7-23（b）所示。

② 轴向圆跳动公差带的定义：公差带为与基准轴线同轴的任一半径的圆柱横截面上，

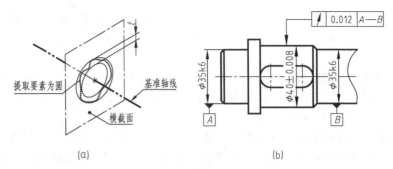

图 7-23　径向圆跳动公差带定义、标注及解释（AR）

间距等于公差值 t 的两圆所限定的圆柱面区域，如图 7-24（a）所示。

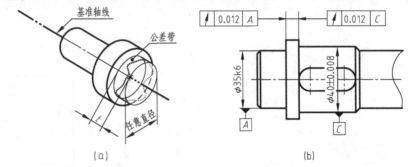

图 7-24　轴向圆跳动公差带定义、标注及解释（AR）

标注及解释：在与基准轴线 C（A）同轴的任一圆柱形截面上，提取（实际）圆应限定在轴向距离等于 0.012 的两个等圆之内，如图 7-24（b）所示。

（3）对称度：为了保证键宽与键槽宽之间具有足够的接触面积和可装配性，对轴键槽有对称度公差要求。其几何公差等级一般选用 7～9 级，公差数值查附录 H 获得。

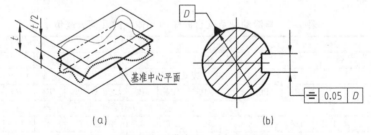

图 7-25　对称度公差带定义、标注及解释（AR）

对称度公差带的定义：公差带为间距等于公差值 t，对称于基准中心平面的两平行平面所限定的区域，如图 7-25（a）所示。

标注及解释：提取（实际）中心面应限定在间距等于 0.05、对称于基准中心平面 D 的两平行平面之间，如图 7-25（b）所示。

4）其他技术要求

热处理工艺与硬度要求、未注倒角与圆角的尺寸、未注尺寸公差的要求等。

7.2.2.6　填写标题栏

将零件名称、数量和材料牌号等填写在标题栏中，完成草图绘制。如图 7-21 所示。

7.2.3　知识链接

零件除了对尺寸精度、零件表面加工质量提出要求外，还对几何形体的形状及其相互位置的精度，即几何公差，提出了要求。下面介绍几何公差的基本知识。

7.2.3.1 几何公差的概念

（1）几何公差是实际被测要素对其公称要素的允许变动量。设计时应按照产品功能要求，根据零件组成要素特征所给定的几何公差，同时考虑制造和检测上的要求。

（2）要素是工件上的特定部位，如点、线或面。这些要素可以是组成要素（如圆柱体的外表面），也可以是导出要素（如轴线、中心面等）。

（3）检测时被测要素应限定在所规定的几何公差带内。

（4）几何公差带是实际被测要素允许变动的区域。常用的几何公差带形状有三类九种，如图 7-26 所示，图中"ϕt""t"表示公差带的大小。

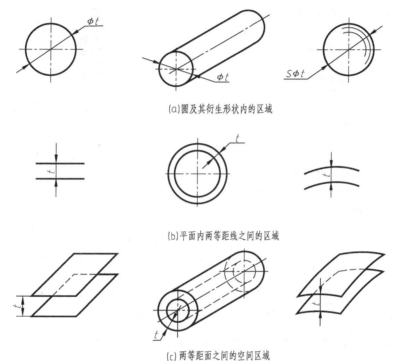

(a)圆及其衍生形状内的区域

(b)平面内两等距线之间的区域

(c)两等距面之间的空间区域

图 7-26 常用的几何公差带形状

（5）几何公差的几何特征、符号。见表 7-3，直线度、平面度、圆度和圆柱度为适用于单一要素的形状公差；平行度、垂直度和倾斜度为适用于关联要素的方向公差；同轴度、同心度、对称度和位置度为适用于关联要素的位置公差；圆跳动和全跳动两项是由检测方法定义的综合公差，它们综合控制被测要素的形状和位置误差，所以可以直接称为"跳动公差"。对线轮廓和面轮廓而言，当无基准要求时为形状公差，当有基准要求时，为方向公差或位置公差。

表 7-3 几何特征及符号

公差类型	几何特征	适用要素	符号	有无基准
形状	直线度	单一要素	—	无
	平面度		▱	
	圆度		○	
	圆柱度		⌭	

续表

公差类型	几何特征	适用要素	符号	有无基准
形状 方向、位置	线轮廓度	单一要素 关联要素	⌒	无或有
	面轮廓度		⌒	
方向	平行度		//	有
	垂直度		⊥	
	倾斜度		∠	
位置	位置度	关联要素	⊕	有或无
	同心度(用于中心点)		◎	
	同轴度(用于轴线)		◎	
	对称度		=	有
跳动	圆跳动		↗	
	全跳动		↗↗	

几何公差符号的画法，如图 7-27 所示。

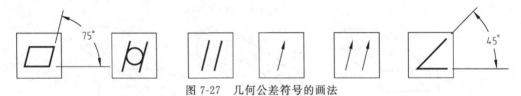

图 7-27　几何公差符号的画法

（6）基准要素：决定被测要素的理想位置的理想形状。基准要素可以是点、线、面，如图 7-21 所示中的基准要素是 $\phi40$ 轴线，用符号 C 表示。其符号的画法有两种形式，如图 7-28（a）所示，方框内大写字母总是水平书写。为了避免混淆，E、F、I、J、M、L、O、P、R 等字母不用于表示基准。基准要素在图样中应按如下规定放置。

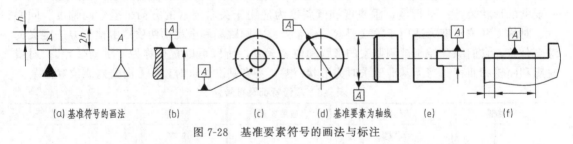

(a)基准符号的画法　　(b)　　(c)　　(d)基准要素为轴线　　(e)　　(f)

图 7-28　基准要素符号的画法与标注

① 当基准是轮廓线或轮廓面时，基准三角形放置在该要素的轮廓线或延长线上，与尺寸线明显错开，如图 7-28（b）所示；基准三角形也可放置在该轮廓面引出线的水平线上，如图 7-28（c）所示。

② 当基准是尺寸要素确定的轴线、中心平面或中心点时，基准三角形应放置在该尺寸线的延长线上，如图 7-28（d）所示；若没有足够的位置标注基准要素尺寸的两个尺寸箭

头，则其中一个箭头可用基准三角形代替，如图 7-28（e）所示。

③ 若只以要素的某一局部作基准时，则应用粗点画线表示出该部分并加注尺寸，如图 7-28（f）所示。

④ 单个要素作基准时，在几何公差框格内用一个大写字母表示；两个要素建立公共基准时，用中间加连字符的两个大写字母表示，如图 7-21 所示；两个或三个基准建立基准体系时，表示基准的大写字母按基准的优先顺序自左向右填写在各框格内，如图 7-29 所示。

（7）被测要素：零件图样上需检测几何公差的要素。用指引线连接被测要素和公差框格，指引线引自框格的任意一侧，终端带箭头并指向被测要素。如图 7-21 所示。

（8）几何公差代号：由公差框格和指引线组成，均用细实线绘制，框格与字体的高度如图 7-29 所示，图中 h 为图样的字体高度。公差框格内从左至右的顺序填写几何特征符号、公差数值（若公差带形状为圆形或圆柱形时，数值前面加"ϕ"；若为圆球形，数值前面加"$S\phi$"）、基准要素字母，如图 7-29 所示。

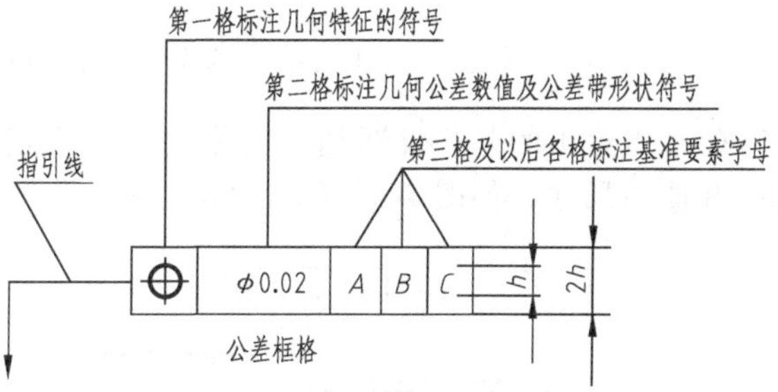

图 7-29 几何公差代号的画法

7.2.3.2 几何公差的标注示例

（1）当公差涉及轮廓线或表面时，箭头指向该轮廓线或其延长线上，应与尺寸线明显错开，见图 7-30（a）、（b）。箭头也可指向被测表面引出的水平线上，如图 7-30（c）所示。

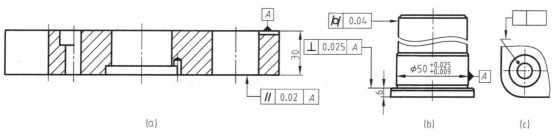

图 7-30 提取要素为表面、轮廓线

（2）当公差涉及要素的中心线、中心面或中心点时，箭头应位于相应尺寸线的延长线上，如图 7-31 所示。

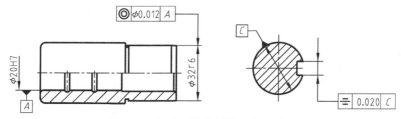

图 7-31 提取要素为轴线、中心平面

（3）当同一提取要素有多项几何特征的公差时，可将一个公差框格放在另一个的下面，如图 7-32（a）中槽对称平面的平行度和对称度公差；若几何公差应用于几个相同要素时，应在公差框格上方提取要素尺寸之前标明要素的个数，如图 7-32（a）中的"$2×\phi5js6$"。

（4）当多个提取要素有相同的几何公差要求时，可以从框格的同一端引出多个箭头，并分别与各提取要素相连，如图 7-32（b）所示。

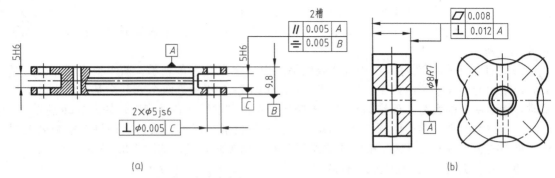

图 7-32　多个提取要素或多项几何公差要求

（5）当给出的公差仅适用于要素的某一指定局部时，应采用粗点画线画出该局部的范围，并加注尺寸，如图 7-33（a）、（b）所示。

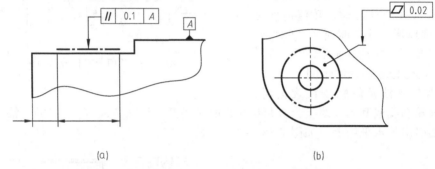

图 7-33　提取要素局部限定性的注法

7.3 任务 3　绘制透盖零件图

【任务目标】　通过绘制透盖零件图，熟悉盘盖类零件的结构特点，掌握盘类零件视图的表达方式、关联尺寸的确定方法，以及零件图的绘制步骤。

7.3.1　任务分析

如图 7-34 所示的减速器中，是两种规格不同的凸缘式轴承盖：2 个透盖和 2 个闷盖。本

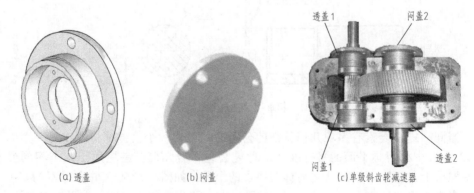

(a)透盖　　　(b)闷盖　　　(c)单级斜齿轮减速器

图 7-34　透盖零件与减速器

任务是绘制透盖2零件图。

7.3.1.1　分析零件结构

（1）盘盖类零件的作用与结构特点：透盖属于盘盖类零件，盘盖类零件包括轮盘类、端盖类，如齿轮、手轮、法兰盘、阀盖、固定板、泵盖等。该类零件在机器中常起传递运动、连接、密封、支承等作用。

盘盖类零件的形状根据配合零件的结构不同而变化。大多数零件的主体由回转体组成，径向尺寸大于轴向尺寸，零件上常有凹坑、倒角、圆角、轮齿、轮辐、筋板、螺纹、键槽、越程槽、凸台和作为定位或连接用孔等结构，如图7-35所示。

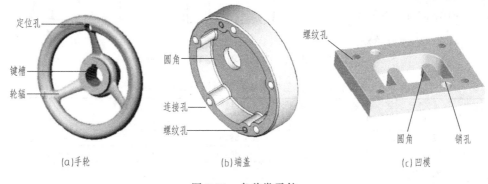

(a)手轮　　　　　　　(b)端盖　　　　　　　(c)凹模

图7-35　盘盖类零件

（2）透盖零件的作用与结构特点：透盖用以固定轴承、调整轴承间隙并承受轴向载荷，以及防尘作用。

如图7-34（a）所示透盖2零件，由直径不同的回转体组成，中间圆孔用于输出轴的穿过；左端面用于轴承内圈的轴向定位；如图7-36（a）所示，最大回转体端面上的4个通孔，用螺钉连接透盖与箱体，右端面中间的圆孔用于安装密封圈，其端面上的3个小孔用于拆卸密封圈。另外，为了便于加工，零件上有拔模斜度、倒角等工艺结构。该零件采用了铸造和加工性能良好的灰铸铁HT150材料。

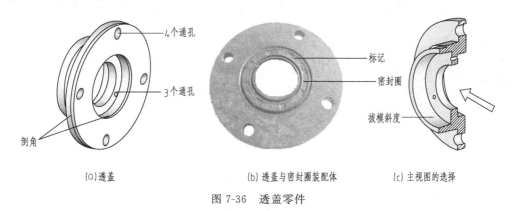

(a)透盖　　　　　　　(b)透盖与密封圈装配体　　　　　(c)主视图的选择

图7-36　透盖零件

本例采用无副唇内包骨架旋转轴唇形密封圈，其标记在密封圈的端面上，如图7-37（b）所示，标记的含义如图7-37所示。内包骨架旋转轴唇形密封圈的规格见表7-4。

7.3.1.2　选择表达方案

1）主视图的选择

透盖主要由回转体组成，其机械加工方法主要是车削，故为了便于看图，通常主视图取零件轴线为水平位置，即：按加工位置摆放。为了表达透盖的内部结构及便于尺寸标注，采用全剖视图，如图 7-36（c）所示，箭头为投影方向。

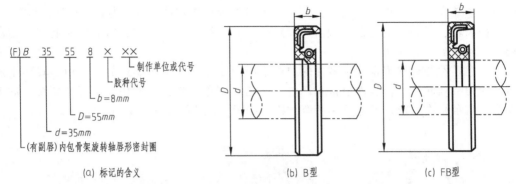

(a) 标记的含义 　　　　　　(b) B型 　　　　　　(c) FB型

图 7-37　内包骨架旋转轴唇形密封圈的标记

表 7-4　内包骨架旋转轴唇形密封圈规格　　　　　　　　mm

公称内径	外径	宽度	公称内径	外径	宽度	公称内径	外径	宽度
d	D	b	d	D	b	d	D	b
16	(28),30,(35)		38	55,58,62		75	95,100	10
18	30,35,(40)		40	55,(60),62		80	100,110	
20	35,40,(45)		42	55,62,(65)		85	110,120	
22	35,40,47	7	45	62,65,(70)	8	90	(115),120	
25	40,47,52		50	68,(70),72		95	120	
28	40,47,52		55	72,(75),80		100	125	12
30	42,47,(50),52		60	80,85,(90)		(105)	130	
32	45,47,52	8	65	85,90,(95)	10	110	140	
35	50,52,55		70	90,95		120	150	

注：括号内尺寸尽量不采用。

对于非回转体的扁平状盘盖类零件及模具用零件，图 7-38（a）所示为箱盖，为了便于装配时看图，通常主视图按工作位置摆放，如图 7-38（b）所示箭头为主视图投影方向。可采用全剖、半剖、局部剖、局部放大图、断面图等方式来表达零件的内部结构或局部结构。

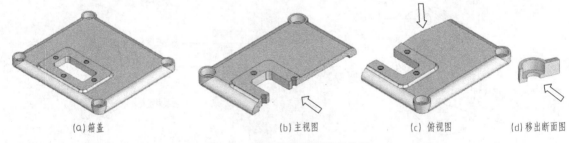

(a) 箱盖　　　　　(b) 主视图　　　　　(c) 俯视图　　　(d) 移出断面图

图 7-38　盘盖类零件视图的选择

2) 其他视图的选择

其他视图主要表达的是零件端面上孔、肋的形状与分布情况，可根据结构的需要选择视图、剖视、局部放大图、断面图等方式来表达，如图 7-38（c）、（d）所示。对于透盖零件而言，可选择左视图来表达端面上孔的分布。

7.3.2　任务实施

7.3.2.1　选择图幅，画图框和标题栏

同任务 7.2.2.1（略）。

7.3.2.2 徒手绘制零件视图

透盖零件视图作图步骤如图 7-39 所示。

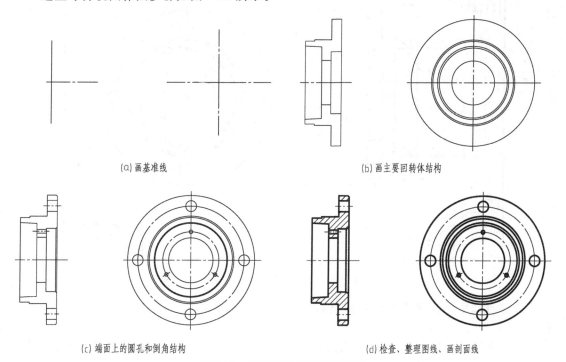

(a) 画基准线　　　　　(b) 画主要回转体结构

(c) 端面上的圆孔和倒角结构　　　(d) 检查、整理图线、画剖面线

图 7-39　透盖零件视图作图步骤

7.3.2.3 标注尺寸线和尺寸界线

1) 选择尺寸基准

（1）轴向基准：与轴承的接触面为轴向基准，如图 7-40 所示。

（2）径向基准：透盖上穿轴孔的水平轴线为径向基准。符合"基准重合"的原则。

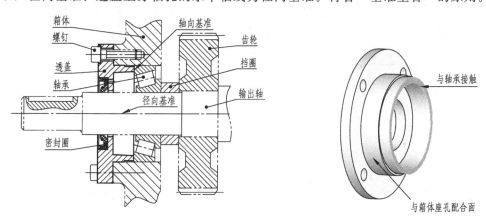

图 7-40　透盖零件的尺寸基准

2) 标注尺寸线和尺寸界线

如图 7-41 所示，直径尺寸尽量标注在主视图上，内外结构的轴向尺寸分别标注在两侧，孔的直径与定位尺寸集中标注的左视图中，便于看图。

7.3.2.4 测量并标注尺寸

（1）径向尺寸和轴向尺寸的测量：对于非配合表面，用游标卡尺测量内孔、外圆直径

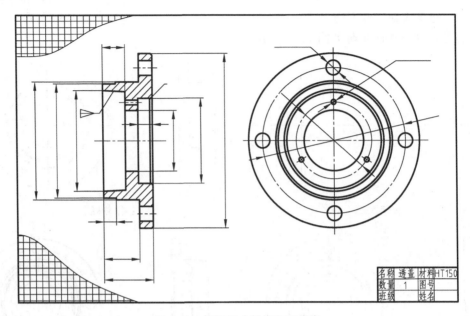

图 7-41　标注尺寸界线和尺寸线

尺寸及轴向尺寸，并圆整测量数到整数。对于配合表面测量后，需校核关联尺寸或查表获得。

　　（2）透盖上与密封圈配合孔和穿过轴孔的尺寸测量：如图 7-42（a）所示，测量内孔直径尺寸后，查表 7-4 获得尺寸 D、b、$d+2$。

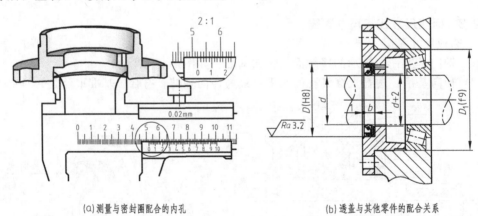

(a) 测量与密封圈配合的内孔　　　　　　(b) 透盖与其他零件的配合关系

图 7-42　标注尺寸界线和尺寸线

　　（3）与轴承座孔配合的外径尺寸测量：因轴承与透盖都安装在同一个箱体孔中，轴承是标准件，故轴承外圈公称尺寸即为 D_1 尺寸，通过查附录 E 得轴承外圈尺寸。其配合种类如图 7-42（b）中的 D_1（f9）所示。

7.3.2.5　标注技术要求

　　透盖与密封圈、箱体孔有配合关系，其尺寸公差带代号如图 7-42（b）所示，其余线性尺寸按未注公差加工。采用类比法选择表面结构要求。将技术要求标注在图样上，如图7-43所示。

7.3.2.6　完成零件草图的绘制

　　（省略）

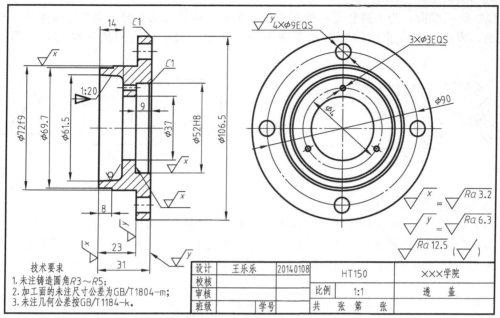

图 7-43 透盖零件图（AR）

7.3.2.7 完成零件图的绘制

如图 7-43 所示。

7.3.3 知识链接

零件的结构形状除满足使用要求外，还必须考虑到加工的工艺性。零件的常见工艺结构包括：机械加工工艺结构、铸造工艺结构。

7.3.3.1 机械加工工艺结构

（1）倒角和倒圆角：为了便于装配和避免伤人，在轴端、孔口及零件端部常加工出倒角。为了避免应力集中而断裂，在轴和孔的台阶转折处，加工成圆角，如图 7-44 所示。倒角和倒圆角可根据轴径或孔径查附录 G 确定。

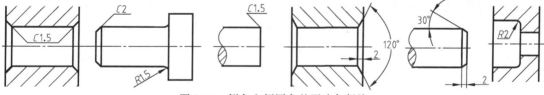

图 7-44 倒角和倒圆角的画法与标注

（2）凸台和凹坑：零件上与其他零件接触或配合的表面，一般进行切削加工。为了减少加工面、保证良好的接触和配合，常在接触处设计出凸台或凹坑，如图 7-45 所示。

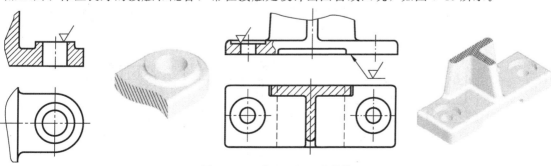

图 7-45 凸台和凹坑工艺结构

187

（3）钻孔结构：为了避免钻孔偏斜和钻头折断，用钻头钻孔时，应使钻头垂直于被加工表面，因此，在与孔轴线倾斜的零件表面，常设计出平台或凹坑等结构，如图 7-46 所示。

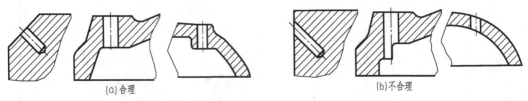

图 7-46　钻孔工艺结构

7.3.3.2　铸造工艺结构

（1）起模斜度又叫拔模斜度：造型时，为了将木模从砂型中取出，在铸件的内外壁上沿起模方向设计一定的斜度，称为起模斜度。起模斜度在零件图中可不画，但需标注倾斜符号，如图 7-47（a）所示。也可标注锥度（斜度）符号，如图 7-47（b）、（c）所示。

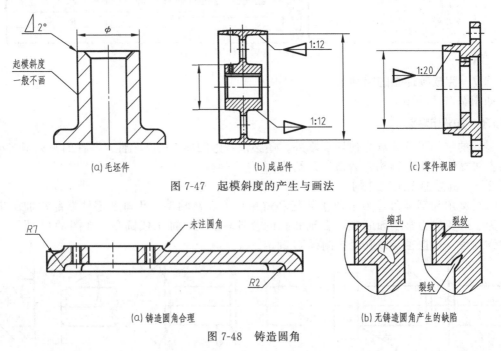

图 7-47　起模斜度的产生与画法

图 7-48　铸造圆角

（2）铸造圆角：为防止浇注铁水时冲坏砂型，避免铁水冷却收缩时在转角处产生裂纹和缩孔，将铸件的拐角处做成圆角，如图 7-48 所示。铸造圆角的半径可以标注在图样上，也可在技术要求中统一说明，如："未注铸造圆角为 $R3 \sim R5$"，如图 7-48（a）所示。

（3）铸件的壁厚：壁厚应尽量保持一致，如不能一致，应使其逐渐过渡，如图 7-49 所示。

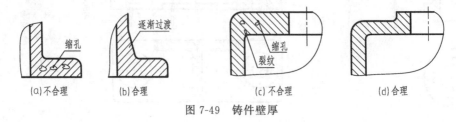

图 7-49　铸件壁厚

7.4 任务4 绘制凹模零件图

【**任务目标**】 通过绘制凹模零件图，了解拉深模具的组成与工作原理，熟悉模具零件的结构特点、材料的选用，掌握模具零件视图的表达方式、技术要求的选择方法与注法。

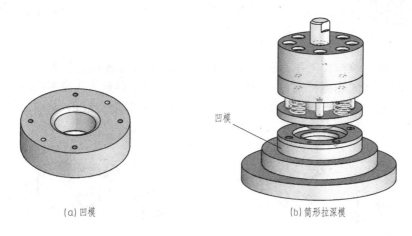

凹模

(a)凹模   (b)筒形拉深模

图 7-50 筒形拉深模与凹模（AR）

7.4.1 任务分析

如图 7-50（a）所示为筒形件拉深模中的凹模零件。

7.4.1.1 分析模具的组成与工作原理

（1）拉深模的组成：如图 7-50（b）所示为筒形拉深模，由上模部分和下模部分组成。上模部分有上模座、凸模、凸模固定板、压边圈、弹簧、卸料螺钉、内六角圆柱头螺钉等，下模部分有下模座、凹模、定位板、沉头螺钉、销、内六角圆柱头螺钉等。如图 7-51 所示。

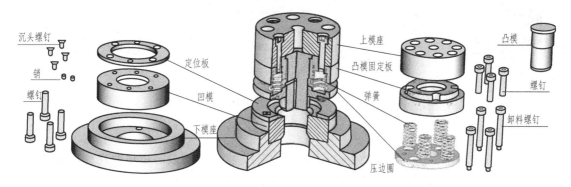

图 7-51 正装顺出件拉深模的组成

（2）拉深模的工作原理：毛坯由定位板定位，当上模部分下行时，压边圈接触坯料并压住，防止坯料拉深起皱。凸模继续下行，由凸模和凹模将毛坯件拉深成筒形制件，制件被凸模推至凹模非工作面，并通过下模座孔落入集料箱。当上模部分上行时，压边圈随着弹簧复位如图 7-52 所示。

7.4.1.2 分析凹模的结构特点

（1）工作部分圆角：与冲裁模比较，工作部分有较大圆角，凸、凹模之间有一定的间

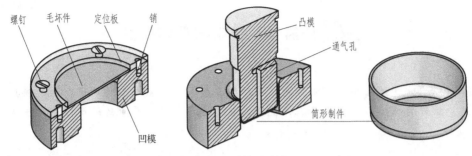

图 7-52　制件的拉深

隙，以便拉深制件，拉深模工作面和圆角质量要求高，以减小摩擦力。如图 7-53 所示。

（2）凹模分整体式和镶拼式，有圆形和板形。本例为圆形整体式拉深凹模，放在下模座孔中并用螺钉连接，定位板用 2 个销定位和 4 个沉头螺钉与凹模连接，故凹模顶面有 2 个销孔和 4 个螺纹盲孔，底面有 4 个螺纹盲孔，如图 7-53 所示。

图 7-53　凹模的结构特点

7.4.1.3　选择表达方案

1）主视图的选择

在模具图样中，主视图的选择一般应从以下三方面考虑。

① 主视图要表示零件的结构、特征形状。如图 7-54（a）所示为切边凸模，箭头方向为主视图投影方向，能清楚和较多地表达该零件的结构特征。

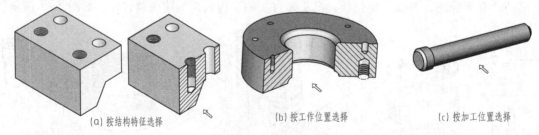

图 7-54　主视图的选择

② 主视图应尽量表示零件的安装位置。如图 7-54（b）所示，拉深凹模按工作位置摆放，采用两个相交的剖切平面将螺纹孔和销孔的结构形状表达清楚。

③ 主视图要表示零件的加工位置，如图 7-54（c）所示。

2）其他视图的选择

主视图确定后，为了表达凹模端面形状及其孔的分布情况，可采用俯视图，底部看不见的螺纹孔画虚线。

7.4.2　任务实施

7.4.2.1　选择图幅，画图框和标题栏

同任务 7.2.2.1（略）。

7.4.2.2 徒手绘制零件视图

凹模零件视图作图步骤如图 7-55 所示。

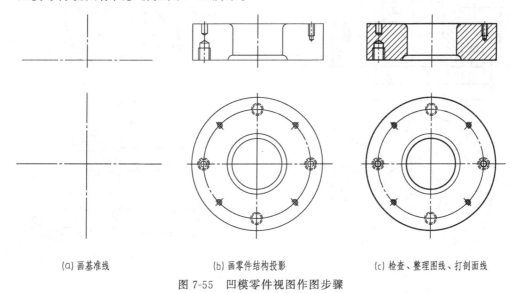

(a) 画基准线   (b) 画零件结构投影   (c) 检查、整理图线、打剖面线

图 7-55   凹模零件视图作图步骤

7.4.2.3 标注尺寸线和尺寸界线

1) 选择尺寸基准

凹模的底面和外圆与上模座孔接触,故底面为高度方向的基准,外圆的轴线为径向基准,如图 7-56 所示。符合设计基准与工艺基准重合的原则。

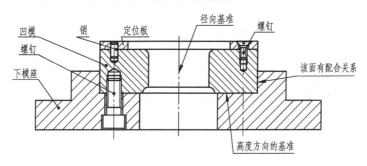

图 7-56   凹模零件的尺寸基准

2) 标注尺寸线和尺寸界线

如图 7-57 所示,直径尺寸尽量标注在主视图上,孔的定形尺寸可以标注在主视图上,也可以标注的俯视图中。

7.4.2.4 测量并标注尺寸

(1) 螺纹孔的测量:测绘与之配合的螺钉外径,查附录 A 取标准公称直径。

(2) 孔中心距的测绘:可用游标卡尺、卡钳或钢尺测量,如图 7-58 (b) 所示。

(3) 圆角的测量:可用半径规测量。一套半径规上一半是测量圆弧外表面,另一半测量圆弧内表面。测量时只要找出与被测圆角完全吻合的一片,从片上的数字就可知道被测圆角半径的大小。如图 7-58 (a) 所示,测得凹模外圆角和内圆角半径为 4mm。

【注意】 零件之间关联尺寸的一致性。如:配合的公称尺寸、中心距等。

7.4.2.5 标注技术要求

1) 尺寸公差的选择与标注

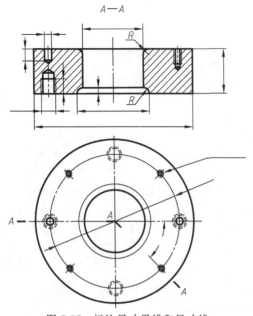

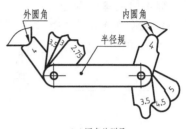

(a) 圆角的测量

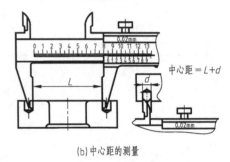

中心距 = L + d

(b) 中心距的测量

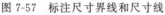

图 7-57 标注尺寸界线和尺寸线

图 7-58 圆角和中心距的测量

凹模外圆表面与下模座有配合关系，其配合要求可查表 7-5 获得，即：ϕ110m6；2×ϕ5H7 孔与定位销有配合关系。其余线性尺寸按未注公差 GB/T 1804-m 加工。

2）表面结构要求的选择与标注

可采用类比法，查表 7-6 获得，并标注在图样中。

3）几何公差要求的选择与标注

可采用类比法，公差项目选择平行度和同轴，参照冷冲模零件技术要求，查表 7-7 获得公差值并标注在图样中，如图 7-59 所示。

（1）平行度公差的定义、标注与解释

① 平行度公差带的定义：公差带为间距等于公差值 t、平行于基准平面的两平行平面所限定的区域，如图 7-60（a）所示。

② 标注及解释：提取的凹模顶面应限定在间距等于 0.02、平行于基准平面 B（底平面）的两平行平面之间，如图 7-60（b）所示。

（2）同轴度公差带的定义、标注与解释

① 同轴度公差带的定义：公差值前面标注符号 ϕ，公差带为直径等于公差值 ϕt 的圆柱面所限定的区域，该圆柱面的轴线与基准轴线重合，如图 7-61（a）所示。

② 标注及解释：ϕ42 圆柱面的提取（实际）中心线应限定在直径等于 ϕ0.01、以基准轴线 C（ϕ110 圆柱面的轴线）为轴线的圆柱面内，如图 7-61（b）所示。

4）其他技术要求

凹模热处理时的硬度要求。

7.4.2.6 完成草图和零件图的绘制

其结果如图 7-59 所示。

7.4.3 知识链接

7.4.3.1 冷冲模零件的技术要求

（1）冷冲模常用的公差与配合见表 7-5。零件图上未注尺寸公差的极限偏差按 GB 1804《公差与配合未注公差尺寸的极限偏差》规定的 IT14 级精度。

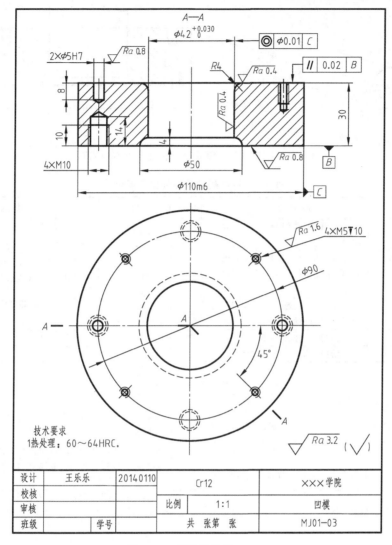

图 7-59 凹模零件图（AR）

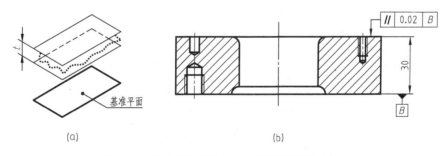

(a)   (b)

图 7-60 平行度公差带定义、标注及解释（AR）

（2）模具零件表面结构的要求见表 7-6。

（3）典型零件几何公差的要求

① 所有模座、凹模板、模板、垫板及凸模固定板和凸模垫板等零件图上，提取要素相对于基准要素的平行度公差值见表 7-7。

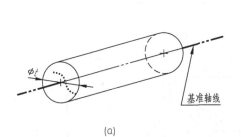

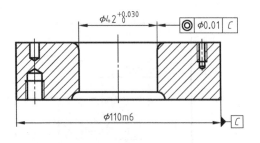

(a)   (b)

图 7-61　同轴度公差带定义、标注及解释（AR）

表 7-5　冷冲模常用的公差与配合

配合性质		应 用 范 围	配合性质		应 用 范 围
间隙配合	H6/h5	Ⅰ级精度模架导柱与导套的配合	过渡配合	H6/m5	导套或衬套与模座配合，小凸模、小凹模与固定板的配合
	H7/h6	Ⅱ级精度模架导柱与导套的配合，导柱与导板配合，导正销与孔的配合		H7/m6 H7/n6	凸模、凹模、凸凹模与固定板或模座的配合，模柄与模座孔的配合
	H8/f9	始用挡料销、弹性侧压装置与导料板（导尺）的配合	过盈配合	H7/s6 R7/h6	Ⅱ级精度模架导柱与模座的配合
	H9/d11	模柄与压力机的配合		H7/r6	Ⅱ级精度模架导套与模座的配合，凹模与固定板的配合
	H11/d11	活动挡料销与销孔的配合			

表 7-6　冲压模具零件表面结构的要求

Ra/μm	表面微观特征	加工方法	使用范围
0.1	暗光泽面	精磨、研磨、普通抛光	精冲模刃口尺寸，冷加压模凸凹模关键部分，滑动导柱工作表面
0.2	不可辩加工痕迹方向	精磨、研磨、珩磨	要求高的凸、凹成形面，导套工作表面
0.4	微辩加工痕迹方向	精铰、精镗、磨、刮	冲裁模刃口部分，拉深、成形、压弯的凸、凹模的工作表面，滑动和精确导向表面
0.8	可辩加工痕迹方向	车、镗、磨、电加工	模柄与模座配合面，凸、凹模工作表面，镶块的接合面，模板、垫板、固定板的上下表面，静配合和过渡配合的表面，要求准确的工艺基准面
1.6	看不清加工痕迹	车、镗、磨、电加工	模柄与压力机配合面，模板平面，挡料销、销、推杆、顶板等零件主要工作表面，凸、凹模的次要表面，非热处理零件配合用的表面
3.2	微见加工痕迹	车、刨、铣、镗	不磨加工的支承面、定位面和紧固面，卸料螺钉支承面
6.3	可见加工痕迹	车、刨、铣、镗、锉、钻	螺纹孔表面，不与制件或其他冲模接触的表面
12.5	有明显可见的刀痕	粗车、粗刨、粗铣、锯、锉、钻	粗糙的不重要表面
∀		铸造、锻造、焊接	不需要机械加工的表面

表 7-7　模板平行度公差值

公称尺寸/mm	公差等级		公称尺寸/mm	公差等级	
	4	5		4	5
	公差值 T/mm			公差值 T/mm	
>40～63	0.008	0.012	>250～400	0.020	0.030
>63～100	0.010	0.015	>400～630	0.025	0.040
>100～160	0.012	0.020	>630～1000	0.030	0.050
>160～250	0.015	0.025	>1000～1600	0.040	0.060

② 各种模柄（包括带柄的上模座）等零件图上，提取要素相对于基准要素的圆跳动公差值见表7-8。如图7-62所示为压入式模柄几何公差的标注。

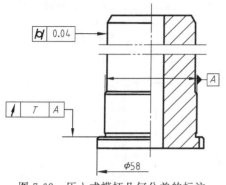

图 7-62　压入式模柄几何公差的标注

表 7-8　模柄零件圆跳动公差值

公称尺寸/mm	公差等级
	8
	公差值 T/mm
>18～30	0.025
>30～50	0.030
>50～120	0.040
>120～250	0.050

7.4.3.2　模具零件常用材料及热处理要求

模具工作零件的常用材料及热处理要求见表7-9。

表 7-9　模具工作零件的常用材料及热处理要求

模具模型	零件名称及使用条件	材料牌号	热处理硬度 HRC	
			凸模	凹模
冲裁模	$t \leqslant 3mm$，形状简单的凸、凹模和凸凹模	T8A、T10A、9Mn2V	58～62	60～64
	$t \leqslant 3mm$，形状复杂或 $t > 3mm$ 的凸、凹模和凸凹模	CrWMn、Cr6WV、Cr12、Cr12MoV、GCr15	58～62	62～64
	要求高度耐磨的凸、凹模和凸凹模，或用于大批量生产、特长寿命的凸、凹模	W18Cr4V、12Cr4W2MoV	60～62	61～63
		65Cr4Mo3W2VNb(65Nb)	56～58	58～60
	加热冲裁时用的凸、凹模	3Cr2W8、5CrNiMo、5CrMnMo	48～52	
弯曲模	一般弯曲用的凸、凹模及镶块	T8A、T10A、9Mn2V	56～60	
	要求高度耐磨的凸、凹模及镶块，形状复杂的凸、凹模及镶块；生产批量特大的凸、凹模及镶块	CrWMn、Cr6WV、Cr12、Cr12MoV、GCr15	60～64	
	加热弯曲时用的凸、凹模及镶块	5CrNiMo、5CrNiTi、5CrMnMo	52～56	
拉深模	一般拉深用的凸模和凹模	T8A、T10A、9Mn2V	58～62	60～64
	要求耐磨的凹模和凸凹模，或冲压生产批量大、要求特长寿命的凸、凹模	Cr12、Cr12MoV、GCr15	58～62	62～64
	加热拉深用的凸模和凹模	5CrNiMo、5CrNiTi		

注：表中 t 为冲裁料的厚度。

7.5 任务5　识读换挡叉零件图

【任务目标】　通过识读换挡叉零件图，熟悉叉架类零件的应用与结构特点，掌握叉架类零件视图的表达方案、铸件和锻件过渡线的画法。

7.5.1　任务分析

如图7-63所示，换挡叉属于叉架类零件。

7.5.1.1　分析叉架类零件的应用

叉架类零件按照其结构特征分为叉类和架类零件。如：各种拨叉、连杆、曲柄、支架、脚踏板等，如图7-64所示。

（1）叉类零件位于机器的变速机构或操纵机构中，与其他零件配合，组成一系列的运动机构，实现速度、方向、运动方式的变化，如图6-3中的普通车床主轴箱内的拨叉。

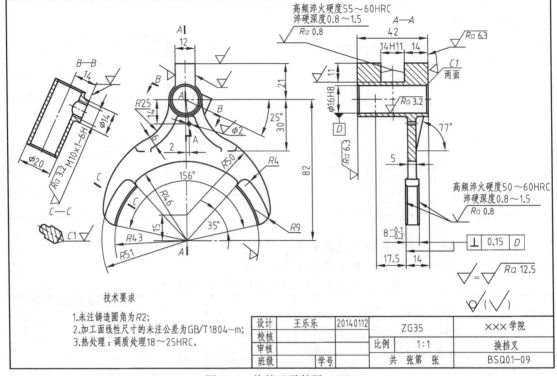

图 7-63　换挡叉零件图（AR）

图 7-64　叉架类零件

（2）架类零件主要用于支承、固定其他零件，如跟刀架、支座、托架等零件。

7.5.1.2　分析叉架类零件的结构特点

（1）组成：叉架类零件一般由工作、安装和连接三部分组成，如图 7-65 所示。

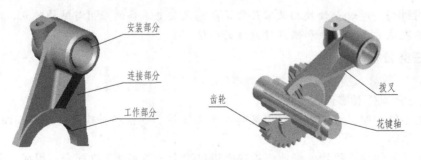

图 7-65　叉架类零件的组成

（2）结构特点：叉架类零件一般呈弯曲或倾斜结构，零件上常有肋板、轴孔、耳板、底板、油槽、油孔、螺孔、沉孔、铸造圆角、拔模斜度等结构，如图7-66所示。

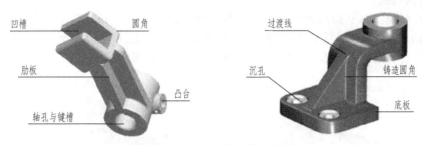

图7-66 叉架类零件的结构特点

7.5.2 任务实施

7.5.2.1 读标题栏，了解零件概括

（1）读"名称"：换挡叉属于叉类零件，其位于变速箱内，用于换挡变速。它用 M10×1 螺钉通过 $\phi16$ 孔连接在变速叉轴上，操纵杆下端球头插入换挡叉头部的操纵槽（14H11）内，通过它带动换挡叉与变速叉轴一起在变速箱中滑移，叉脚拨动双联变速齿轮在花键轴上滑动以变换挡位，从而改变机器的运转速度。

（2）读"材料"：叉架类零件的毛坯多为铸件或锻件，其上有铸锻、机加工等工艺结构。

换挡叉材料为 ZG35，能承受大的冲击力作用，塑性、韧性和其他方面的力学性能也比较高。经铸造、钻削、铣削、攻丝等加工而成。

（3）读"比例"：零件图中的比例为 1∶1，可见，图形的大小与零件的实际大小一样。

7.5.2.2 读视图，分析零件结构

（1）粗读视图

① 主视图：因叉架类零件的加工工序较多，各工序位置又不同，难辨主次，故画主视图时，零件一般按工作位置摆放，当零件倾斜或不固定时，可摆正放置零件绘制主视图，可以采用全剖、半剖、局部剖等方式表达，如图7-63所示，主视图采用视图来表达换挡叉零件的外形特征；如图7-67所示，主视图采用全剖、局部剖。

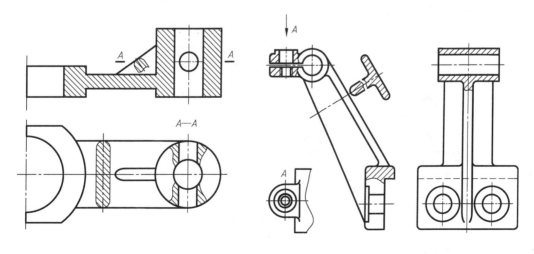

（a）连杆表达方案　　　　　　　　　　　　（b）托架表达方案

图7-67 叉架类零件的表达方案

② 其他视图：可采用视图、剖视图、断面图等方式表达，如图 7-63 所示，采用了全剖的左视图和 2 个移出断面图，来表达换挡叉的断面形状和零件的相互位置，如图 7-67 所示。

（2）精读视图

① 安装部分：水平圆筒外径为 $\phi20$、内径为 $\phi16$、长 42mm；其上方有 2 个长 12、宽 14、高 11 的长方体与圆筒前后平齐、左右相交；圆筒上还有 1 个外径 $\phi14$、内螺纹为 M10×1 的凸台，与圆筒相交。构思其形状如图 7-68（a）所示。

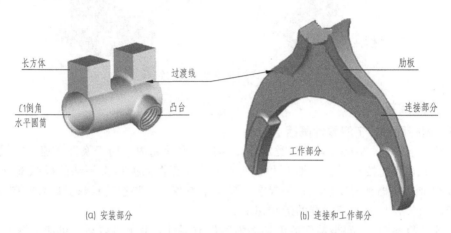

(a) 安装部分   (b) 连接和工作部分

图 7-68 换挡叉零件安装、连接和工作部分立体图

② 工作和连接部分：连接部分其主体呈曲面柱状，定形尺寸由 $R50$、$R46$、$R43$、$R25$、$R9$、156°、尺寸 5 确定；在其前面有左右对称的 2 个肋板，角度为 77°、长度为 6mm、相对圆筒轴线高度为 30mm；其上还有 1 个 $\phi2$ 通孔，由定位尺寸为 14、2 确定位置。工作部分的定形尺寸由 $R43$、$R51$、35°和 8mm 确定。构思其形状如图 7-68（b）所示。

7.5.2.3 读技术要求，了解零件加工要求

（1）分析尺寸基准：由图 7-69 可见，孔 $\phi16H8$ 的轴线为设计基准，以该轴线为基准，零件结构左右对称，故该对称面为长度方向的基准；该轴线也是高度方向的基准；宽度方向则以前端面为基准，符合设计基准与工艺基准重合的原则。

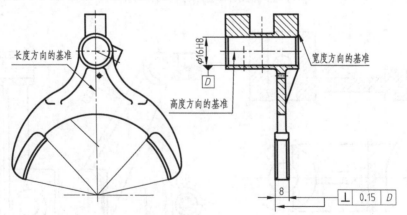

图 7-69 换挡叉零件的尺寸基准

（2）分析技术要求

① 分析尺寸公差：$\phi16H8$ 孔与变速叉轴配合，操纵槽 14H11 与操纵杆配合，叉脚宽度的尺寸精度要求为 $8_{-0.2}^{-0.1}$，其余加工面的尺寸公差为未注公差 GB/T 1804-m。

② 分析表面结构要求：叉脚前后平面与操纵槽内前后的表面加工质量要求最高，为 MRR $Ra0.8$。其次是 $\phi16H8$ 孔的内表面、M10×1 螺纹孔的内表面为 MRR $Ra3.2$，$\phi20$ 圆柱前后端面为 MRR $Ra6.3$，其余的机械加工面为 MRR $Ra12.5$。非加工面为铸造面。

③ 分析几何公差要求：叉脚的前后端面相对于 $\phi16H8$ 孔的轴线有垂直度的要求。其含义、标注及解释如下。

公差带的定义：公差带为间距等于公差值 t 且垂直于基准轴线的两平行平面所限定的区域，如图 7-70（a）所示。

标注及解释：提取（实际）的叉脚前后端面应限定在间距等于 0.15 的两平行平面之间，该两平行平面垂直于基准轴线 D，如图 7-70（b）所示。

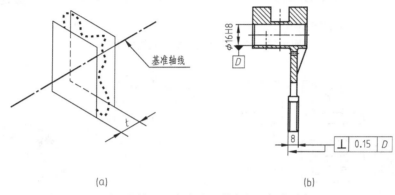

(a)　　　　　　　　　　　　　　　　(b)

图 7-70　面对基准线的垂直度公差带定义、标注及解释（AR）

④ 宽度为 $8_{-0.2}^{-0.1}$ 两端平面与宽度为 14H11 两端面的热处理要求：高频淬火，硬度分别为 50～60HRC、55～60HRC，淬硬深度 0.8～1.5mm，标注在表面粗糙度符号的横线上，表示表面高频淬硬后的 Ra 值，可用切削加工或不再加工获得。

⑤ 其他技术要求，见图 7-63 所示的"技术要求"内容。

7.5.2.4　综合想象零件形状

连接部分在水平圆筒的下方并与其左右相切、前后相交；工作部分与连接部分的左右曲面相切、前后相交。为了防止铸造时在相交处产生裂纹，设计了铸造圆角综合想象零件形状，如图 7-71 所示。图中箭头方向为主视图投影方向。

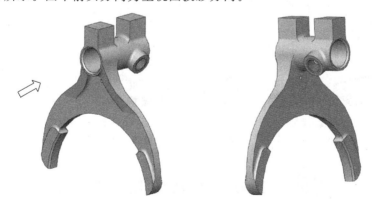

图 7-71　换挡叉零件立体图

7.5.3　知识链接

由于铸造圆角的存在，使得铸件或锻件表面的相贯线变得不明显，为了区分不同表面，两形体相交的交线用细实线绘制，这种交线称为过渡线，其不宜与轮廓线相连。画法如下：

（1）两圆柱垂直正交时过渡线的绘制，如图 7-72 所示。

（2）平面与平面相交时过渡线的绘制，如图 7-73（a）所示。

（3）平面与曲面相交时过渡线的绘制，如图 7-73（b）所示。

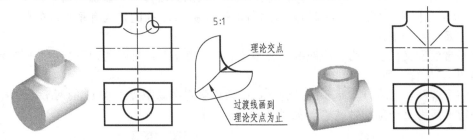

（a）两不等径圆柱体相交　　　　　　　　　　　（b）两等径圆柱体相交

图 7-72　两圆柱垂直正交过渡线的绘制

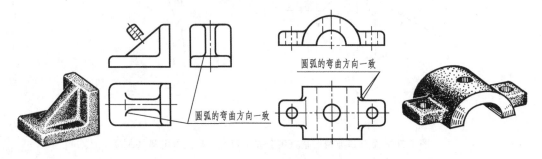

（a）平面与平面相交　　　　　　　　　　　（b）平面与曲面相交

图 7-73　平面与平面、平面与曲面相交过渡线的绘制

（4）肋板与圆柱面相交过渡线的绘制，如图 7-74 所示。

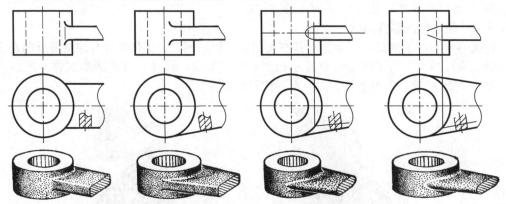

（a）肋板断面为矩形　　　　　　　　　　　（b）肋板断面为圆弧形

图 7-74　肋板与圆柱面相交过渡线的绘制

7.6 任务 6　识读油缸缸体零件图

【任务目标】　通过识读油缸缸体、下模座零件图，掌握箱体类零件视图的表达方法，熟悉箱体类零件的应用与结构特点，了解位置度、全跳动等几何公差的概念及冲压模具中压力中心的概念。

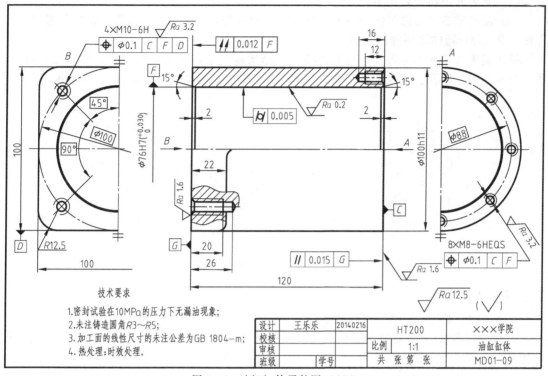

图 7-75　油缸缸体零件图（AR）

7.6.1　任务分析

如图 7-75 所示，油缸缸体属于箱体类零件。

7.6.1.1　分析箱体类零件的应用

箱体类零件包括传动类、机壳类、支架类，如图 7-76 所示。

图 7-76　箱体类零件

箱体既是机器或部件的基础零件，也是主体，如图 7-77 所示。其作用如下。

（1）支承并包容各种传动零件。

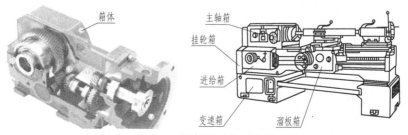

图 7-77　箱体类零件的应用

(2) 安全保护和密封作用。

(3) 使机器各部分以箱体为单元划分成不同的部件，便于加工、装配、调整和修理。

7.6.1.2 分析箱体类零件的特点

箱体类零件毛坯多为铸件，也有焊接件，结构较复杂，其上常有内腔、轴承孔、凸台、肋、安装端面、销孔、螺纹孔、凹槽、铸造圆角、拔模斜度等结构。如图 7-78 所示。

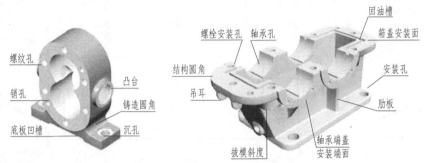

图 7-78　箱体类零件的结构特点

7.6.2　任务实施

7.6.2.1　读标题栏，了解零件概括

(1) 读"名称"：油缸缸体是油缸中的主体零件，其内部有活塞与密封装置。油缸又称液压缸，主要用于需长时间支撑重物的地方，安全可靠。

(2) 读"材料"：缸体的毛坯采用 HT200 灰铸铁材料，该材料具有良好的铸造工艺性，能承受较大载荷，气密性和耐蚀性较好。经铸造、车削、拉削、镗削、磨削等加工而成。

(3) 读"比例"：零件图中的比例为 1∶1，可见，图形的大小与零件的实际大小一样。

7.6.2.2　读视图，分析零件结构

(1) 粗读视图

① 主视图：箱体类零件常按工作位置摆放，投射方向（如图 7-79 中箭头方向）则根据其主要结构特征选择。通常采用通过主要支承孔轴线或对称面的剖视图，来表示其内部形状。可以采用全剖、半剖、局部剖、局部视图、斜视图等方式表达，如图 7-75 所示，零件上下、前后对称，左右不对称，故主视图可采用半剖，来表达油缸零件内、外形特征以及螺纹盲孔的深度。如图 7-79（a）所示主视图采用全剖，而图 7-79（b）主视图采用局部剖。

② 其他视图：在图 7-75 中为了表达缸体左、右端面形状及孔的分布，采用左视图和右视图。因零件前后对称，为了节省图幅，采用简化画法，即：左、右视图各画一半。

根据零件结构的特征需要，选择其他视图的种类。可采用视图、剖视图、断面图等方式表达箱体类零件的内、外结构，如图 7-79 所示。

(2) 精读视图：该零件主要由 2 个形体构成。

① 左侧的正方形体：为带圆角的 $100 \times 100 \times 22$ 正方形体，其左端面的中心圆（$\phi100$）上，均布了 4 个 M10-6H 的螺纹孔，中间有内径为 $\phi76H7$ 的通孔，左端面有角度为 15°、距离为 2mm 的倒角；工艺结构有铸造圆角和倒角。构思其形状如图 7-80（a）所示。

② 右侧的圆柱体：为外圆直径 $\phi100$、内孔直径 $\phi76H7$、长 100 的圆柱体，在圆柱体的右面中心圆（$\phi88$）上，均布 8 个 M8-6H 的螺纹孔，螺纹孔入端有倒角，构思其形状如图 7-80（b）所示。

7.6.2.3　读技术要求，了解零件加工要求

1）分析尺寸基准

由图 7-75 可见，油缸缸体除了左侧外形是方形外，其余为回转体结构，孔 $\phi76H7$ 的轴

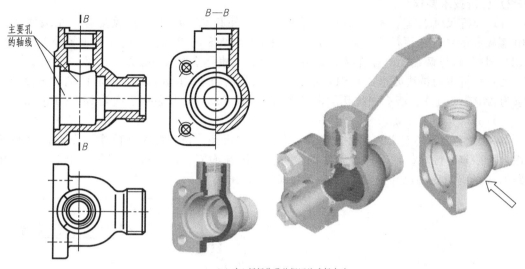

(a) 球心阀阀体零件视图的选择方法

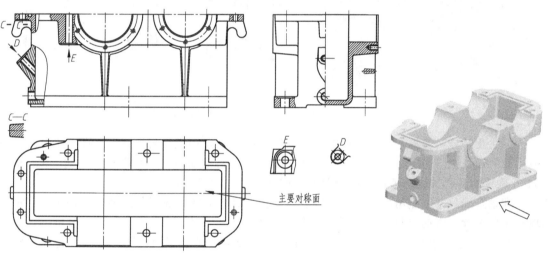

(b) 箱体零件视图的选择方法

图 7-79　箱体类零件视图的选择与表达

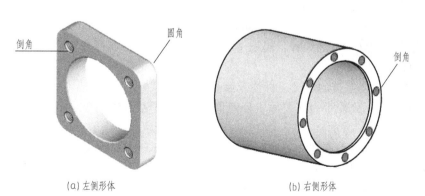

(a) 左侧形体　　　　　　　　　(b) 右侧形体

图 7-80　油缸缸体左、右形体立体图

线为设计基准，零件上下、前后的对称面均通过该轴线；右端面相对与左端面有平行度的要求，故左端面为长度方向的基准，符合设计基准与工艺基准重合的原则。

2）分析技术要求

（1）分析尺寸公差：$\phi76H7$ 孔与活塞配合，外圆 $\phi100h11$ 与缸盖配合，左端面 4 个 M10 螺纹孔的中径和顶径公差带为 6H，右端面 8 个 M8 的螺纹孔的中径和顶径公差带代号为 6H，均与缸体两端的缸盖连接，其余加工面的尺寸公差为未注公差 GB/T 1804-m。

（2）分析表面结构要求：$\phi76H7$ 孔表面要求最高为 MRR $Ra0.2$；左右两端面表面结构要求为 MRR $Ra1.6$；所有螺纹孔的内表面为 MRR $Ra3.2$，其余加工面为 MRR $Ra12.5$。

（3）分析几何公差要求

① 位置度公差的定义、标注及解释：公差带的定义：公差带为直径等于公差值 ϕt 的圆柱面内所限定的区域。该圆柱面轴线的位置由基准平面 C、D、基准轴线 F 和 α_1、α_2、中心距为 ϕ 的理论正确尺寸确定，如图 7-81（a）所示。

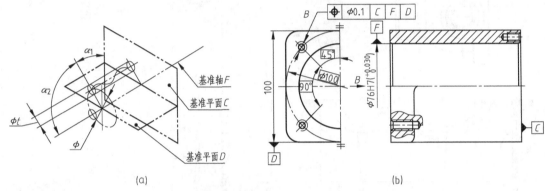

图 7-81　线的位置度公差的定义、标注及解释（AR）

标注及解释：各提取的左端面螺孔中心线应各自限定在直径等于 $\phi0.1$ 的圆柱面内。该圆柱面的轴线处于由基准平面 C、基准轴线 F、基准平面 D 和理论正确尺寸 45°、90°、$\phi100$ 确定的各孔轴线的理论正确位置上，如图 7-81（b）所示。

理论正确尺寸：当给出一个或一组要素的位置、方向或轮廓度公差时，分别用来确定其理论正确位置、方向或轮廓的尺寸称为理论正确尺寸。该尺寸无公差并标注在方框内。

② 位置度公差 $\boxed{\oplus\ \phi0.1\ C\ F}$ 的解释：各提取（实际）的右端面螺孔中心线应各自限定在直径等于 $\phi0.1$ 的圆柱面内。该圆柱面的轴线处于由基准平面 C、基准轴线 F 和理论正确尺寸 $\phi88$ 确定的各孔轴线的理论正确位置上，如图 7-75 所示。

③ 平行度公差 $\boxed{//\ 0.015\ G}$ 的解释：提取的实际右端面应限定在间距等于 0.015、平行于基准平面 G（左端面）的两平行平面之间，如图 7-75 所示。

④ 圆柱度公差 $\boxed{b\!/\ 0.005}$ 的解释：提取 $\phi76$ 圆柱面应限定在半径差等于 0.005 的两同轴圆柱面之间，如图 7-75 所示。

⑤ 轴向全跳动公差带的定义、标注及解释

公差带的定义：公差带为间距等于公差值 t、垂直于基准轴线 F 的两平行平面所限定的区域，如图 7-82（a）所示。

标注及解释：提取的实际左端面应限定在间距等于 0.015、垂直于基准轴线 F 的两平行平面之间，如图 7-82（b）所示。

（4）其他技术要求，如图 7-75 所示。

7.6.2.4　综合想象零件形状

左侧正方体与右侧圆柱体相交后，直径为 $\phi76H7$ 通孔是同一个孔；左端面上的 4×M10-6H 螺纹孔有一部分在圆柱体上是盲孔，还有一部分在正方体上是通孔；圆柱体的前

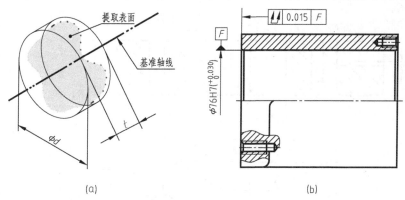

(a)   (b)

图 7-82   轴向全跳动公差带定义、标注及解释（AR）

后、上下与正方体相切，因有铸造圆角，故产生了过渡线，其他部分是相交。综合想象零件形状，如图 7-83 所示。

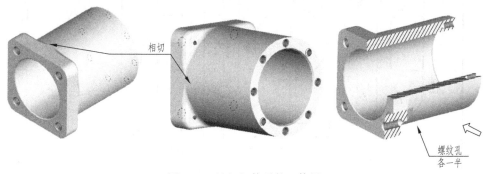

图 7-83   油缸缸体零件立体图

7.6.3   知识链接

识读下模座零件图，如图 7-84 所示。

7.6.3.1   读标题栏，了解零件概括

（1）读"名称"

① 作用：下模座是用来安装与固定工作、导向、顶出、紧固和定位等零件，并与压力机工作台面接触的重要零件，一般为板件，其直接固定在压力机台面或垫板上。下模座与上模座、导套、导柱、凸台构成模架，如图 7-85（a）所示为后侧导柱的标准模架。

② 结构特点：下模座有工作面和安装面，如图 7-85（b）、（c）所示。在工作面上有导柱孔，有连接凸模或凹模（凸凹模）用的销孔、螺钉孔，还有用于落料或安装顶件装置的孔系；在安装面上有凸台结构（也可是平面），用于固定下模部分。另外，还有圆角结构。

（2）读"材料"：本例采用 HT200 灰铸铁材料，具有足够强度和良好的铸造工艺性能。

（3）读"比例"：零件图中的比例为 1∶1，可见，图形的大小与零件的实际大小一样。

7.6.3.2   读视图，分析零件结构

（1）粗读视图：主视图一般按工作位置摆放，投射方向取条料纵向进给方向，或垂直于条料横向进给方向。为了表达下模座各孔的结构，采用几个平行平面进行剖切，如图 7-86 中所示的箭头方向。俯视图表达了下模座及其孔的形状与分布。

（2）精读视图：下模座左右对称，上下、前后不对称；工作部分高于安装面，左右有 2 个对称的 $R35$ 圆柱面，其圆心在导柱孔轴线上，后面与斜度为 30° 的平面相切，其左右与长

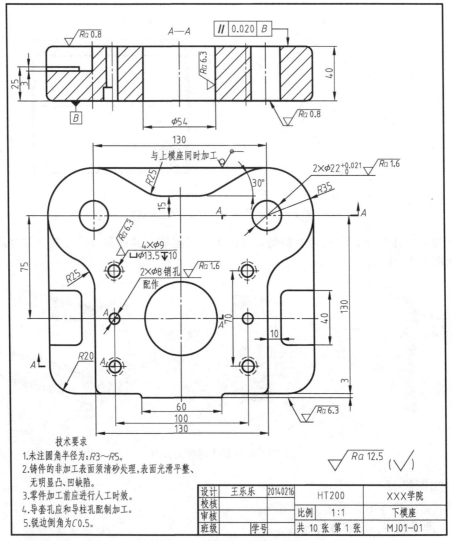

图 7-84　下模座零件图（AR）

设计	王乐乐	20140216	HT200	XXX学院
校核			比例	下模座
审核			1:1	
班级		学号	共 10 张 第 1 张	MJ01-01

技术要求
1.未注圆角半径为：R3～R5。
2.铸件的非加工表面须清砂处理,表面光滑平整、无明显显凸、凹缺陷。
3.零件加工前应进行人工时效。
4.导套孔和导柱孔配制加工。
5.锐边倒角为C0.5。

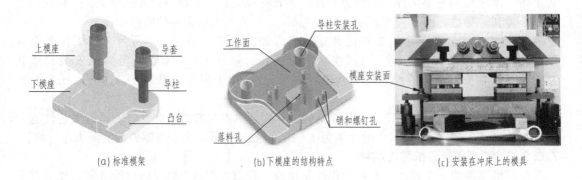

(a)标准模架　　　　(b)下模座的结构特点　　　　(c)安装在冲床上的模具

图 7-85　下模座的结构特点

度为 130 的侧平面相交,相交处的圆角结构为 R25,工作面的前面有 60×3 的凸台,中间有 $\phi54$ 的通孔,以孔中心为基准,对称分布了 2 个销孔和 4 个阶梯孔；安装部分外形呈长方

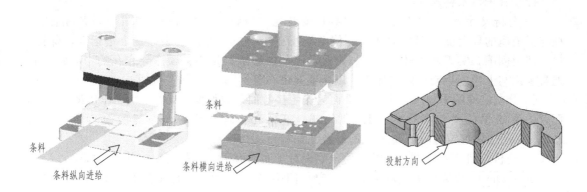

条料

条料

条料纵向进给

条料横向进给

投射方向

图 7-86 主视图的选择

形，四角均为圆角，后面的圆角与工作面 $R35$ 同圆心，前面的圆角为 $R20$，前面与工作面平齐，在左右平面上对称分布了 2 个宽 40、高 3 的凸台。下模座的形体立体图如图 7-87 所示。

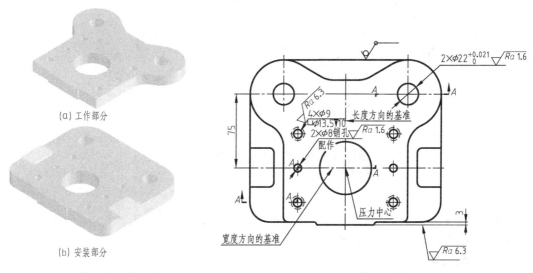

(a) 工作部分

(b) 安装部分

图 7-87 下模座的形体立体图

图 7-88 下模座及其尺寸基准

7.6.3.3 读技术要求，了解零件加工要求

（1）分析尺寸基准：长度方向的基准在对称面上，高度方向的基准在底平面上，宽度方向的基准是通过模具压力中心并与对称面垂直的平面，如图 7-88 所示。

模具压力中心：是冲压力合力的作用点。为了保证压力机和模具的正常工作，要求模具的压力中心与压力机滑块的中心线尽可能重合。对称冲压件模具的压力中心就是冲裁件的几何中心。不对称冲件模具压力中心位于其质量重心，需通过计算或计算机二维绘图查询获得，如图 7-89 所示的 0 点。

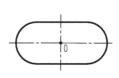

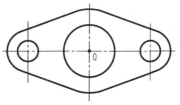

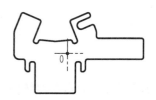

图 7-89 模具的压力中心

（2）分析技术要求

① 分析尺寸公差：2 个 $\phi 22^{+0.021}_{0}$ 导柱安装孔，与导柱的配合属于基孔制过盈配合。导柱与上模座的导套配合起导向作用，使上模座在压力机的作用下沿导柱上下运动，保证凸模、凹模间隙，实现冲压件的生产。因此，该孔中心距必须与上模座导套孔的中心距一致，通常采用与上模座导套孔配镗加工，以保证其中心距（130）一致的要求。

② 分析表面结构要求：上、下平面为安装接触面，表面要求最高，为 MRR $Ra0.8$；有配合关系的导柱孔与销孔为 MRR $Ra1.6$；落料孔、阶梯孔内表面与前面凸台为 MRR $Ra6.3$，周边保持铸造时的要求，其余加工面为 MRR $Ra12.5$。

③ 分析几何公差要求：下模座的顶面相对于底面有平行度的要求，其含义如下：

| // | 0.020 | B |：提取的下模座顶面应限定在间距等于 0.02、平行于基准平面 B（底平面）的两平行平面之间，如图 7-84 所示。

7.6.3.4　综合想象零件形状

零件形状如图 7-90 所示。

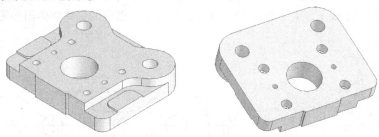

图 7-90　下模座零件

7.7 任务 7　测绘座体零件

【任务目标】　通过测绘座体零件，掌握箱体零件测绘的基本步骤和方法，熟悉曲面结构常用的测绘方法，了解测绘零件的其他方法。

7.7.1　任务分析

7.7.1.1　分析零件用途

如图 7-91 所示，座体属于箱体类零件，是铣刀头中的主体部分，主要用来支承和容纳转轴、滚动轴承、调整片等零件，并可安装在其他机体上。

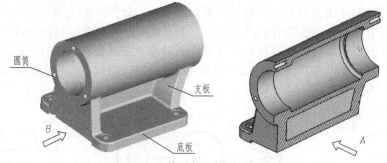

图 7-91　座体零件立体图（AR）

7.7.1.2　分析零件结构

座体主要由底板、圆筒、支板三部分组成，如图 7-91 所示。圆筒内腔呈阶梯孔，两端小孔用于安装滚动轴承，中间大孔是为了减少加工面和节约材料，其两端面各有三个均布的螺纹盲孔，用于安装端盖，且两端面均超出支板。为了减轻座体的重量，支板结构呈工字形的截面，左端平板呈梯形、右端呈曲面形状，分别支承在轴承座孔的下部，中间的平板处于圆筒的正下方，支板的左右与底板平齐；底板呈长方形，其上有四个阶梯形的安装孔，为了减少加工面，底板的底面铸造出凹槽结构，如图 7-92 所示。

(a) 底面的凹槽结构　　(b) 工字形的支板形状

图 7-92　座体的结构特点

因座体毛坯件一般由灰铸铁材料经铸造而成，故有满足铸造工艺要求的铸造圆角、拔模斜度、合适的壁厚等，还有形成的过渡线的结构。

7.7.1.3　选择表达方案

（1）主视图的选择：座体零件一般按工作位置摆放，投射方向则选择图 7-91 中的 A 向。与 B 向比较，A 向更能反映座体的用途和形状特征。为了表达其内部结构，采用正平面沿前后对称面剖切，如图 7-93（a）所示。

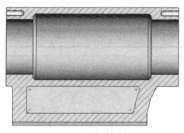 

(a) 主视图的表达　　(b) 左视图的表达

图 7-93　视图选择与表达

（2）其他视图的选择：选用左视图来表达座体端面的形状及均布的三个螺孔。为了表达中间支板的厚度、与底板的关系，以及底板上孔的位置和阶梯形状，采用局部剖视图，如图 7-93（b）所示。另外，用局部视图来表达底板的形状及其孔的左右分布，并配置在俯视图的位置上。

7.7.2　任务实施

7.7.2.1　选择图幅，画图框和标题栏
略。

7.7.2.2　徒手绘制零件视图
座体零件的作图步骤如图 7-94 所示。

7.7.2.3　标注尺寸线和尺寸界线
（1）选择尺寸基准：从加工的角度考虑，底面的安装面是高度方向的基准，左端的安装面是长度方向的基准，过圆筒轴线的前后对称面是宽度方向的基准，如图 7-95 所示。

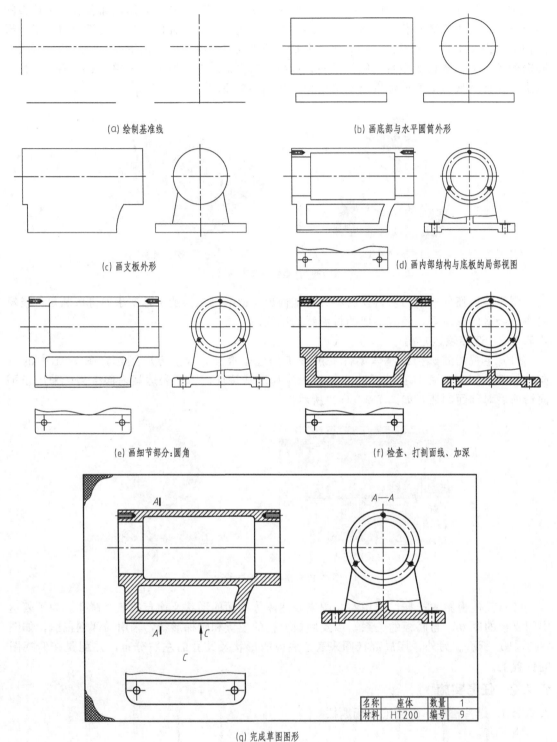

(a) 绘制基准线　　(b) 画底部与水平圆筒外形
(c) 画支板外形　　(d) 画内部结构与底板的局部视图
(e) 画细节部分:圆角　　(f) 检查、打剖面线、加深
(g) 完成草图图形

图 7-94　座体的画图步骤

（2）标注尺寸线和尺寸界线

① 主要尺寸从基准出发直接注出。逐个形体标注定形尺寸和定位尺寸，所标注的尺寸要便于测量。如：应标注两端轴承座孔的长度，而不是标注最大内腔的长度。

210

② 标注尺寸要便于看图。底面的凹槽尺寸、螺孔的定位和定形尺寸均集中标注在左视图上，螺孔和底板上的阶梯孔可以用引线进行标注，如图 7-95 所示。

③ 小于等于半个圆的圆弧尺寸必须要标注在反映实形的视图上，如图 7-95 所示。底板四个角的圆弧尺寸标注在 C 向的局部视图上，支板右侧曲面圆弧尺寸标注在主视图上。

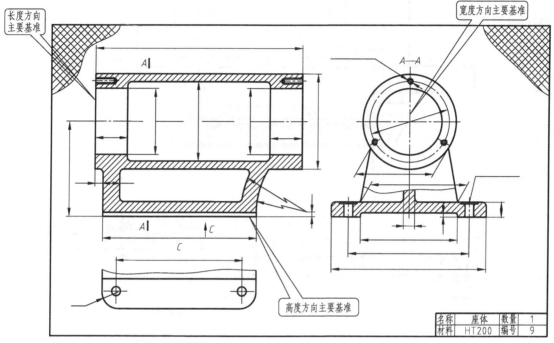

图 7-95　标注座体的尺寸界线和尺寸线

7.7.2.4　测量零件尺寸并标注

（1）测量线性尺寸：尺寸 256、192、200、155、150、120、18、21、10 的测量，可用游标卡尺测量，或钢直尺配合直角尺测量，也可用内卡钳配合钢直尺测量，如图 7-96 所示。

（2）测量回转体内外直径：可直接用游标卡尺测量，也可用钢直尺配合内卡钳或用专用卡钳测量，如图 7-96、图 7-97 所示。用游标卡尺底测量底板螺栓孔直径 $\phi 11$ 和 $\phi 22$ 的尺寸，如图 7-96（d）所示。外径可用游标卡尺或外卡钳测量，当直径尺寸较大且表面非常粗糙时（如砂型铸件），可用钢直尺配合外卡钳测量，如图 7-97（d）所示圆筒外径 $\phi 115$。

（3）测量曲面：测量轮廓形状比较复杂的端面，有三种方法：拓印法、铅丝法和坐标法。

① 拓印法：如图 7-98（a）所示测量 $R 95$ 尺寸，用拓印法在白纸上拓印出它的轮廓，然后用几何作图法求出各连接圆弧的尺寸和圆心位置。

② 铅丝法：对于回转面零件的母线曲率半径的测量，可用铅丝贴合其曲面弯成母线实形后，描绘在纸上，得到母线真实曲线形状后，判定出该曲线的圆弧连接情况，定出切点，再用中垂线法求出各段圆弧的中心测其半径，如图 7-98（b）所示。或用橡皮泥贴合拓印。

③ 坐标法：一般的曲线和曲面都可用直尺和三角板定出曲面上各点的坐标，在纸上画出曲线，求出曲率半径，如图 7-98（c）所示。

（4）测量轴孔中心高：可用带杠杆百分表的数显高度尺直接测量，也可用高度尺配合游标卡尺测量，还可用外卡钳与直尺配合测量相关尺寸，再进行计算，如图 7-99 所示。

（5）测量孔间距：用游标卡尺直接测量、计算，如图 7-100（a）所示。也可用外卡钳测量孔的相关尺寸后，再进行计算，如图 7-100（b）、（c）所示测量螺纹孔的中心距 $\phi 98$。

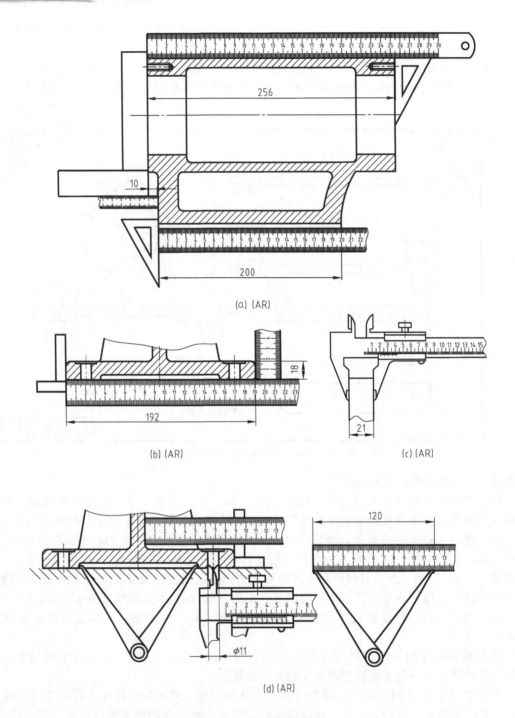

(a) (AR)

(b) (AR)

(c) (AR)

(d) (AR)

图 7-96　测量线性尺寸

测得尺寸后，标注在座体视图中，如图 7-101 所示。

7.7.2.5　标注技术要求

1）尺寸公差的选择与标注

① 配合制：轴承座孔需要与圆锥滚子轴承配合，因轴承是标准件，应采用基轴制配合。

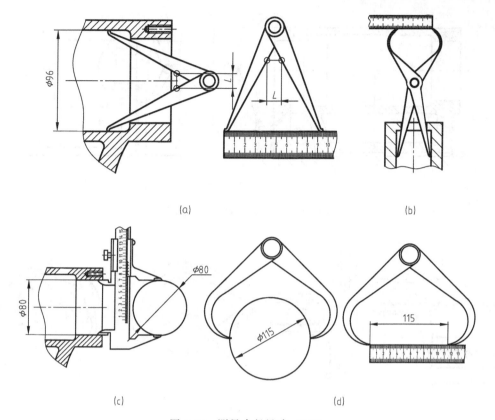

图 7-97　测量直径尺寸（AR）

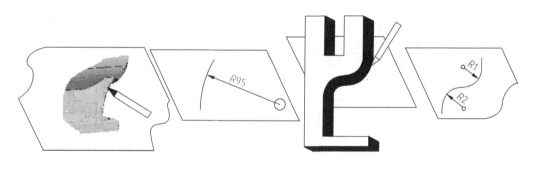

(a) 拓印法

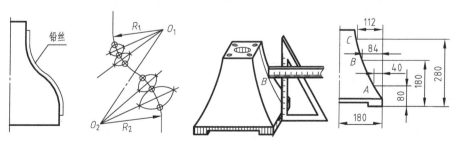

(b) 铅丝法　　　　　　　　(c) 坐标法

图 7-98　曲面测量方法（AR）

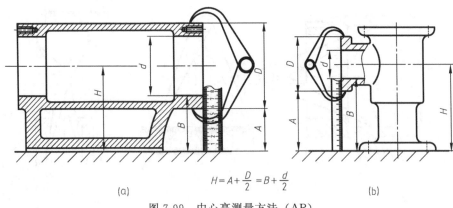

$$H = A + \frac{D}{2} = B + \frac{d}{2}$$

(a) (b)

图 7-99　中心高测量方法（AR）

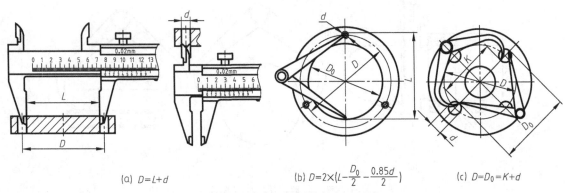

(a) $D = L + d$　　(b) $D = 2 \times \left(L - \frac{D_0}{2} - \frac{0.85d}{2} \right)$　　(c) $D = D_0 + K + d$

图 7-100　孔中心距测量方法（AR）

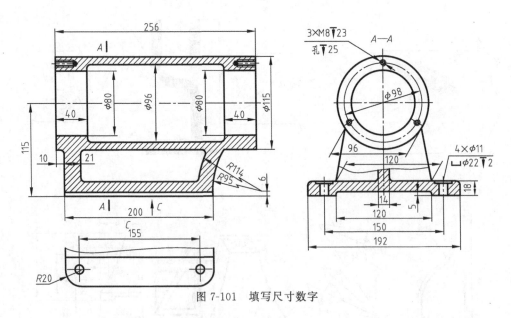

图 7-101　填写尺寸数字

② 公差带代号：铣刀在工作时受力方向变化且有冲击，而轴承外圈固定于座体中，因此，外圈相对于负荷旋转，为了防止外圈相对于轴承座孔的滑动，选择过渡配合或过盈配合。根据座体为整体式、采用圆锥滚子轴承，参照表 7-10 选取公差带为 N7，并标注在图样上，如图 7-102 所示。

表 7-10   向心轴承和外壳的配合、孔公差带代号

运转状态		载荷状态	其他状况	公差带①	
说　明	举　例			球轴承	滚子轴承
固定的 外圈载荷	一般机械、铁路机车车辆轴箱、电动机、泵、曲轴主轴承	轻、正常、重	轴向易移动,可采用剖分式外壳	H7、G7②	
摆动载荷		冲击	轴向能移动,可采用整体或剖分式外壳	J7、Js7	
		轻、正常			
		正常、重	轴向不移动,采用整体式外壳	K7	
		冲击		M7	
旋转的 外圈载荷	张紧滑轮、轮毂轴承	轻		J7	K7
		正常		K7、M7	M7、N7
		重		—	N7、P7

① 并列公差带随尺寸的增大从左至右选择,对旋转精度有较高要求时,可相应提高一个公差等级。

② 不适用于剖分式外壳。

2) 表面结构要求的选择与标注

与轴承配合面的表面结构要求,参照表 7-11 所示选择。因配合面的尺寸公差带代号为 N7,即:公差等级为 IT7,故查得 Ra 值为 $1.6\mu m$;两端 Ra 值为 $6.3\mu m$。螺纹孔加工取 Ra 值为 $6.3\mu m$,其余保留上道工序状态,并标注在图样上。

3) 几何公差的选择与标注

(1) 几何公差项目的选择

① 平行度:左、右两轴承座孔的轴线应与底面平行,否则影响转轴的回转精度,因此选择线对基准平面平行度作为特征项目。

② 同轴度:左、右两孔的轴线是否同轴,将影响其与转轴相配合,故选择同轴度项目。

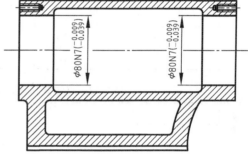

图 7-102   标注尺寸公差

表 7-11   配合面的表面结构要求 μm

轴或轴承座孔直径 /mm		轴或外壳配合表面直径公差等级								
		IT7			IT6			IT5		
		表面结构要求								
超过	到	Rz	Ra		Rz	Ra		Rz	Ra	
			磨	车		磨	车		磨	车
—	80	10	1.6	3.2	6.3	0.8	1.6	4	0.4	0.8
80	500	16	1.6	3.2	10	1.6	3.2	6.3	0.8	1.6
端面		25	3.2	6.3	25	3.2	6.3	10	1.6	3.2

(2) 几何公差数值的选择

① 平行度公差值的确定:参照表 7-12、表 7-13,选择座孔径轴线相对于底平面的平行度公差等级为 8 级,因两孔距较大,限制在全长范围内任意 100mm 长度的平行度,根据主参数为 100mm 和平行度公差等级 8 级,查附录 H 得平行度公差值为 0.06mm。

② 同轴度公差值的确定:选择同轴度公差等级与 $\phi80$ 座孔尺寸公差等级(IT7)同级,根据 $\phi80$ 和同轴度公差等级 7 级,查附录 H 得同轴度公差值为 0.025mm。

表 7-12 常用加工方法可达到的平行度和垂直度公差等级   mm

加工方法		平行度、垂直度公差等级											
		1	2	3	4	5	6	7	8	9	10	11	12
轴线对轴线(或平面)													
磨	粗							○	○				
	细				○	○	○	○					
镗	粗									○	○	○	
	细							○	○				
	精						○	○					
金刚石镗					○	○	○						
车	粗										○	○	
	细							○	○	○	○		
铣							○	○	○	○			
钻										○	○	○	○

表 7-13 平行度、垂直度和倾斜度公差等级应用示例

公差等级	应用示例	
	平行度	垂直度
6 7 8	一般机床零件的工作面或基准面,压力机和锻锤的工作面,中等精度钻模的工作面,一般刀、量、模具,机床一般轴承孔对基准面的要求,床头箱一般孔间要求,变速器箱孔,主轴花键对定心直径,重型机械轴承盖的端面,卷扬机、手动传动装置中的传动轴,气缸轴线等	低精度机床主要基准面和工作面,回转工作台端面,一般导轨,主轴箱体孔,刀架、砂轮架及工作台回转中心,机床轴肩,气缸配合面对其轴线,活塞销孔对活塞中心线,装 6、0 级轴承端面对轴承壳体孔的轴线等

将几何公差标注在图样上,如图 7-103 所示。其含义为:

$\boxed{// \ 0.06/100 \ B}$:表示提取的左、右轴承座孔中心线 C、D,在全长范围内任意 100mm 长度,应限定在平行于基准平面 B、间距等于 0.06mm 的两平行平面之间。

$\boxed{◎ \ \phi0.025 \ C\text{-}D}$ 表示提取的左、右轴承座孔中心线 C、D,应限定在直径等于 $\phi0.025$、以公共基准轴线 C-D 为轴线的圆柱面内。

4)其他技术要求

铸件通常需要经过时效处理,铸件不能有气孔、缩孔和裂纹等铸造缺陷。图中未标注的圆角半径值,如图 7-104 所示。

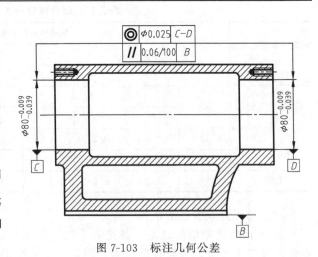

图 7-103 标注几何公差

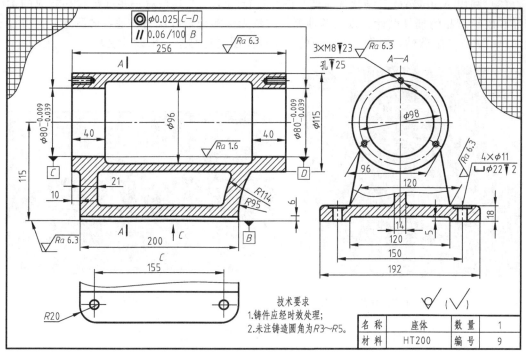

图 7-104　座体零件草图

7.7.3　知识链接

7.7.3.1　测绘零件的基本步骤

目测零件各部分尺寸的比例→徒手绘制好零件视图→绘制尺寸界线和尺寸线→实测、查表、计算零件各几何形体的尺寸，并标注在相应的尺寸线上→分析配合关系，选择技术要求并标注在图样上→填写标题栏，完成零件草图绘制。

7.7.3.2　绘制零件草图的要求

（1）零件草图的画法与零件图一样，只是画图的方式是目测、徒手作图。为了详细记录零件的结构，可以多画几个视图或辅助视图。

（2）零件上已标准化的结构，如键槽、销孔、沉孔、退刀槽、螺纹、倒角等，应依据测得的数据，查相关手册，取标准值。

（3）与标准件（如滚动轴承、螺钉等）相配合的座孔、螺孔、沉孔等的尺寸，测量后必须用与它配合的标准件进行校核，如图 7-97（c）所示中的 $\phi80$ 与滚动轴承外圈配合，该尺寸测量后，必须查表校核是否与标准中的轴承外圈直径尺寸一致。亦可直接通过滚动轴承端面上的型号查表确定。

（4）两零件间的配合尺寸或关联尺寸，最好在测量、核准后同时填入两零件草图上。

（5）零件上所有的工艺结构（如倒角、圆角、退刀槽、越程槽、凸台、凹槽、中心孔等）都应画出，其参数可通过测绘、查表等方法获得，并标注在图样中。

（6）零件上的破损结构一般需复原画出，并标注复原后的尺寸。

7.7.3.3　测绘零件的方法

根据测绘对象的结构、精度、材料等不同，测绘方法可分为以下几种。

（1）使用通用量具对实物进行测绘。

（2）使用三坐标测量仪或加工中心对实物进行测绘。如图 7-105 中的箭头指向侧头部分。

（3）利用 AutoCAD 二维软件对产品图片进行测绘。尤其是对一些纤维材料制成的柔软产品和胶料产品的模具设计。以上两种测绘方法无法实现对纤维材料地毯的测量，但可以利用 AutoCAD 二维软件，对图 7-106 中的地毯产品图进行测绘，来设计模具。

图 7-105　用三坐标测量仪测绘泵体　　　　　　　图 7-106　地毯产品图

项目8

识读与绘制装配图

【项目功能】 掌握识读与绘制装配图、装配示意图以及部件测绘的基本方法和步骤，熟悉装配图的特殊画法、尺寸标注、常见的装配工艺结构。

8.1 任务1 识读滑动轴承座装配图

【任务目标】 通过识读滑动轴承座装配图，熟悉装配图的组成与作用、特殊画法及尺寸标注，掌握典型部件装配图的表达方式以及识读装配图的基本方法和步骤。

8.1.1 任务分析

8.1.1.1 装配图的作用

（1）定义：表达机器或部件的图样称为装配图。分总装配图、部件装配图，前者是表达一台完整机器的装配图；后者是表达机器中某个部件或组件的装配图，如图8-1所示。

（2）作用：装配图是新产品方案论证的依据，是绘制零件图的依据，是生产、调试和维修的依据，也可用于信息交流。

8.1.1.2 装配图的组成

装配图表达了机器或部件的工作原理、传动路线和零件间的装配关系，如图8-2所示。因此，装配图中应由以下内容组成。

（1）一组图形：用各种表达方法来正确、完整、清晰、简便地表达机器或部件的工作原理、各零件的装配关系、零件的连接方式、传动路线以及零件的主要结构形状。

（2）必要尺寸：标注表示机器或部件的规格与性能、装配关系、安装、检验时所必要的一些尺寸。

（3）技术要求：用文字或符号说明机器或部件的性能、装配和调整要求、验收条件、试验和使用规则等。

（4）零件的序号和明细栏

① 序号：在装配图上，对组成机器或部件的每一种零件（结构形状、尺寸规格及材料完全相同的为一种零件），必须按一定的顺序标注序号，并填写在明细栏中，以便在看图时找到零件的位置。

② 明细栏（或明细表）：注明机器或部件上各种零件的序号、代号、名称、数量、材料、重量、备注等内容，以便读图、图样管理及进行生产准备、生产组织工作。

（5）标题栏：说明机器或部件的名称、图样代号、比例及责任者的签名与日期等内容。

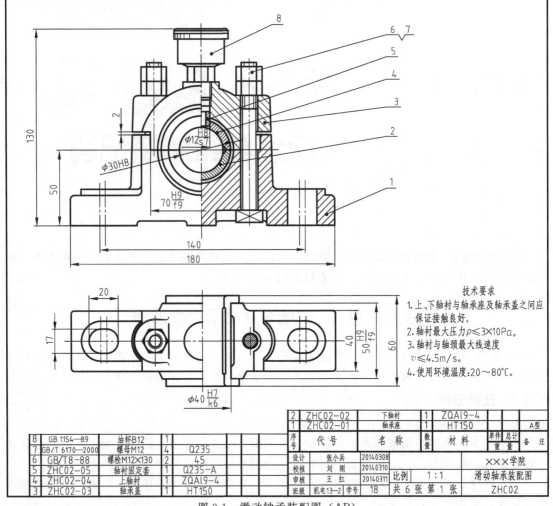

2	ZHC02-02	下轴衬	1	ZQAl9-4		
1	ZHC02-01	轴承座	1	HT150		A型
序号	代 号	名 称	数量	材 料	单件 总计 重量	备注
8	GB 1154—89	油杯B12	1			
7	GB/T 6170—2000	螺母M12	4	Q235		
6	GB/T8-88	螺栓M12×130	2	45		
5	ZHC02-05	轴衬固定套	1	Q235-A		
4	ZHC02-04	上轴衬	1	ZQAl9-4		
3	ZHC02-03	轴承盖	1	HT150		

技术要求
1. 上、下轴衬与轴承座及轴承盖之间应保证接触良好。
2. 轴衬最大压力p≤3×10Pa。
3. 轴衬与轴颈最大线速度υ≤4.5m/s。
4. 使用环境温度:20～80℃。

设计 张小兵 20140308 ×××学院
校核 刘 刚 20140310
审核 王 红 20140311 比例 1:1 滑动轴承装配图
班级 机电13-2 学号 18 共6张 第1张 ZHC02

图 8-1 滑动轴承装配图（AR）

8.1.2 任务实施

8.1.2.1 读标题栏和明细栏，了解其作用与组成

（1）读"标题栏"：通过读名称、联系生产实践知识可知道该部件的大致用途。如图8-1中的滑动轴承座，是用于支撑和固定轴、使轴能够承担径向载荷并实现转动的装置。由图中1：1的"比例"可知，图形的大小与实际大小一样。

（2）读"序号"和"明细栏"：滑动轴承共有8种零件，其中标准件有3种，其余为专用件。按序号依次找到各零件的名称和所在位置，以及标准件的名称与规格等。

8.1.2.2 粗读视图，分析表达方案

滑动轴承装配图采用了2个基本视图：主视图和俯视图。各视图所表达的主要内容：

（1）主视图：因部件结构左右对称、前后对称，故主视图采用半剖。视图部分表达了滑动轴承座前面的外形结构，剖视部分表达了轴承座、下轴衬、上轴衬、轴衬固定套、轴承盖、油杯、螺栓、螺母等零件的位置与装配、连接关系。

（2）俯视图：轴承座的结构上下不对称，为了表达轴衬与轴承座孔的装配情况，沿轴承盖与轴承座的结合面剖切后绘制出半剖的俯视图。这是装配图中的特殊画法，根据零件结构的需要，可以画成半剖，如图8-3（a）中的轴承座俯视图。也可画成局部剖，如图8-3（b）

220

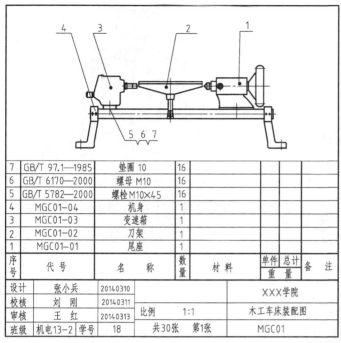

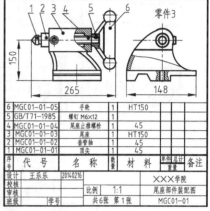

(a) 木工车床装配图

(b) 尾座部件装配图

图 8-2　总装配图和部件装配图

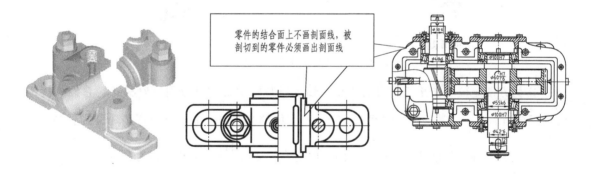

(a) 滑动轴承座俯视图

(b) 单级斜齿圆柱齿轮减速器俯视图

图 8-3　沿结合面剖切的画法

的单级斜齿圆柱齿轮减速器。还可绘制成全剖视图。

8.1.2.3　精读装配图，分析装配干线及零件结构

（1）分析装配干线：以轴承座为基准件，中间部分依次装配着下轴衬、上轴衬、轴衬固定套、轴承盖、油杯；轴承座与轴承盖用 2 个 M12 的方头螺栓、4 个螺母联结。

（2）分析主要零件结构：根据零件序号指引线所指部位，分析该零件在该视图中的范围及外形，然后对照投影关系，找出该零件在其他视图中的位置及外形。分离零件时，利用剖视图中剖面线的方向或间隔的不同，以及零件间互相遮挡时的可见性规律来区分零件，综合分析想出其结构形状，如图 8-4 中用粗实线绘制的轴承座和轴承盖零件。

8.1.2.4　分析装配关系，综合想象部件结构

（1）分析装配关系

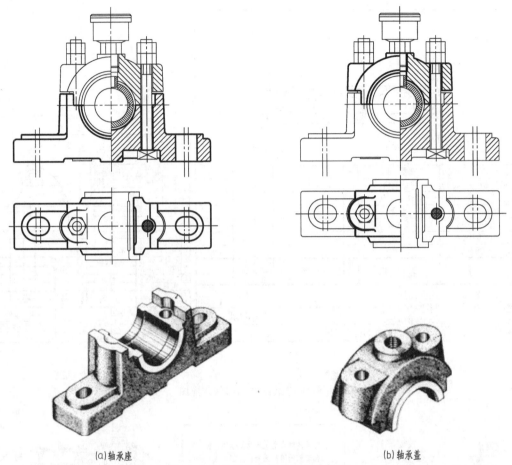

(a)轴承座   (b)轴承盖

图 8-4　轴承座和轴承盖零件立体图

① 为方便定位和防止工作时的错动，轴承座与轴承盖的剖分面呈阶梯状，它们长度方向的配合为 $70\dfrac{H9}{f9}$，是基孔制的间隙配合，左右两侧高度方向非接触面有 $2mm$ 的间隙要求。

② 上、下轴衬与轴承盖和轴承座的径向配合为 $\phi40\dfrac{H7}{k6}$，是基孔制的过渡配合；前后宽度方向的配合为 $50\dfrac{H9}{f9}$，是基孔制的间隙配合。

③ 轴衬固定套与轴承盖的配合为 $\phi12\dfrac{H8}{s7}$，属于基孔制的过盈配合。

（2）工作原理：滑动轴承与轴颈接触的零件是上、下轴衬，其规格性能尺寸为 $\phi30H8$，油杯中润滑油通过轴承盖和上轴衬的油孔流进轴承间隙中，在轴衬内壁开设油槽，将油输送到轴颈上。尺寸 140 及 17、20 用来安装轴承座。构思部件形体，如图 8-5 所示。

8.1.3　知识链接

8.1.3.1　装配图中的规定画法和特殊画法

部件（机器）和零件的表达相同点是其内外结构形状，因此关于零件的各种表达方法和选用原则，也适用于部件的表达。但装配图还需要表达部件中零件之间的相互位置、配合与连接关系及部件的工作原理等内容，故国家标准《机械制图》对绘制装配图提出了一些规定画法和特殊画法。

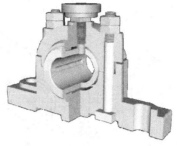

图 8-5　滑动轴承立体图

1）装配图中的规定画法

（1）两相邻零件的接触面和配合面规定只画一条线。但当两相邻零件的公称尺寸不相同时，即使间隙很小，也必须画出两条线，如图 8-6 所示。

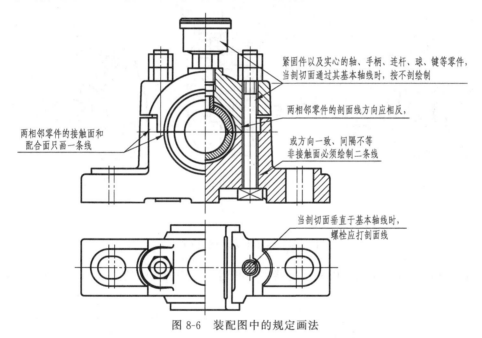

图 8-6　装配图中的规定画法

（2）两相邻零件的剖面的倾斜方向应相反，或者方向一致、间隔不等。在各视图上，同一零件的剖面线方向、间距应一致。如图 8-6 所示。

2）装配图中的特殊画法

（1）沿结合面剖切画法：假想沿某些零件的结合面剖切后绘制其投影，如图 8-1、图8-3所示。

（2）拆卸画法：在装配图中可假想拆去一个或几个零件之后，将其余部分结构按视图画出来，这种画法称为拆卸画法。需要说明时可加注：拆去某零件，如图 8-7 中的右视图。

（3）单独表达零件的画法：当个别零件在装配图中未表达清楚而又需要表达时，可单独画出该零件的视图，并在零件视图上方注出该零件的名称或编号，其标注方法与局部视图类似。如图 8-8 所示，在主视图上沿着 $A—A$ 结合面进行剖切，绘制出的右视图重点表达了定子和转子的端面形状和相互位置；B 向视图单独表达了泵盖的左端面形状及孔的分布，在该视图的上方应注明零件的名称或"××号零件"。

（4）假想画法：当需要表达所画装配体与相邻零件或部件的关系时，可用双点画线假想

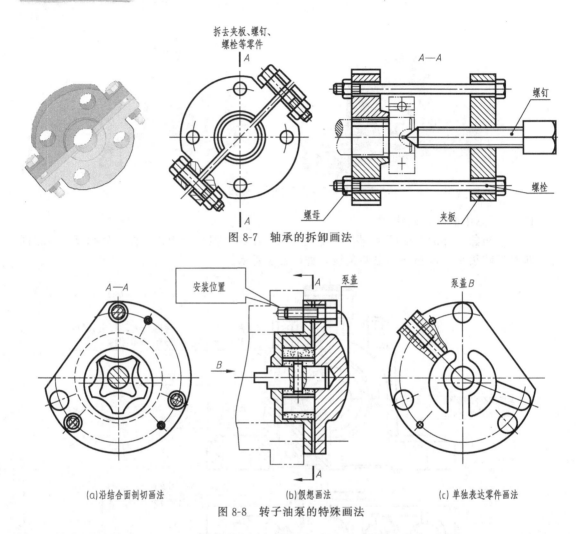

图 8-7　轴承的拆卸画法

(a)沿结合面剖切画法　　　(b)假想画法　　　(c)单独表达零件画法

图 8-8　转子油泵的特殊画法

画出相邻零件或部件的轮廓，以表示机器中某些运动零件的极限位置、相关零件的安装位置等，如图 8-8、图 8-9 所示。

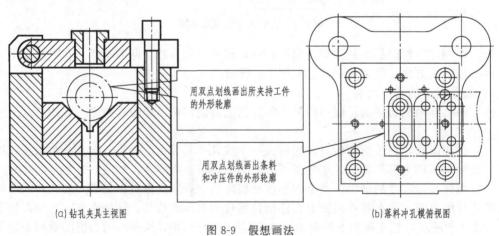

(a)钻孔夹具主视图　　　　　　　　　(b)落料冲孔模俯视图

图 8-9　假想画法

（5）展开画法：为了表达传动机构的传动路线和装配关系，可假想按传动顺序沿轴线剖切，然后依次将各剖切平面展开在一个平面上，画出其剖视图。此时应在展开图的上方注明

"×—×展开"字样,如图8-10所示。

(6)夸大画法:在装配图中,如绘制厚度很小的薄片、直径很小的孔以及很小的锥度、斜度和尺寸很小的非配合间隙时,这些结构可不按原比例而夸大画出,如图8-11所示中垫片厚度小于2mm时,可涂黑绘制。

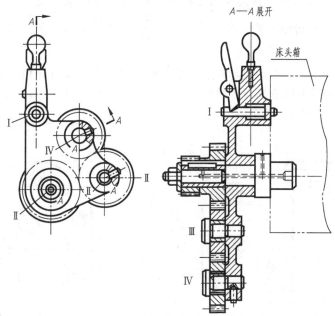

图8-10 三星齿轮传动机构的展开画法

3)装配图中的简化画法

(1)零件的工艺结构可省略不画,如倒角、圆角、退刀槽等结构。如图8-11所示。

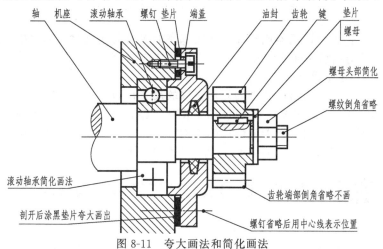

图8-11 夸大画法和简化画法

(2)装配图中的滚动轴承,可采用图8-11的简化画法。

(3)对于装配图中螺栓、螺钉连接等若干相同零件组,允许仅详细地画出几处,其余则以点画线表示其中心位置即可,如图8-11所示。

8.1.3.2 装配图中的尺寸标注

装配图上一般标注以下几种尺寸。

(1)规格性能尺寸:表示机器、部件或组件的性能或规格的尺寸。它是设计、和用户选用机器或部件的主要依据，从性能尺寸可以了解部件的应用范围，如图 8-1 中滑动轴承的轴孔直径 $\phi30H8$、图 8-12 中齿轮泵进出口直径 G3/8。

（2）装配尺寸：表示机器或部件中有关零件之间的装配关系的尺寸。

① 配合尺寸：表示两个零件之间配合性质的尺寸。标注时，在尺寸数字后面注写配合代号，可作为由装配图拆画零件图时确定两零件极限偏差的依据，或作为分析零件间相对运动的依据。如图 8-1 滑动轴承装配图中尺寸 $\phi12\dfrac{H8}{s7}$、$70\dfrac{H9}{f9}$、$\phi40\dfrac{H7}{k6}$、$50\dfrac{H9}{f9}$ 以及如图 8-12 所示的配合尺寸。

② 相对位置尺寸：保证装配后零件之间较重要的距离、间隙等相对位置的尺寸。如图 8-1 滑动轴承的主视图中轴承盖与轴承座之间的距离为 2mm、中心高 50；如图 8-12 齿轮泵装配图中的中心高 50 和 65 尺寸。

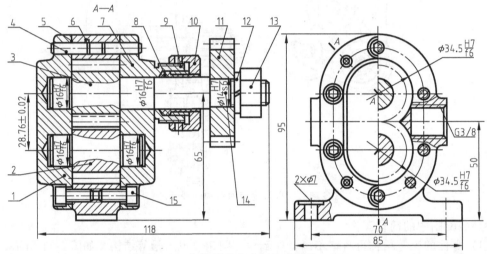

图 8-12　齿轮泵的表达与尺寸标注（AR）

（3）安装尺寸：表示将机器或部件安装在基座上或与其他机器、部件相连接时所需要的尺寸。如图 8-1 滑动轴承底部安装孔的中心距尺寸 140 及尺寸 20、17；如图 8-12 齿轮泵底部孔的中心距 70 和定形尺寸 $2\times\phi7$。

（4）外形尺寸：表示机器或部件的外形轮廓的尺寸，即总长、总宽、总高。当机器或部件需要进行包装运输时，或进行厂房设计和安装时，都需要从装配图中查询外形尺寸。

（5）其他重要尺寸：根据机器或部件的结构特点和需要，必须标注的尺寸。如有些重要的需要经过计算而确定的尺寸，如图 8-12 齿轮泵装配图中的齿轮中心距 28.76 ± 0.02。

8.2　任务 2　识读铁芯单工序落料模装配图

【任务目标】　通过识读落料模装配图，熟悉冲压模具装配图的组成、特殊画法及尺寸标注，掌握模具装配图的表达方式以及装配工艺对零件结构的设计要求。

8.2.1　任务分析

冲压模具装配图的组成与前面所学的机器及其部件图样有所不同。图 8-13 为铁芯单工序落料模装配图。

8.2.1.1　模具装配图的组成

模具装配图通常由视图、必要尺寸、工件图、排样图、序号、明细栏、标题栏和技术要求组成，它们在图幅中的布局，如图 8-14 所示。

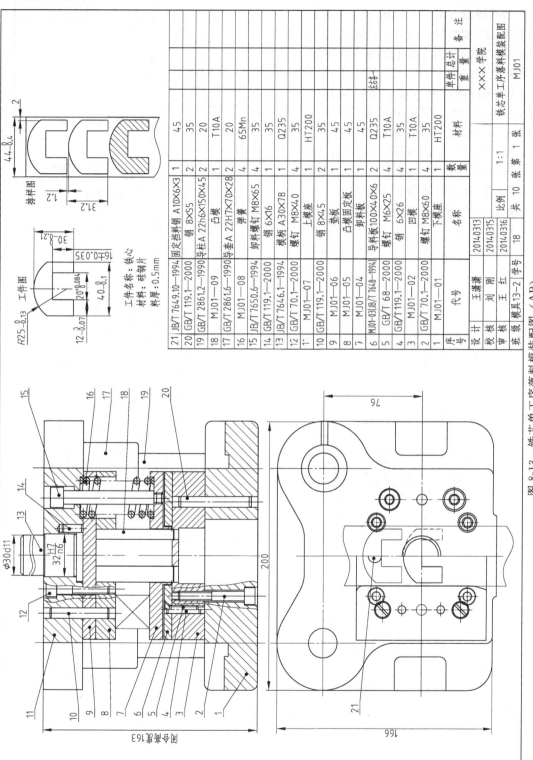

图 8-13 铁芯单工序落料模装配图（AR）

序号	代号	名称	数量	材料	备注
21	JB/T 7649.10—1994	固定挡料销 A10×6×3	1	45	
20	GB/T 119.1—2000	销 8×55	2	35	
19	GB/T 2861.2—1990	导柱 A 22h6×150×45	2	20	
18	MJ01—09	凸模	1	T10A	
17	GB/T 2861.6—1990	导套 A 22H7×70×28	2	20	
16	MJ01—08	弹簧	4	65Mn	
15	JB/T 7650.6—1994	卸料螺钉 M8×65	4	35	
14	GB/T 119.1—2000	销 6×16	1	35	
13	JB/T 7646.1—1994	模柄 A30×78	1	Q235	
12	GB/T 70.1—2000	螺钉 M8×40	4	35	
11	MJ01—07	上模座	1	HT200	
10	GB/T 119.1—2000	销 8×45	2	35	
9	MJ01—06	垫板	1	45	
8	MJ01—05	凸模固定板	1	45	
7	MJ01—04	卸料板	1	45	
6	MJ01—03 JB/T 7648—1994	导料板 100×4.0×6	2	Q235	配合
5	GB/T 68—2000	螺钉 M6×25	4	T10A	
4	GB/T 119.1—2000	销 6×26	4	35	
3	MJ01—02	凹模	1	T10A	
2	GB/T 70.1—2000	螺钉 M8×60	4	35	
1	MJ01—01	下模座	1	HT200	

设 计	王潇潇	2014.03.13		
校 核	刘 洌	2014.03.15	×××学院	
审 核	王 红	2014.03.16	铁芯单工序落料模装配图	
班 级 模具13—2	学号	18	MJ01	

比例 1:1 共 10 张 第 1 张

排样图

工件图

工件名称：铁芯
材料：硅钢片
料厚：0.5mm

8.2.1.2　模具装配图的画法

（1）模具视图：一般情况下，用主视图和俯视图表示模具结构。也可用左视图表达侧面结构，或用局部视图、剖视图绘制局部结构，如用局部剖视图表达始用挡料装置。

① 主视图：应尽可能将模具的所有零件剖视出来，可采用几个平行平面剖切、几个相交平面剖切或两者混合使用，画成全剖、半剖或局部剖视图。绘制出的视图通常处于闭合状态（如图8-13所示）或接近闭合状态，或闭合与自由状态各画一半，如图8-15所示。

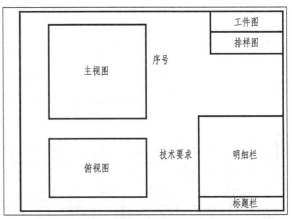

图 8-14　模具装配图的图面布局

② 俯视图：沿着上、下模部分的结合面剖开，一般只画下模部分，或者上、下模各画一半的投影，拆去导柱，并用细双点画线画出毛坯外形和条料形状，如图8-16所示。

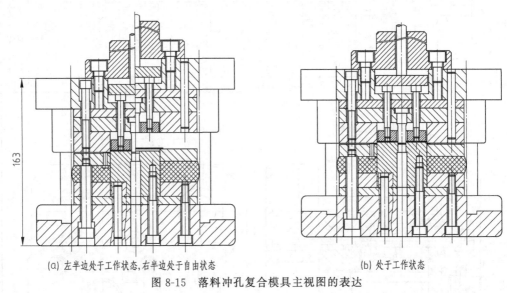

(a) 左半边处于工作状态,右半边处于自由状态　　　　(b) 处于工作状态

图 8-15　落料冲孔复合模具主视图的表达

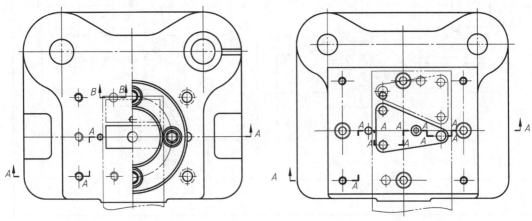

(a) 上、下模各画一半的俯视图　　　　(b) 只画下模部分的俯视图

图 8-16　落料冲孔复合模具俯视图的表达

228

在剖视图中所剖切到的凸模和顶杆等实心杆件，按不剖绘制。如图8-13中的凸模、图8-15中的冲头和顶杆均按不剖绘制。

（2）工件图：工件图是经模具冲压后所得到的冲压件图形，绘制在图样的右上角附近，并注明材料名称、厚度及必要的技术要求。其比例一般与模具图一致，特殊情况可以缩小或放大。工件的方向应与冲压方向一致（即与工件在模具中的位置一致），若特殊情况下不一致时，必须用箭头注明冲压方向。

（3）排样图：排样图绘制在图样的右上角，通常从排样图中可看出所采用的模具，并由此图确定挡料和导料的结构和位置，如图8-17为采用连续模和复合模加工的制件排样图。

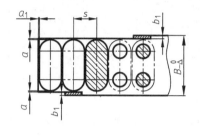

(a) 连续工序排样图　　　　　　　　　　　(b) 复合工序排样图

图 8-17　连续和复合工序排样图

8.2.1.3　模具装配图的尺寸标注

（1）主视图标注的尺寸：标注模具的闭合高度尺寸，要写上"闭合高度×××"字样；标注轮廓尺寸、安装尺寸及配合尺寸。如图8-13主视图中的"闭合高度163"，配合尺寸有 $\phi 32 \dfrac{H7}{m6}$，安装尺寸有 $\phi 30d11$。

模具的闭合高度：是指模具在最低工作位置时，上模座顶面至下模座底面之间的距离。

（2）俯视图标注的尺寸：注明下模轮廓尺寸，标注压力中心位置尺寸。如图8-13俯视图中的200、166，以及相对重要的尺寸76，表示压力中心位置。

8.2.2　任务实施

8.2.2.1　粗读装配图，了解其作用及各零件

（1）读"标题栏"：如图8-13所示，通过读名称可知，该模具为单工序落料模。由图中1∶1的"比例"可知，图形的大小与实际大小一样。

（2）读"序号"和"明细栏"：该套模具共有21种零件，有9种是国家颁布的标准件（GB/T），有3种是机械行业颁布的标准件（JB/T），其余为专用件。上模部分由上模座、垫板、凸模固定板、凸模、卸料板、弹簧、卸料螺钉、连接螺钉、销组成；下模部分由下模座、凹模、左右导料板、销、沉头螺钉、圆柱内六角螺钉、挡料销等零件组成。

（3）读"工件图"和"排样图"：工件图反映了冲压件的结构形状、尺寸及精度要求；排样图表达了冲压件在板料上的布置方法以及板料的宽度，同时，也可了解凸模、凹模的刃口形状，以及条料的定位和导料位置，如图8-18所示。

8.2.2.2　粗读视图，分析表达方案

铁芯落料模装配图采用了主视图和俯视图来表达。各视图重点表达以下内容：

（1）主视图：将冲模正对操作者，按模具的工作闭合状态绘制，采用全剖视图，其中2号与12号螺钉采用剖中剖视图来表达与其他件的连接关系，如图8-13所示。

上模部分：压入式模柄安装在上模座后由防转销防转，采用直通式凸模，插入凸模固定板后上端铆平。弹性卸料装置由弹簧、卸料板和卸料螺钉组成，安装在上模部分。零件连接关系如图8-19所示。

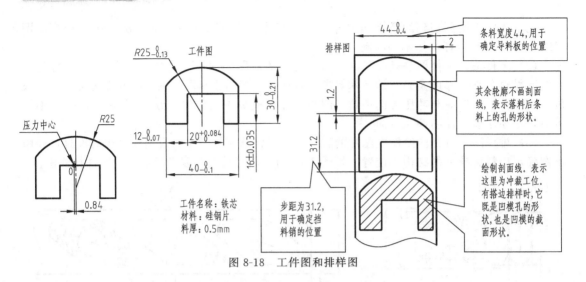

图 8-18　工件图和排样图

下模部分：凹模直接安装在下模座上，由销定位、螺钉连接；导料板安装在凹模上，由销定位、沉头螺钉连接。零件连接关系如图 8-19 所示。

模具的导向由安装在下模座上的导柱与安装在上模座上的导套来实现。

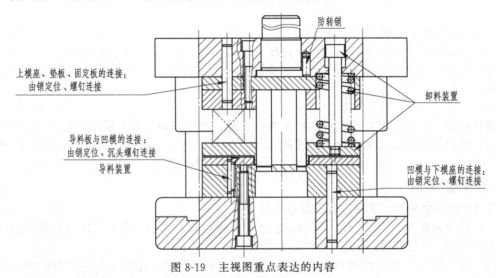

图 8-19　主视图重点表达的内容

（2）俯视图：采用了半剖视图，如图 8-13 所示。左侧的剖视图是沿上、下模的结合面剖切后的投影，表达了凹模刃口的形状与位置、条料的进给方向及定位（21 号挡料销）、导料板与凹模的轮廓形状、导料板和凹模上的螺钉与销的分布情况；右侧的视图表达了上模顶面的形状及其螺钉与销的分布情况、模柄的形状与位置。俯视图还表达了下模座的特征。

8.2.2.3　精读装配图，分析装配干线及零件结构

（1）分析装配干线：模具的装配干线沿模柄轴线分布，分上、下模部分。上模的装配干线是凸模、卸料板、凸模固定板、垫板、上模座、模柄；下模是下模座、凹模、导料板等。

（2）分析主要零件结构：通过不同区域的剖面线，对照主、俯视图的投影，想象零件结构形状，如图 8-20 所示为铁芯落料模中的专用零件。

8.2.2.4　分析装配关系，综合想象模具结构

（1）分析装配关系：模柄安装在上模座的阶梯孔内，与上模座的配合为 $\phi 32 \dfrac{H7}{m6}$，是基

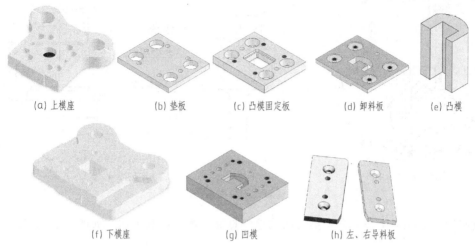

(a) 上模座　　　(b) 垫板　　　(c) 凸模固定板　　　(d) 卸料板　　　(e) 凸模

(f) 下模座　　　　　(g) 凹模　　　　　(h) 左、右导料板

图 8-20　铁芯落料模专用零件立体图

孔制的过渡配合，为防止工作时模柄转动，模柄与上模座之间安装了防转销，如图 8-19 所示。凸模安装在凸模固定板的阶梯孔内，与固定板的配合为 $\dfrac{H7}{m6}$，是基孔制的过渡配合。模柄与机床滑块的安装尺寸为 $\phi 30d11$。此外，零件间以销定位、螺钉连接，如图 8-19 所示。综合想象模具结构，如图 8-21 所示。

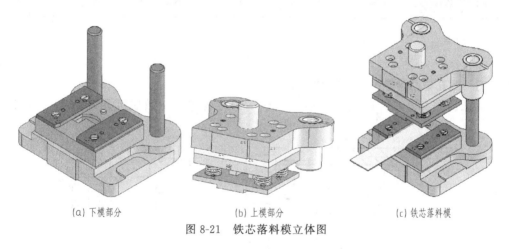

(a) 下模部分　　　　　(b) 上模部分　　　　　(c) 铁芯落料模

图 8-21　铁芯落料模立体图

　　（2）工作原理：冲压时，条料经左右导料板送料导向，挡料销送料定距。上模部分由模柄与机床滑块连接，随着滑块下行进行冲压，冲切分离的制件经下模部分的漏料孔掉入放置于工作台下的集料箱内。而箍在凸模上的冲切废料则在凸模回程时，由弹压卸料板卸下。

8.2.3　知识链接

　　零件的结构除了满足使用要求外，还应考虑装配工艺的要求，应便于装配、拆卸与维修。因此，装配工艺对零件结构有以下要求。

8.2.3.1　接触面和配合面的结构设计

　　两个零件在同一方向上只能有一对接触面，这样既能保证接触良好，又能降低加工要求。如图 8-22 所示，必须使 $b>a$。

8.2.3.2　转角处装配工艺的结构设计

　　两零件有一对相交的表面接触时，在两零件接触面的转角处应分别制成不相等的倒角、

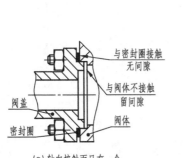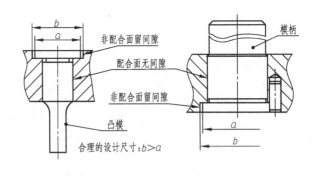

(a) 轴向接触面只有一个 　　　　　　　　　　　　　　　(b) 径向配合面只有一个

图 8-22　接触面和装配面的结构设计

圆角或凹槽，以保证两个方向的接触面均接触良好，避免相互干涉，如图 8-23 所示。

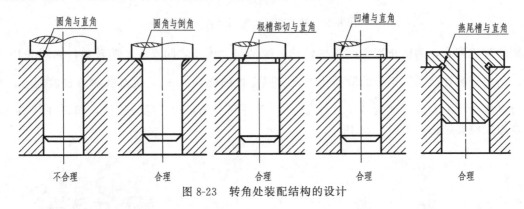

图 8-23　转角处装配结构的设计

8.2.3.3　沉孔与凸台装配工艺的结构设计

为保证接触良好，合理地减少加工面积，被连接件上应做成沉孔或凸台，如图 8-24 所示。

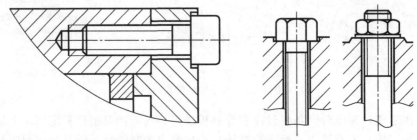

图 8-24　沉孔与凸台装配结构的设计

8.2.3.4　螺纹联结装配工艺的结构设计

为了保证螺纹旋紧，应在螺纹尾部留出退刀槽或在螺孔端部加工出凹坑或倒角。如图 8-25 所示。

8.2.3.5　螺纹紧固件装配结构的合理设计

螺纹紧固件连接中，应考虑螺栓、螺钉装拆的可能，留出扳手、起子的操作空间，如图 8-26 所示。图 8-26 (a) 中空间太小，螺钉不能安装，而图 8-26 (b) 则便于安装；图 8-26 (c) 中由于螺纹紧固件轴线距离两侧尺寸太小以至于扳手无法使用，而图 8-26 (d) 考虑到扳手使用空间，图中 M、A、E 数字可查阅 JB/ZQ 4005—84 而得。

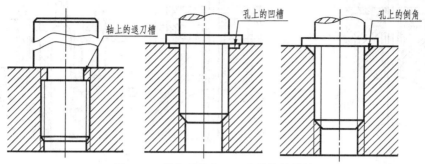

图 8-25 螺纹联结装配工艺结构的设计

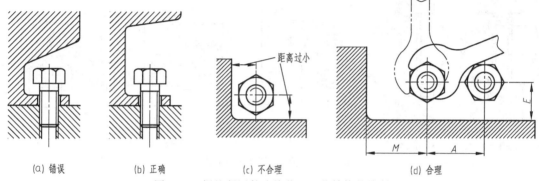

(a) 错误　　　　　(b) 正确　　　　　(c) 不合理　　　　　　(d) 合理

图 8-26 螺纹紧固件连接装配工艺结构的绘制

8.2.3.6 滚动轴承轴向固定的装配工艺结构设计

为了防止滚动轴承在运动中产生窜动，应将其内、外圈沿轴向顶紧，常用的轴向固定结构形式如图 8-27 所示。

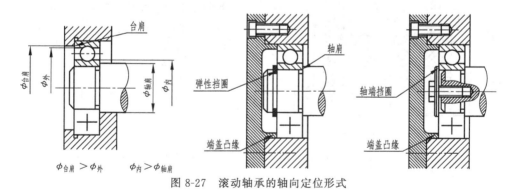

$\phi_{台肩} > \phi_{外}$　　　　$\phi_{内} > \phi_{轴肩}$

图 8-27 滚动轴承的轴向定位形式

8.2.3.7 密封或防漏结构的设计

填料密封结构是在机器或部件的旋转轴伸出箱体处，填入具有特殊性质的软质填料，并通过填料压盖压紧，使填料紧贴在轴与箱体上，以防泄漏，起到密封作用。轴和压盖螺母、填料压盖、箱体等零件间应有一定的间隙，以免轴转动时产生摩擦。绘制时，填料压盖要画在开始压紧填料的位置，表示填料加满的程度，不允许将填料压盖画成压紧的位置，如图 8-28 所示留出 h 尺寸的间隙。轴伸处密封结构的设计如图 8-29 所示。

8.2.3.8 模具中卸料装置工艺结构的设计

如图 8-30（a）为模具处于闭合状态的落料冲孔复合模的主视图；图 8-30（b）、（c）分

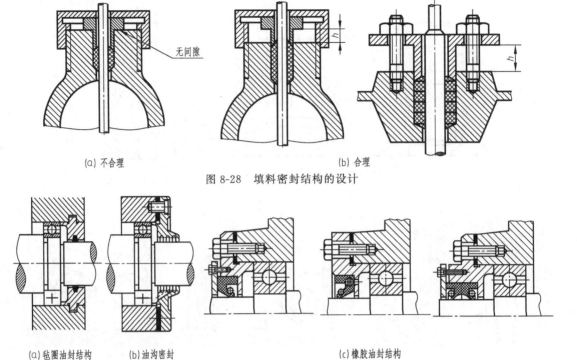

(a) 不合理　　　　　　　　　　　　(b) 合理

图 8-28　填料密封结构的设计

(a)毡圈油封结构　　　(b)油沟密封　　　　　　　　　(c)橡胶油封结构

图 8-29　轴伸处密封结构的设计

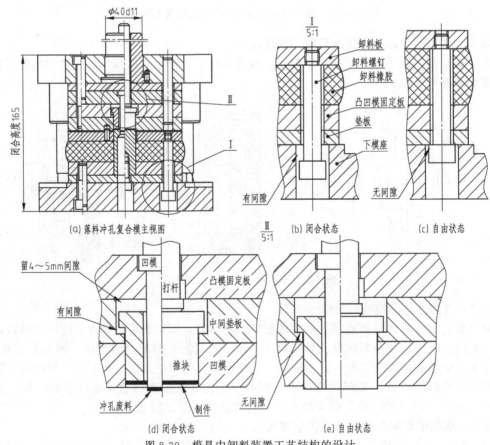

(a) 落料冲孔复合模主视图　　　(b) 闭合状态　　　　(c) 自由状态

(d) 闭合状态　　　　　　　　　(e) 自由状态

图 8-30　模具中卸料装置工艺结构的设计

别为模具处于闭合状态与自由状态的废条料卸料装置的画法，用于推出箍在凸凹模上的条料。

如图 8-30（d）、（e）分别为处于闭合状态与自由状态的推件装置的画法。

8.3 任务3 测绘铣刀头部件

【任务目标】 通过测绘铣刀头部件，掌握装配图和装配示意图的作图方法与步骤，熟悉组件、部件、机器拆装的基本步骤和方法，以及装配示意图的作用与组成。

8.3.1 任务分析

根据现有机器或部件进行测量画出零件草图，然后绘制装配图和零件图的过程称为测绘。通常测绘分为四个阶段：第一步是拆卸机器或部件，绘制装配示意图；第二步绘制零件草图；第三步是绘制装配图；第四步是根据装配图绘制零件图。

8.3.1.1 分析铣刀头部件

（1）分析用途：铣刀头是铣床中的一个附件，用于安装铣刀进行铣削加工。

（2）分析结构：如图 8-31 所示，座体是基础件，转轴是动力输入与输出的关键件，其两端由圆锥滚子轴承支撑。为了保证工作时转轴、轴承同座体之间的位置不变，除转轴做成大小不同直径的阶梯轴外，还要用端盖压紧轴承，右端的调整片是用来调整安装间隙保证压紧的。端盖用螺钉固定在座体上，起了密封、压紧轴承的作用；端盖里嵌有毡圈，以防止切削、灰尘等进入座体内部。

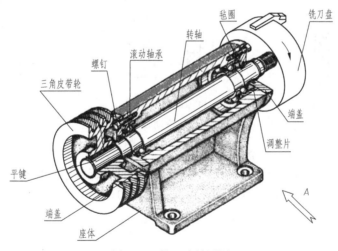

图 8-31 铣刀头轴测图

（3）工作原理：三角皮带轮通过平键，把动力传给转轴，带动铣刀盘旋转进行铣削加工。

（4）分析零件装配关系：铣刀头部件的主要装配连接关系都集中在转轴上。转轴与轴承内圈的配合为基孔制的过盈配合，轴承外圈与座体孔的配合为基轴制的过盈配合；转轴与带轮孔的配合为基孔制的过渡配合，端盖凸缘与座体孔的配合非基准制的间隙配合。

8.3.1.2 分析与选用拆装工具

常用的拆装工具有扳手、螺丝刀、手钳、锤子、内六角扳手、虎钳、锉刀、砂纸、细铁丝、铁盒、清洗剂、棉纱等普通工具。如图 8-32 所示，扳手主要是用来拆卸螺柱、螺钉、螺母等。虎钳用来夹持工件，以便拆卸部件上的其他零件或对零件进行修理。除了普通工具外，还可用专用工具，如预紧螺纹的扭力扳手、压床拆卸轴承等，如图8-33 所示。

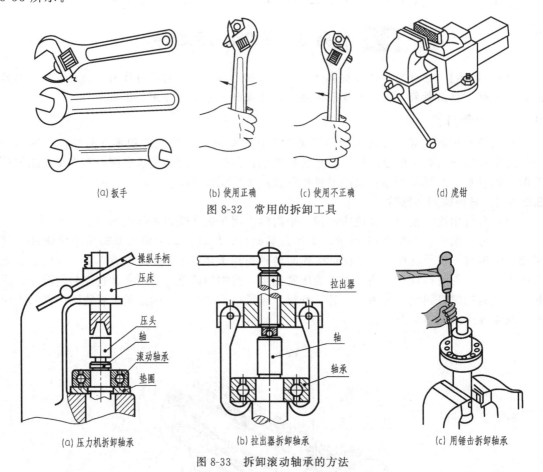

| (a) 扳手 | (b) 使用正确 | (c) 使用不正确 | (d) 虎钳 |

图 8-32　常用的拆卸工具

| (a) 压力机拆卸轴承 | (b) 拉出器拆卸轴承 | (c) 用锤击拆卸轴承 |

图 8-33　拆卸滚动轴承的方法

8.3.1.3　分析并绘制标准件参数记录表

对于初学者，为了防止拆卸下来的标准件丢失，可在拆卸前绘制好标准件参数记录表，以便拆卸时将标准件的名称、数量及标记填写在相应的位置上。如表 8-1 所示。

表 8-1　标准件参数记录表

名　称	标　记	数　量
螺钉		
滚动轴承		
平键		

8.3.1.4　分析与选择计量器具

根据产品、零件的结构形状、精度要求、生产批量，选择相应精度、测量范围的计量器具。常用的量具有游标卡尺、千分尺、钢直尺、内卡钳、外卡钳、百分表及水平仪等。

8.3.2　任务实施

8.3.2.1　绘制装配示意图

1) 装配示意图绘制要求

　　用具有代表性的符号或图线简明地表示出机器的工作原理、传动关系、零件间的装配连接关系，以及零件的名称、数量的图样称为装配示意图。

　　（1）装配示意图的符号：对于机构构件要按照机械制图《机械制图　机构运动简图用图形符号》（GB/T 4460—2013）绘制，国家标准规定了基本符号和可用符号，一般应采用基本符号绘图。必要时允许使用可用符号表示。常见的机构运动简图符号见表 8-2。

表 8-2　常见的机构运动简图符号

名称	符号意义	符号
杆件连接	牢固连接	
	活销连接	
	活球连接	
向心滑动轴承（基本符号）	向心滑动轴承	
	单向推力轴承	
	双向推力轴承	
滚动轴承	向心轴承	基本符号　　　　　可用符号
	推力轴承	基本符号　　　　　可用符号
	向心推力轴承	基本符号　　　　　可用符号
轴与零件连接	活动连接	
	固定连接	
	键滑动连接	
轴与轴连接	联轴器	一般符号　固定联轴器　可移式联轴器　弹性联轴器
	摩擦式离合器	单向式　　　　双向式
	啮合式离合器	单向式　　双向式　　可用符号
齿轮传动	圆柱齿轮传动	基本符号　　　　可用符号
	圆锥齿轮传动	基本符号　　　　可用符号

续表

名称	符号意义	符 号
蜗杆蜗轮传动		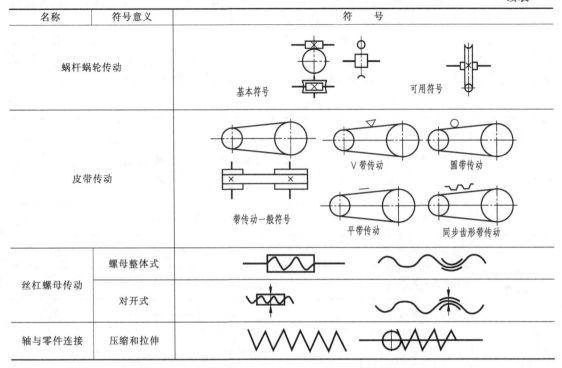
皮带传动		
丝杠螺母传动	螺母整体式	
	对开式	
轴与零件连接	压缩和拉伸	

（2）示意图的图线：没有规定符号的零件，用图 8-34 的简单线条，画出它的大致轮廓。

用线宽为 $2d$ 的线型表示轴、杆类零件 —————————

用线宽为 d 的粗实线表示零件的轮廓形状 —————————

用线宽为 $\frac{1}{2}d$ 的细实线表示剖面、运动方向 —————————

用线宽为 $\frac{1}{2}d$ 的虚线表示不可见零件的轮廓 — — — — — — —

用线宽为 $\frac{1}{2}d$ 的点画线表示轴线、链条 —·—·—·—·—·—·—

图 8-34　装配示意图的线型

2）绘制装配示意图的基本方法

（1）部件按工作位置摆放，选择反映部件工作原理、特征、零件连接关系的投影方向，绘制装配示意图。如图 8-35 所示。

根据部件结构的复杂程度，可选择多个装配示意图来表达，各装配示意图符合视图的投影关系。如图 8-36 所示为单级圆柱斜齿轮减速器的主视图和俯视图装配示意图。

（2）从主要零件着手，然后按装配顺序把其他零件逐个画上。如图 8-36 装配示意图中的机构运动符号有圆锥滚子轴承、固定齿轮、螺钉与螺栓的螺纹连接等，如图 8-36 所示。

（3）对零件进行编号，并将零件编号、名称、数量填写在明细栏中，如图 8-35 所示。也可直接写在图样上，如图 8-36 所示。

3）绘制铣刀头装配示意图

铣刀头结构较简单，可使用一个视图表达。装配示意图中的机构运动符号有皮带轮、转轴与键的固定连接，螺纹连接，滚动轴承等，对零件进行编号，如图 8-37 所示。

【注意】　装配示意图和零件草图都是在工作现场徒手绘制，对于初学者可采用方格纸练习绘制；同一种零件，一般只编一个号。示意图上的编号与零件草图上的编号要一致。

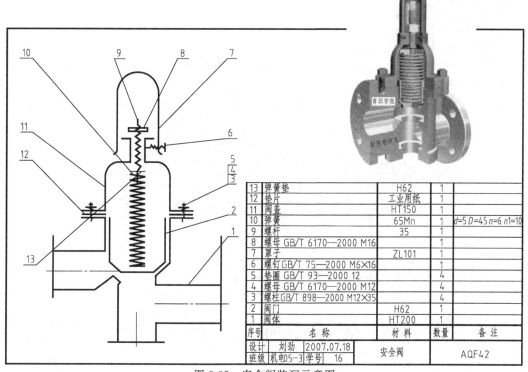

13	弹簧垫	H62	1	
12	垫片	工业用纸	1	
11	阀盖	HT150	1	
10	弹簧	65Mn	1	$d=5$ $D=45$ $n=6$ $n1=10$
9	螺杆	35	1	
8	螺母 GB/T 6170—2000 M16		1	
7	罩子	ZL101	1	
6	螺钉 GB/T 75—2000 M6×16		1	
5	垫圈 GB/T 93—2000 12		4	
4	螺母 GB/T 6170—2000 M12		4	
3	螺柱 GB/T 898—2000 M12×35		4	
2	阀门	H62	1	
1	阀体	HT200	1	
序号	名　称	材料	数量	备注
设计	刘劲 2007.07.18	安全阀		AQF42
班级	机电05-3 学号 16			

图 8-35　安全阀装配示意图

8.3.2.2　拆装铣刀头部件

（1）打标记：为了能顺利地复原装配体，拆卸前可在装配体上轻轻地作记号。在铣刀头的端盖与座体上用划针做标记，便于保证端盖与座体四个螺纹孔安装时对中，如图 8-38 中的粗实线所示。

（2）拆卸零件并分类

① 铣刀头的拆装顺序：拆下皮带轮和平键→拆开左右端盖，取出调整片→从左端把转轴打出。滚动轴承可采用拉出器从轴上取下，端盖上的螺钉采用内六角扳手卸下。

② 将标准件和非标准件零件分类，以便测量尺寸、计算和查表。螺钉、键、滚动轴承、毡圈等零件属于标准件，经测量、查表取标准值，将标记填写在表 8-3 中，其他件为非标准件，需绘制零件草图。

表 8-3　标准件参数记录表

名　称	标　记	数　量
螺钉	螺钉 GB/T 70.1—2000　M8×20	6
滚动轴承	滚动轴承 30207GB/T 297—2015	2
平键	键 8×38GB/T 1096	1
毡圈	毡圈 30JB/ZQ 4606-1997	2

【注意】　① 拆卸时应采用相应的工具，按顺序进行。对于不可拆的连接和过盈配合的零件尽量不拆。拆卸时要轻拿轻放，不要损坏零件表面。

② 拆卸下的零件加上标签，要妥善保管、避免碰坏或丢失，尤其是一些易掉的小零件应放在专用的箱子里，如：螺纹紧固件、键、毡圈等。

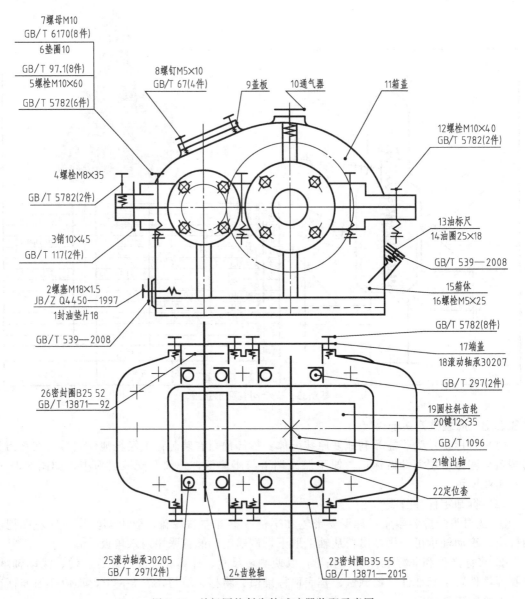

7螺母M10
GB/T 6170(8件)
6垫圈10
GB/T 97.1(8件)
5螺栓M10×60
GB/T 5782(6件)

8螺钉M5×10
GB/T 67(4件)

9盖板

10通气器

11箱盖

12螺栓M10×40
GB/T 5782(2件)

4螺栓M8×35
GB/T 5782(2件)

3销10×45
GB/T 117(2件)

13油标尺
14油圈25×18
GB/T 539—2008

2螺塞M18×1.5
JB/Z Q4450—1997
1封油垫片18
GB/T 539—2008

15箱体
16螺栓M5×25
GB/T 5782(8件)

17端盖
18滚动轴承30207
GB/T 297(2件)

26密封圈B25 52
GB/T 13871—92

19圆柱斜齿轮
20键12×35
GB/T 1096

21输出轴

22定位套

25滚动轴承30205
GB/T 297(2件)

24齿轮轴

23密封圈B35 55
GB/T 13871—2015

图 8-36　单级圆柱斜齿轮减速器装配示意图

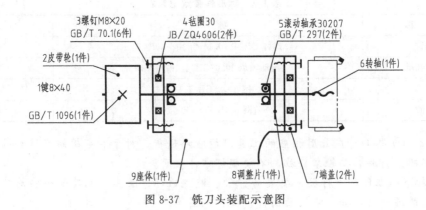

3螺钉M8×20
GB/T 70.1(6件)

4毡圈30
JB/ZQ4606(2件)

5滚动轴承30207
GB/T 297(2件)

2皮带轮(1件)

6转轴(1件)

1键8×40

GB/T 1096(1件)

9座体(1件)

8调整片(1件)

7端盖(2件)

图 8-37　铣刀头装配示意图

8.3.2.3 绘制零件草图

铣刀头两端的端盖是透盖，其内部的凹槽是用来放置毡圈的，以防止灰尘的进入。毡圈尺寸及其槽的尺寸规格已标准化，可通过轴径查表 8-4 获得。表中尺寸如图 8-39 所示。

零件草图是绘制装配图和零件图的依据，其内容和要求与零件图时一致的。零件测绘的步骤与方法在 7.2、7.3、7.4、7.7 中已介绍，其中，铣刀头座体零件草图已在 7.7 中完成，其他零件的草图如图 8-40 所示。

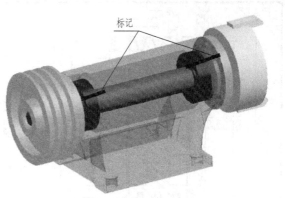

图 8-38 铣刀头部件立体图

表 8-4 毡圈油封形式及尺寸（摘自 JB/ZQ 4606—1997） mm

轴径 d	毡 圈				槽				
	D	d_1	B	质量/kg	D_0	d_0	b	δ_{min}	
								用于钢	用于铸铁
15	29	14	6	0.0010	28	16	5	10	12
20	33	19		0.0012	32	21			
25	39	24	7	0.0018	38	26	6		
30	45	29		0.0023	44	31			
35	49	34		0.0023	48	36			
40	53	89		0.0026	52	41			
45	61	44	8	0.0040	60	46	7	12	15
50	69	49		0.0054	68	51			
55	74	53		0.0060	72	56			
60	80	58		0.0069	78	61			
65	84	63		0.0070	82	66			
70	90	68		0.0079	88	71			
75	94	73		0.0080	92	77			

注：$d=50$mm 的毡圈，标记为：毡圈 50JB/ZQ 4606—1997。

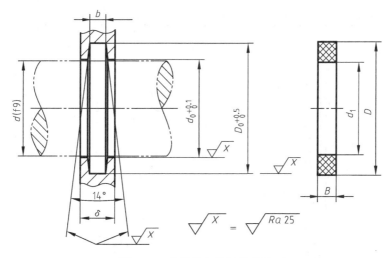

图 8-39 毡圈槽与毡圈的规格

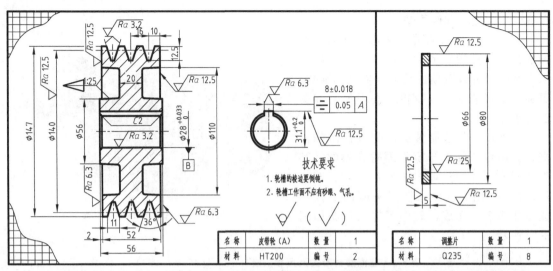

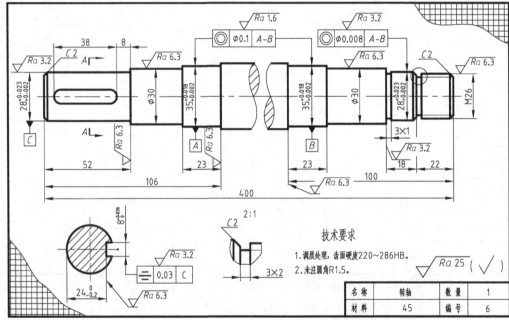

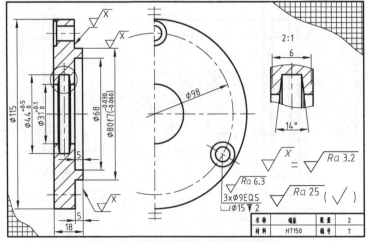

图 8-40　铣刀头部件的其他零件草图

8.3.2.4 绘制装配图

（1）读装配示意图和零件草图，检查零件草图的完整性，拟定表达方案。

① 主视图：主视图按照部件的工作位置摆放，选择最能反映机器或部件的工作原理、传动系统、零件间的主要装配关系和主要结构特征的方向为主视图的投影方向。如图 8-31 所示，取 A 向作为投射方向，能清晰地表达出铣刀头的工作原理。为了看清楚内部各零件轴向的相互位置及连接关系，通过转轴轴线采取全剖，并在左端轴上采用局部剖，以表达皮带轮与轴是靠平键连接的。

② 其他视图：优先选用俯视图和左视图，也可用局部视图表达。铣刀头的主体是座体，座体的端面结构通过左视图来表达，并拆去了皮带轮和平键，这是装配图的一种特殊表达方法。再采用一个局部视图来补充表达座体底板的形状及安装孔的位置。另外，铣刀盘不属于这个部件，但为了表示铣刀头与它的装配连接关系，用双点画线画出来，这也是装配图中常用的特殊表达方法——假想的表达方法。

（2）选比例和图幅，合理布图。布图时要留出标注序号和尺寸、明细栏和标题栏的空间。

（3）画出各基本视图的主要中心线和基准线，画出装配基准件，如图 8-41 所示。为了便于表达皮带轮与轴用平键连接的关系，将轴上的键槽向上画出。零件倒角可省略不画。

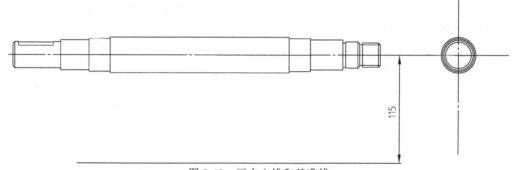

图 8-41　画中心线和基准线

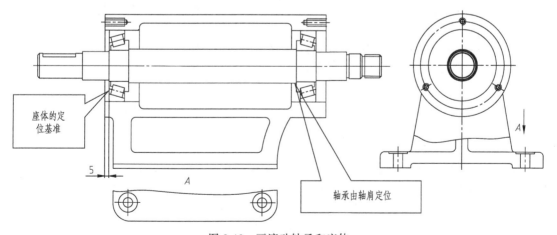

图 8-42　画滚动轴承和座体

（4）沿着主要装配干线，画出与装配基准件轴向配合的其他件。如图 8-42 所示，先画出与转轴紧密接触的滚动轴承，再画座体。根据装配时左端盖要压紧轴承的这个要求，就可以确定座体的位置，因此，座体在轴向的位置由左端盖压入的长度 5mm 来确定。

（5）画出次要的其他各零件。如图 8-43 所示，左端盖靠轴承定位；右端盖靠与座体接触的面来定位；皮带轮靠转轴的轴肩定位；M8×20 的螺钉由沉孔深度 2mm 的端面来定位。

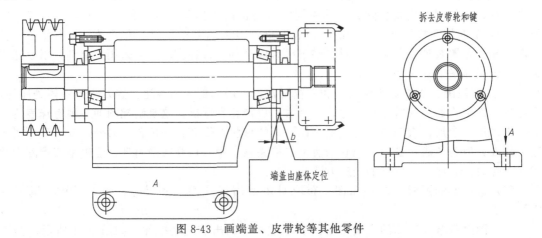

图 8-43　画端盖、皮带轮等其他零件

【注意】　① 轴按不剖绘制，且不被任何零件挡住，应完整地表达出来。滚动轴承按照国家标准规定要求作图。座体上的螺钉孔可以暂时不画，只画出中心线的位置，画完螺钉后，再补画未旋合部分的螺孔，这样可以减少擦图线的过程。

② 端盖内密封装置的画法，如图 8-44 所示。轴与端盖孔之间为非紧密接触面，故需要画出两条线，端盖内没有毡圈时，画法如图 8-44（a）所示；有毡圈时，毡圈与轴紧密接触，其画法如图 8-44（b）所示。画键的连接时，键的两侧、底面与轴是紧密接触画一条线，与轮毂的两侧紧密接触画一条线，而与轮毂的顶面为非接触面，故画两条线，如图 8-44（c）所示。

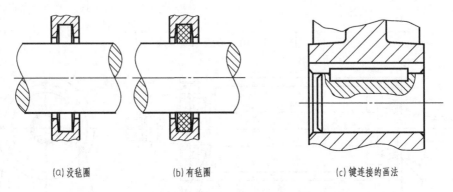

(a) 没毡圈　　　　　(b) 有毡圈　　　　　(c) 键连接的画法

图 8-44　端盖内密封装置的画法

（6）检查、打剖面线、标注尺寸、加深。检查图形的正确性，确实无误，再打剖面线，加深，标注必要的尺寸，如图 8-45 所示，标注性能、配合、安装、外形等尺寸。

（7）标注技术要求、编写零件序号，填写明细栏和标题栏，如图 8-45 所示。

【注意】　在画装配图时，要对零件结构和尺寸进行核对，对于不合理的地方进行修改。尤其是对各零件尺寸链的累计误差，要进行认真核对。如图 8-45 所示，由于转轴结构上的需要，长度增加了，原来的调整片厚度就薄了，轴承的轴向有穿动，不能定位，这时，就需要对 7 号零件调整片的厚度尺寸进行修订，这个修订的值应体现在调整片的零件图中。

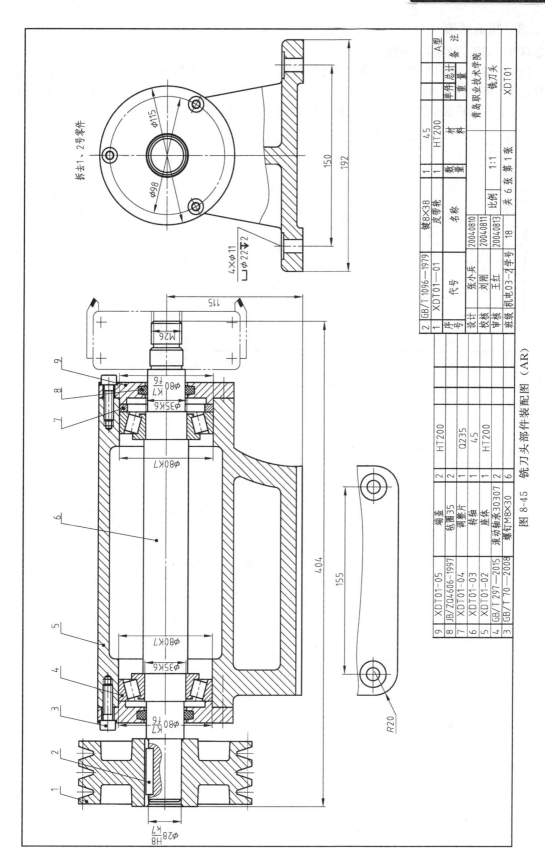

图 8-45　铣刀头部件装配图（AR）

2		GB/T 1096—1979	键8×38	1			A型
1		XDT01—01	皮带轮	1	HT200		
序号		代号	名称	数量	材料	单件	备注
						总量	
设计	张小兵		2004.0810			青岛职业技术学院	
校核	刘刚		2004.0811	比例		铣刀头	
审核	王红		2004.0813	1:1		XDT01	
班级 机电03—2 学号			18	共 6 张　第 1 张			

9	XDT01—05	端盖	2	HT200	
8	JB/ZQ4606—1997	毡圈35	2		
7	XDT01—04	调整片	1	Q235	
6	XDT01—03	转轴	1	45	
5	XDT01—02	座体	1	HT200	
4	GB/T 297—2015	滚动轴承30307	2		
3	GB/T 70—2008	螺钉M8×30	6		

8.3.3 知识链接

8.3.3.1 明细栏的绘制与填写

（1）明细栏的组成与画法：明细栏是装配图中全部零件（或部件）的详细目录，其内容有序号、零（部）件代号、名称、数量、备注等。明细栏的格式和尺寸已经标准化，如图 8-46（a）所示。明细栏在标题栏上方，若上方不够时，可排列至左边，如图 8-46（b）所示。

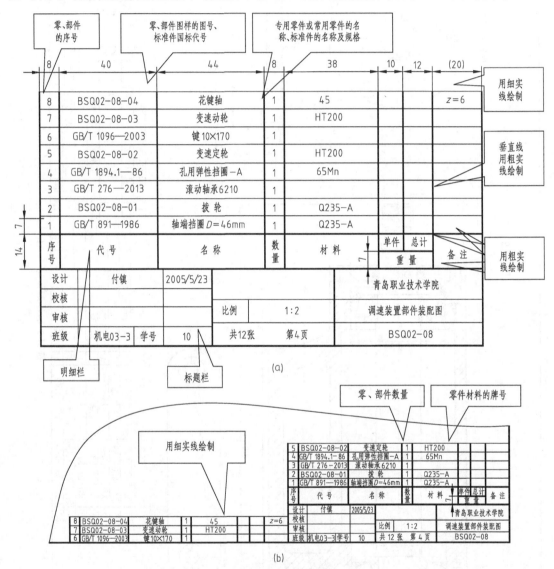

图 8-46　明细栏格式

（2）明细栏的填写：明细栏内的序号按自下而上按顺序填写，各栏按图 8-46（a）填写。备注栏目中填写零件的有关参数，如齿轮的齿数、模数、花键轴的齿数、弹簧丝直径、中径、节距、自由高度、旋向等，以及零件的热处理和表面处理等要求或其他说明。

（3）复杂装配图中的序号较多时，明细栏除了可接画在标题栏的左边外，还可作为装配图的续页单独给出，其格式如图 8-47 所示。续页一般用 A4 幅面竖放，下方为标题栏。明细栏的表头移至上方，顺序是从上往下填写，一张不够时可再加续页，格式不变。续页的张数应计入所属装配图的总张数中。

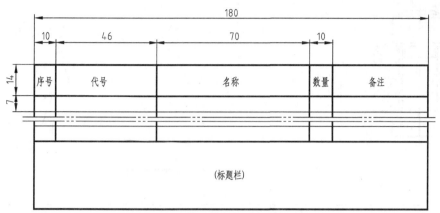

图 8-47　单独给出的明细栏格式

8.3.3.2　序号的编排

（1）序号：为了便于装配图中零件和部件的管理，对其组成部分进行的编号被称为序号。同时，将序号填写在明细栏中，通过序号把视图和明细栏联系起来。

（2）序号的组成与形式：序号由数字和带圆点或箭头的指引线组成，其标注形式有 3 种，如图 8-48（a）所示。

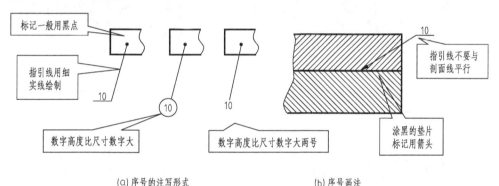

(a)序号的注写形式　　　　　　　　　　(b)序号画法

图 8-48　序号的组成与画法

（3）零、部件序号编写的规定

① 装配图中的所有零部件都必须编写序号。每种零、部件只编写一个序号或代号，一般只标注一次，并按顺时针或逆时针方向的顺序排列。

② 序号应标注在视图外面，并填写在指引线的一端的横线上或圆圈内。指引线应自所指部分的可见轮廓内引出，并在末端画出一圆点；当所指部分涂黑时，指引线的末端画出箭头，并指向该部分的轮廓，如图 8-48（b）所示。

③ 指引线相互间不能交叉。不能与剖面线平行，必要时，可画出折线，如图 8-49 所示。

④ 同一标准部件，如油杯、滚动轴承等可看作是一个整体，在装配图上只编一个序号，如图 8-1 中的油杯，如图 8-45 中的滚动轴承。

⑤ 对于一组紧固件以及装配关系清楚的零件组，允许采用公共的指引线（图 8-49）。

（4）序号的编排方法：序号有 2 种编排方法，一种是在装配图中将所有的零件都编写序号，填写在明细栏中，如图 8-45 所示；另一种是在装配图中，标准件的标记直接写在图中，不编写序号，其他零件编写序号并填写在明细栏中，如图 8-50 所示。

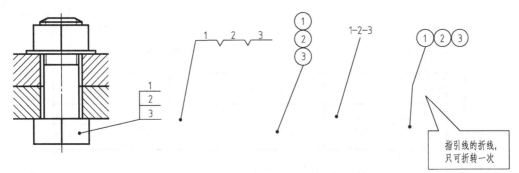

图 8-49　采用公共指引线标注螺纹紧固件

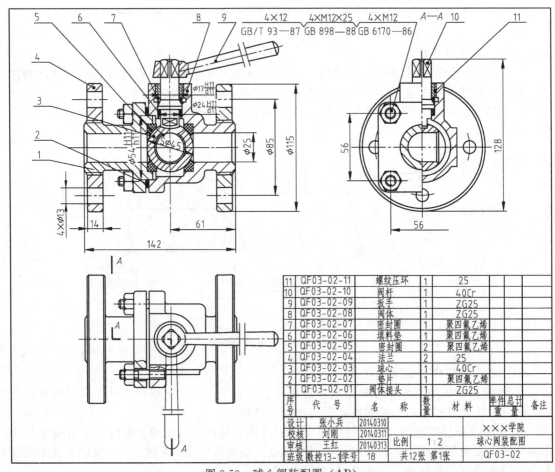

11	QF03-02-11	螺纹压环	1	25		
10	QF03-02-10	阀杆	1	40Cr		
9	QF03-02-09	扳手	1	ZG25		
8	QF03-02-08	阀体	1	ZG25		
7	QF03-02-07	密封圈	1	聚四氟乙烯		
6	QF03-02-06	填料垫	1	聚四氟乙烯		
5	QF03-02-05	密封圈	2	聚四氟乙烯		
4	QF03-02-04	法兰	2	25		
3	QF03-02-03	球心	1	40Cr		
2	QF03-02-02	垫片	1	聚四氟乙烯		
1	QF03-02-01	阀体接头	1	ZG25		
序号	代　号	名　称	数量	材料	单件总计 重 量	备注

设计	张小兵	20140310		×××学院
校核	刘刚	20140311	比例　1：2	球心阀装配图
审核	王红	20140313		
班级 数控13-1 学号 18		共12张 第1张	QF03-02

图 8-50　球心阀装配图（AR）

8.4 任务4　拆画球心阀零件图

【任务目标】　通过拆画球心阀装配图中的阀体，掌握从装配图中拆画零件图的方法和步骤，熟悉拆画零件图的基本要求。

8.4.1　任务分析

在部件或机器的设计过程中，需要从装配图中拆画零件图。如图 8-50 为球心阀装配图，从装配图中拆画阀体 8 零件图。

8.4.1.1 分析零件作用

由图 8-50 可知，阀体 8 属于箱体类零件。其作用既要与阀体接头 1 和右侧法兰 4 连接，还要容纳球心、密封圈、阀杆、垫片、螺纹压环等零件。

8.4.1.2 分离零件形状

识读球心阀装配图时，三个视图要同时看，用剖面线和粗实线将阀体轮廓从其他零件中分离出来，如图 8-51 所示，图中粗实线部分是阀体 8 的结构。

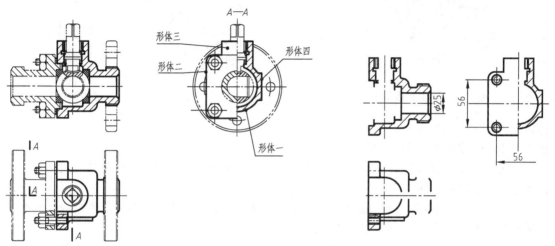

图 8-51 从球心阀装配图中分离阀体零件

8.4.1.3 构思零件形状

（1）分析零件组成。阀体主要由四部分形体组成，如图 8-51 所示。形体一为右端的水平方向阶梯形圆柱体，其内部有阶梯形的圆柱孔，最右端与右法兰用外螺纹连接，为了便于加工螺纹，有一段退刀槽，最大圆柱体外部的前面有一凸台（形体四），该圆柱体外部的上面还有一个凸台（形体三），圆柱体的左端面与形体二连接；形体二为方形结构，在 56×56 位置上有 4 个与阀体接头 1 用螺柱连接的螺孔；形体三是由半圆柱和长方体组成的凸台，内部有阶梯形的螺纹孔和圆柱孔，可容纳阀杆、填料、螺纹压环等零件；由俯视图和左视图可知，形体四是与圆柱体外部前面连接的方形凸台。

（2）构思零件形状。由图 8-51 可知，形体一与其他形体相交，形体二与形体三左端面平齐，形体四与形体三相交，构思零件形体，如图 8-52 所示。

8.4.2 任务实施

8.4.2.1 完善零件工艺结构

如在装配图中省略的倒角、圆角等需要画出。

8.4.2.2 确定零件表达方案

（1）主视图的选择：球心阀是一个通用部件，安装在不同部位，就有不同的工作位置，为了便于作图，一般将装有球心的空腔轴线水平放置，投射方向选择反映该零件特征，如图 8-52 箭头指示方向。为了表达内部结构，采用全剖，如图 8-53 所示。

（2）其他视图的选择：优先选用左视图和俯视图。因阀体前后结构基本对称，为了表达形体一圆柱体形状，同时，又反映形体二的长方体形状及其端面上四个螺柱连接孔的分布，左视图采用过 $\phi24\text{mm}$ 轴线的 $A—A$ 半剖视图，如图 8-53 所示；俯视图采用局部剖，重点表达了阀体顶部凸台的形状，剖视部分表达螺纹孔的结构与位置；用 B 向的局部视图表达阀

图 8-52　想象阀体结构

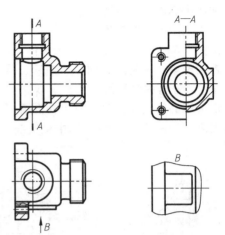

图 8-53　阀体视图的表达

体前面方形的凸台位置和大小。

8.4.2.3　选择比例、图幅、绘制标题栏

根据零件的复杂程度、表达方案、尺寸标注等，选择合适的比例，确定图幅大小。

8.4.2.4　绘制阀体零件图

（1）绘制零件视图：画基准线，从装配图中量取各要素尺寸，根据装配图中的比例换算成零件图选择的比例，绘制到零件图上。

（2）标注尺寸：正确、清晰、完整、合理地标注尺寸。当标注的要素不完整时，可采用半标注，如图 8-54 所示左视图中的螺纹孔的水平中心距 56。

（3）选择并标注技术要求

① 尺寸公差：根据装配图中的配合尺寸，标注尺寸公差，如 $\phi 54 \text{mm}^{+0.19}_{0}$ mm、$\phi 24^{+0.13}_{0}$ mm。在装配时，为了保证阀杆能顺利地带动球心转动，准确地控制液体流量，因此，孔 $\phi 24^{+0.13}_{0}$ 的轴线应与阀杆轴线重合、穿过球心，并与孔 $\phi 42^{+0.16}_{0}$ 轴线垂直。而孔 $\phi 42^{+0.16}_{0}$ 轴线应与环形密封圈的轴线、阀体接头的 $\phi 54$ 孔轴线（与阀体轴向定位）重合，并穿过球心。由此可见，$\phi 42^{+0.16}_{0}$ 轴线是高度方向的设计基准，$\phi 24^{+0.13}_{0}$ 的轴线是长度方向的设计基准，为了保证装配质量，标注轴向的尺寸公差，如 $4^{0}_{-0.18}$、20 ± 0.09、40 ± 0.10。

② 几何公差：为了保证使用要求，以 $\phi 42^{+0.16}_{0}$ 轴线为基准要素 C，规定了孔 $\phi 24^{+0.13}_{0}$ 的轴线与其垂直，由 $\phi 24$ 公差等级（IT11）和公称尺寸（长度为 10mm），查附录 H 得垂直度公差为 0.08mm。

③ 表面粗糙度：采用类比法，根据配合要求选择 Ra 值。

④ 其他技术要求：规定了铸造后的时效处理、未注公差的等级、未注的铸造圆角。

将技术要求标注在图形的相应位置上，整理图线，完成零件图的绘制，如图 8-54 所示。

8.4.3　知识链接

从装配图中拆画零件图，要在全面看懂装配图的基础上进行。拆画时要注意以下事项。

8.4.3.1　补全零件结构形状

装配图主要表示零件间的装配关系，至于每个零件的某些个别部分的形状和详细结构并不一定都已表达完全，这些结构可以在拆画零件图时，根据零件的作用要求进行设计。因此，拆画零件图不是简单的描绘，而是重新设计零件。

在拆画零件图还要注意补充装配图上省略的工艺结构，如铸造斜度、圆角等结构。

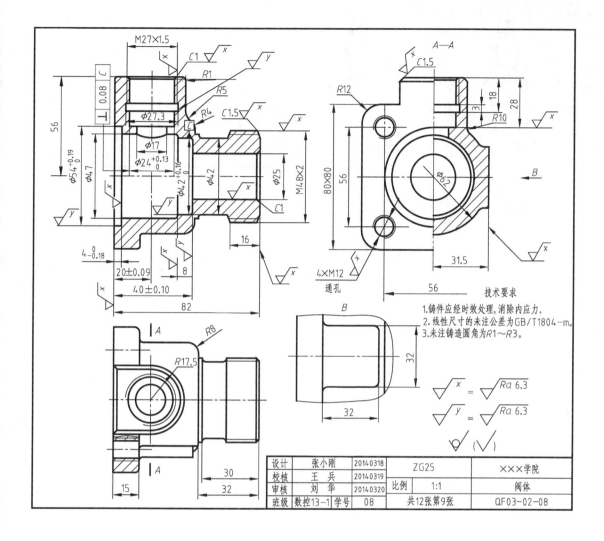

图 8-54 阀体零件图（AR）

8.4.3.2 重新表达零件视图

在拆画零件图时，应根据零件结构形状重新选择表达方案，不能抄袭装配图中零件的表达方法。因为装配图的视图选择主要从整个部件出发，不一定符合每个零件视图的表达要求。如从装配图 8-45 中拆画阀杆零件，阀杆零件属于轴类零件，通常按加工位置来选择主视图，即：轴线水平放置，而装配图中其轴线是垂直的。如图 8-55 所示。

8.4.3.3 标注零件尺寸

装配图中有些尺寸本身就是为了画零件图时用的，这些尺寸可以从装配图上移到零件图上。如：注有配合代号的尺寸，应该根据配合类别、公差等级注出上、下极限偏差；有些标准结构，如沉孔、螺栓通孔的直径、键槽宽度和深度、螺纹直径、与滚动轴承配合结构的尺寸等，应查表获得；还有一些需要通过计算的尺寸，如齿轮分度圆直径、齿轮的中心距等，应根据模数和齿数等计算而定。

8.4.3.4 标注零件的技术要求

分析零件间的配合关系、零件在装配图中的作用，采用类比法，选择技术要求。

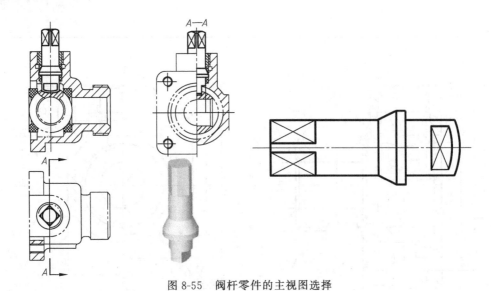

图 8-55　阀杆零件的主视图选择

机械制图实例教程
JIXIE ZHITU SHILI JIAOCHENG

附录

附录 A 普通螺纹直径与螺距系列（GB/T 193—2003）、基本尺寸（GB/T 196—2003）

mm

公称直径 D、d		螺距 P		粗牙中径 D_2、d_2	粗牙小径 D_1、d_1
第一系列	第二系列	粗牙	细 牙		
3		0.5	0.35	2.675	2.459
	3.5	(0.6)		3.110	2.850
4		0.7	0.5	3.545	3.242
	4.5	(0.75)		4.013	3.688
5		0.8		4.480	4.134
6		1	0.75,(0.5)	5.350	4.917
8		1.25	1,0.75,(0.5)	7.188	6.647
10		1.5	1.25,1,0.75,(0.5)	9.026	8.376
12		1.75	1.5,1.25,1,(0.75),(0.5)	10.863	10.106
	14	2	1.5,(1.25),1,(0.75),(0.5)	12.701	11.835
16		2	1.5,1,(0.75),(0.5)	14.701	13.835
	18	2.5	2,1.5,1,(0.75),(0.5)	16.376	15.294
20		2.5		18.376	17.294
	22	2.5	2,1.5,1,(0.75),(0.5)	20.376	19.294
24		3	2,1.5,1,(0.75)	22.051	20.752
	27	3	2,1.5,1,(0.75)	25.051	23.752
30		3.5	(3),2,1.5,1,(0.75)	27.727	26.211
	33	3.5	(3),2,1.5,(1),(0.75)	30.727	29.211
36		4	3,2,1.5,(1)	33.402	31.670
	39	4		36.402	34.670
42		4.5	(4),3,2,1.5,(1)	39.077	37.129
	45	4.5		42.077	40.129
48		5		44.752	42.587
	52	5		48.752	46.587
56		5.5	4,3,2,1.5,(1)	52.428	50.046
	60	5.5		56.428	54.046
64		6		60.103	57.505
	68	6		64.103	61.505

注：1. 优先选用第一系列，括号内尺寸尽可能不用，第三系列未列入。

2. M14×1.25 仅用于火花塞。

253

附录 B 螺纹紧固件的标记与规格

表 B-1 螺栓标记与规格

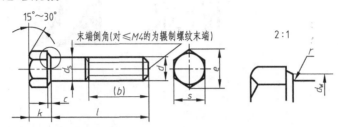

标记示例：螺栓 GB/T 5782 M12×80

标记含义：螺纹规格 d = M12、公称长度 l = 80mm、性能等级为 8.8 级、表面氧化、产品等级为 A 级的六角头螺栓。

六角头螺栓 GB/T 5782—2016 mm

螺纹规格 d			M3	M4	M5	M6	M8	M10	M12	M16	M20	M24	M30	M36	M42	M48
螺距 P			0.5	0.7	0.8	1	1.25	1.5	1.75	2	2.5	3	3.5	4	4.5	5
b (参考)	$l_{公称} \leq 125$		12	14	16	18	22	26	30	38	46	54	66	—	—	—
	$125 < l_{公称} \leq 200$		18	20	22	24	28	32	36	44	52	60	72	84	96	108
	$l_{公称} > 200$		31	33	35	37	41	45	49	57	65	73	85	97	109	121
c	最大		0.4	0.4	0.5	0.5	0.6	0.6	0.60	0.8	0.8	0.8	0.8	0.8	1.0	1.0
	最小		0.15	0.15	0.15	0.15	0.15	0.15	0.15	0.2	0.2	0.2	0.2	0.2	0.3	0.3
d_a			3.6	4.7	5.7	6.8	9.2	11.2	13.7	17.7	22.4	26.4	33.4	39.4	45.6	52.6
d_s	公称(最大)		3.00	4.00	5.00	6.00	8.00	10.00	12.00	16.00	20.00	24.00	30.00	36.00	42.00	48.00
	最小 产品等级	A	2.86	3.82	4.8	5.8	7.78	9.78	11.7	15.7	19.6	23.6	—	—	—	—
		B	2.75	3.70	4.70	5.70	7.64	9.64	11.57	15.57	19.48	23.48	29.48	35.38	41.38	47.38
d_w (最小)	产品等级	A	4.57	5.88	6.88	8.88	11.63	14.63	16.63	22.49	28.19	33.61	—	—	—	—
		B	4.45	5.74	6.74	8.74	11.47	14.47	16.47	22	27.7	33.25	42.75	51.11	59.95	69.45
e (最小)	产品等级	A	6.01	7.66	8.79	11.05	14.38	17.77	20.03	26.75	33.53	39.98	—	—	—	—
		B	5.88	7.50	8.63	10.89	14.20	17.59	19.85	26.17	32.95	39.55	50.85	60.79	71.3	82.6
k	公称		2	2.8	3.5	4	5.3	6.4	7.5	10	12.5	15	18.7	22.5	26	30
	产品等级 A	最大	2.125	2.925	3.65	4.15	5.45	6.58	7.68	10.18	12.715	15.215	—	—	—	—
		最小	1.875	2.675	3.35	3.85	5.15	6.22	7.32	9.82	12.285	14.785	—	—	—	—
	产品等级 B	最大	2.2	3.0	3.74	4.24	5.54	6.69	7.79	10.29	12.85	15.35	19.12	22.92	26.42	30.42
		最小	1.8	2.6	3.26	3.76	5.06	6.11	7.21	9.71	12.15	14.65	18.28	22.08	25.58	29.58
r(最小)			0.1	0.2	0.2	0.25	0.4	0.4	0.6	0.6	0.8	0.8	1	1	1.2	1.6
s	公称(最大)		5.50	7.00	8.00	10.00	13.00	16.00	18.00	24.00	30.00	36.00	46	55.0	65.0	75.0
	最小 产品等级	A	5.32	6.78	7.78	9.78	12.73	15.73	17.73	23.67	29.67	35.38	—	—	—	—
		B	5.20	6.64	7.64	9.64	12.57	15.57	17.57	23.16	29.16	35.00	45	53.8	63.1	73.1
l(商品规格范围)			20～30	25～40	25～50	30～60	40～80	45～100	50～120	65～160	80～200	90～240	110～300	140～360	160～440	180～480
l(系列)			\multicolumn{14}{l}{20,25,30,35,40,45,50,55,60,65,70,80,90,100,110,120,130,140,150,160,180,200,220,240,260,280,300,320,340,360,380,400,420,440,460,480}

l(系列)：20,25,30,35,40,45,50,55,60,65,70,80,90,100,110,120,130,140,150,160,180,200,220,240,260,280,300,320,340,360,380,400,420,440,460,480

表 B-2　螺柱标记与规格

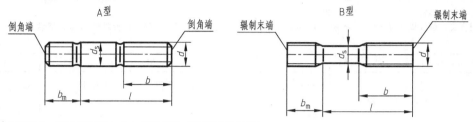

末端 GB/T 2—1985 的规定：$d_s ≈$ 螺纹中径（仅适用于 B 型）。

标记示例：螺柱 GB/T 897　M10×50

标记含义：两端均为粗牙普通螺纹，螺纹规格 $d=10$mm、公称长度 $l=50$mm、性能等级为 4.8 级、不经表面处理、B 型、$b_m=1d$ 的双头螺柱。

标记示例：螺柱 GB/T 897　AM10—M10×1×50

标记含义：旋入机件一端为粗牙普通螺纹，旋螺母一端为螺距 $P=1$mm 的细牙普通螺纹，$d=10$mm、$l=50$mm、性能等级为 4.8 级、不经表面处理、A 型、$b_m=1d$ 的双头螺柱。

双头螺柱 $b_m=1d$（GB/T 897—1988）　$b_m=1.25d$（GB/T 898—1988）

$$b_m=1.5d（GB/T 899—1988）\qquad b_m=2d（GB/T 900—1988）$$　　mm

螺纹规格 d	b_m（公称）				l/b
	GB/T 897—1988	GB/T 898—1988	GB/T 899—1988	GB/T 900—1988	
M2	—	—	3	4	(12~16)/6,(20~25)/10
M2.5	—	—	3.5	5	16/8,(20~30)/11
M3	—	—	4.5	6	(16~20)/6,(25~40)/12
M4	—	—	6	8	16~22/8,25~40/14
M5	5	6	8	10	16~22/10,25~50/16
M6	6	8	10	12	20~22/10,25~30/14,35~75/18
M8	8	10	12	16	20~22/12,25~30/16,35~90/22
M10	10	12	15	20	25~28/14,30~35/16,40~120/26,130/32
M12	12	15	18	24	25~30/16,35~40/20,45~120/30,130~180/36
M16	16	20	24	32	30~35/20,40~55/30,60~120/38,130~200/44
M20	20	25	30	40	35~40/25,45~60/35,70~120/46,130~200/52
M24	24	30	36	48	35~50/30,55~75/45,80~120/54,130~200/60
M30	30	38	45	60	60~65/40,70~90/50,95~120/66,130~200/72,210~250/85
M36	36	45	54	72	80~110/60,120/78,130~200/84,210~300/97
M42	42	52	63	84	70~80/50,90~110/70,120/90,130~200/96,210~300/109
M48	48	60	72	96	80~90/60,100~110/80,120/102,130~200/108,210~300/121
l（系列）	12,16,20,25,30,35,40,45,50,60,70,80,90,100,110,130,140,150,160,170,180,190,200,210,220,230,240,250,260,280,300				

表 B-3　开槽圆柱头螺钉（GB/T 65—2016）开槽盘头螺钉（GB/T 67—2016）

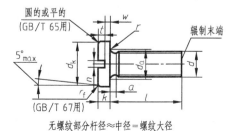

无螺纹部分杆径≈中径=螺纹大径

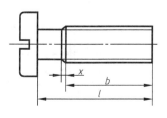

标记示例：螺钉 GB/T 65 M5×20

标记含义：螺纹规格 d＝M5、公称长度 l＝20mm、性能等级为 4.8 级、不经表面处理的 A 级开槽圆柱头螺钉。

标记示例：螺钉 GB/T 67 M5×20

标记含义：螺纹规格 d＝M5、公称长度 l＝20mm、性能等级为 4.8 级、不经表面处理的 A 级开槽盘头螺钉。

mm

螺纹规格 d		M1.6	M2	M2.5	M3	M4		M5		M6		M8		M10	
类别		GB/T 67—2016				GB/T 65—2016	GB/T 67—2016	GB/T 65—2016	GB/T 67—2016	GB/T 65—2016	GB/T 67—2016	GB/T 65—2016	GB/T 67—2016	GB/T 65—2016	GB/T 67—2016
螺距 P		0.35	0.4	0.45	0.5	0.7		0.8		1		1.25		1.5	
a（最大）		0.7	0.8	0.9	1	1.4		1.6		2		2.5		3	
b（最小）		25	25	25	25	38		38		38		38		38	
d_k	最大	3.2	4.0	5.0	5.6	7.00	8.00	8.50	9.50	10.00	12.00	13.00	16.00	16.00	20.00
	最小	2.9	3.7	4.7	5.3	6.78	7.64	8.28	9.14	9.78	11.57	12.73	15.57	15.73	19.48
d_a（最大）		2	2.6	3.1	3.6	4.7		5.7		6.8		9.2		11.2	
k	最大	1.00	1.30	1.50	1.80	2.60	2.40	3.30	3.00	3.9	3.6	5.0	4.8	6.0	
	最小	0.86	1.16	1.36	1.66	2.46	2.26	3.12	2.86	3.6	3.3	4.7	4.5	5.7	
n	公称	0.4	0.5	0.6	0.8	1.2		1.2		1.6		2		2.5	
	最小	0.46	0.56	0.66	0.86	1.26		1.26		1.66		2.06		2.56	
	最大	0.60	0.70	0.80	1.00	1.51		1.51		1.91		2.31		2.81	
r（最小）		0.1	0.1	0.1	0.1	0.2		0.2		0.25		0.4		0.4	
r_f（参考）		0.5	0.6	0.8	0.9		1.2		1.5		1.8		2.4		3
t（最小）		0.35	0.5	0.6	0.7	1.1	1	1.3	1.2	1.6	1.4	2	1.9	2.4	
w（最小）		0.3	0.4	0.5	0.7	1.1	1	1.3	1.2	1.6	1.4	2	1.9	2.4	
x（最大）		0.9	1	1.1	1.25	1.75		2		2.5		3.2		3.8	
l（商品规格范围公称长度）		2～16	2.5～20	3～25	4～30	5～40		6～50		8～60		10～80		12～80	
l（系列）		2,2.5,3,4,5,6,8,10,12,(14),16,20,25,30,35,40,45,50,(55),60,(65),70,(75),80													

注：1. 螺纹规格 d＝M1.6～M3、公称长度 l≤30mm 的螺钉，应制定出全螺纹；螺纹规格 d＝M4～M10、公称长度 l≤40mm 的螺钉，应制出全螺纹（b＝$l-a$）。

2. 尽可能不采用括号内的规格。

表 B-4 开槽沉头螺钉（GB/T 68—2016）开槽半沉头螺钉（GB/T 69—2016）

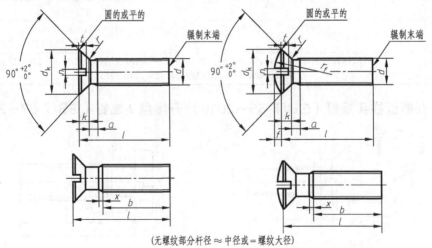

（无螺纹部分杆径 ≈ 中径或＝螺纹大径）

标记示例:螺钉 GB/T68　M5×20

标记含义:螺纹规格 d=M5、公称长度 l=20mm、性能等级为 4.8 级、不经表面处理的 A 级开槽沉头螺钉。

mm

螺纹规格 d			M1.6	M2	M2.5	M3	M4	M5	M6	M8	M10
螺距 P			0.35	0.4	0.45	0.5	0.7	0.8	1	1.25	1.5
a(最大)			0.7	0.8	0.9	1	1.4	1.6	2	2.5	3
b(最小)			25				38				
d_k	理论值	最大	3.6	4.4	5.5	6.3	9.4	10.4	12.6	17.3	20
	实际值	公称=最大	3.0	3.8	4.7	5.5	8.40	9.30	11.30	15.80	18.30
		最小	2.7	3.5	4.4	5.2	8.04	8.94	10.87	15.37	17.78
k	公称=最大		1	1.2	1.5	1.65	2.7	2.7	3.3	4.65	5
n	公称		0.4	0.5	0.6	0.8	1.2	1.2	1.6	2	2.5
	最小		0.46	0.56	0.66	0.86	1.26	1.26	1.66	2.06	2.56
	最大		0.60	0.70	0.80	1.00	1.51	1.51	1.91	2.31	2.81
r(最大)			0.4	0.5	0.6	0.8	1	1.3	1.5	2	2.5
x(最大)			0.9	1	1.1	1.25	1.75	2	2.5	3.2	3.8
$f\approx$			0.4	0.5	0.6	0.7	1	1.2	1.4	2	2.3
$r_f\approx$			3	4	5	6	9.5	9.5	12	16.5	19.5
t	最大	GB/T 68—2016	0.50	0.6	0.75	0.85	1.3	1.4	1.6	2.3	2.6
		GB/T 69—2016	0.80	1.0	1.2	1.45	1.9	2.4	2.8	3.7	4.4
	最小	GB/T 68—2016	0.32	0.4	0.50	0.60	1.0	1.1	1.2	1.8	2.0
		GB/T 69—2016	0.64	0.8	1.0	1.20	1.6	2.0	2.4	3.2	3.8
l(商品规格范围公称长度)			2.5~16	3~20	4~25	5~30	6~40	8~50	8~60	10~80	12~80
l(系列)			2.5,3,4,5,6,8,10,12,(14),16,20,25,30,35,40,45,50,(55),60,(65),70,(75),80								

注: 1. 公称长度 $l\leqslant30$mm,而螺纹规格 d 为 M1.6~M3 的螺钉,应制出全螺纹;公称长度 $l\leqslant45$mm,而螺纹规格为 M4~M10 的螺钉也应制出全螺纹 $[b=l-(k+a)]$。

2. 尽可能不采用括号内的规格。

表 B-5　内六角圆柱头螺钉(GB/T 70.1—2008)

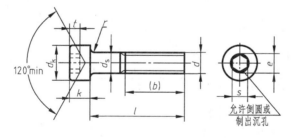

标记示例:螺钉　GB/T70.1　M5×20

标记含义:螺纹规格 d=M5、公称长度 l=20mm、性能等级为 8.8 级、表面氧化的 A 级内六角圆柱头螺钉。

mm

螺纹规格 d		M3	M4	M5	M6	M8	M10	M12	M16	M20	M24
螺距 P		0.5	0.7	0.8	1	1.25	1.5	1.75	2	2.5	3
b(参考)		18	20	22	24	28	32	36	44	52	60
d_k	最大	5.50	7.00	8.50	10.00	13.00	16.00	18.00	24.00	30.00	36.00
	最小	5.32	6.78	8.28	9.78	12.73	15.73	17.73	23.67	29.67	35.61
d_s	最大	3.00	4.00	5.00	6.00	8.00	10.00	12.00	16.00	20.00	24.00
	最小	2.86	3.82	4.82	5.82	7.78	9.78	11.73	15.73	19.67	23.67
e(最小)		2.87	3.44	4.58	5.72	6.86	9.15	11.43	16	19.44	21.73
k	最大	3.00	4.00	5.00	6.00	8.00	10.00	12.00	16.00	20.00	24.00
	最小	2.86	3.82	4.82	5.7	7.64	9.64	11.57	15.57	19.48	23.48

螺纹规格 d		M3	M4	M5	M6	M8	M10	M12	M16	M20	M24
r（最小）		0.1	0.2	0.2	0.25	0.4	0.4	0.6	0.6	0.8	0.8
s	公称	2.5	3	4	5	6	8	10	14	17	19
	最大	2.58	3.080	4.095	5.140	6.140	8.175	10.175	14.212	17.23	19.275
	最小	2.52	3.020	4.020	5.020	6.020	8.025	10.025	14.032	17.05	19.065
t（最小）		1.3	2	2.5	3	4	5	6	8	10	12
（商品规格范围）		5～30	6～40	8～50	10～60	12～80	16～100	20～120	25～160	30～200	4～200
l≤表中数值时，螺纹制到距头部3P内		20	25	25	30	35	40	50	60	70	80
l（系列）		5,6,8,10,12,16,20,25,30,35,40,45,50,55,60,65,70,80,90,100,110,120,130,140,150,160,180,200									

注：1. d_{kmax}只对光滑头部，滚花头部未列出。

2. s_{max}用于除12.9级外的其他性能等级。

表 B-6　圆柱头内六角卸料螺钉（JB/T 7650.6—2008）

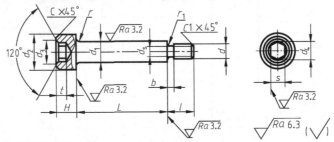

标记示例：圆柱头内六角卸料螺钉　M10×50　JB/T 7650.6—2008

标记含义：d＝M10mm、L＝50mm 的圆柱头内六角卸料螺钉。

mm

d	L	d_1	l	d_2	H	t	S	d_3	d_4	r≤	r_1≤	b	d_s	C	C_1
M6	35～70	8	7	12.5	8	4	5	7.5	5.7	0.4	0.5	2	4.5	1	0.3
M8	40～80	10	8	15	10	5	6	9.8	6.9	0.4	0.5	2	6.2	1.2	0.5
M10	45～100	12	10	18	12	6	8	12	9.2	0.6	11	3	7.8	1.5	0.5
M12	65～100	16	14	24	16	8	10	14.5	11.4	0.6	1	3	9.5	1.8	0.5
M16	90～150	20	20	30	20	10	14	17	16	0.8	1.2	4	13	2	1
M20	80～200	24	26	36	24	12	17	20.5	19.4	1	1.5	4	16.5	2.5	1
L系列	35,40,45,50,55,60,65,70,80,90,100,110,120,130,140,150,160,180,200														

注：材料和硬度：材料由制造者选定，推荐采用45钢，硬度35～40HRC；应符合 JB/T 7653 的规定。

表 B-7　开槽锥端紧定螺钉（GB/T 71—2018）开槽平端紧定螺钉（GB/T 73—2017）开槽长圆柱端紧定螺钉（GB/T 75—2018）

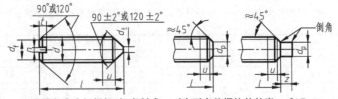

公称长度为短螺钉时，应制成120°为不完整螺纹的长度 u≤2P

标记示例：螺钉　GB/T73　M5×20

标记含义：螺纹规格 d＝M5、公称长度 l＝12mm、性能等级为14H级、表面氧化的开槽平端紧定螺钉。

mm

螺纹规格 d	M1.2	M1.6	M2	M2.5	M3	M4	M5	M6	M8	M10	M12
螺距 P	0.25	0.35	0.4	0.45	0.5	0.7	0.8	1	1.25	1.5	1.75

螺纹规格 d		M1.2	M1.6	M2	M2.5	M3	M4	M5	M6	M8	M10	M12
d_f	≈	螺纹小径										
d_t	最大	0.12	0.16	0.2	0.25	0.3	0.4	0.5	1.5	2	2.5	3
d_p	最小	0.35	0.55	0.75	1.25	1.75	2.25	3.2	3.7	5.2	6.64	8.14
	最大	0.6	0.8	1	1.5	2	2.5	3.5	4	5.5	7	8.5
n	公称	0.2	0.25	0.25	0.4	0.4	0.6	0.8	1	1.2	1.6	2
t	最小	0.4	0.56	0.64	0.72	0.8	1.12	1.28	1.6	2	2.4	2.8
	最大	0.52	0.74	0.84	0.95	1.05	1.42	1.63	2	2.5	3	3.6
z	最小	—	0.8	1	1.25	1.5	2	2.5	3	4	5	6
	最大	—	1.05	1.25	1.5	1.75	2.25	2.75	3.25	4.3	5.3	6.3
GB/T 71—2018	l(公称长度)	2～6	2～8	3～10	3～12	4～16	6～20	8～25	8～30	10～40	12～50	14～60
	l(短螺钉)	2	2～2.5	2～2.5	2～3	2～3	2～4	2～5	2～6	2～8	2～10	2～12
GB/T 73—2017	l(公称长度)	2～6	2～8	2～10	2.5～12	3～16	4～20	5～25	6～30	8～40	10～50	12～60
	l(短螺钉)	—	2	2～2.5	2～3	2～3	2～4	2～5	2～6	2～6	2～8	2～10
GB/T 75—2018	l(公称长度)	—	2.5～8	3～10	4～12	5～16	6～20	8～25	8～30	10～40	12～50	14～60
	l(短螺钉)	—	2～2.5	2～3	2～4	2～5	2～6	2～8	2～10	2～14	2～16	2～20
l(系列)		2,2.5,3,4,5,6,8,10,12,(14),16,20,25,30,35,40,45,50,(55),60										

注: 1. 公称长度为商品规格尺寸。
2. 尽可能不采用括号内的规格。

表 B-8　1型六角螺母（GB/T 6170—2015）

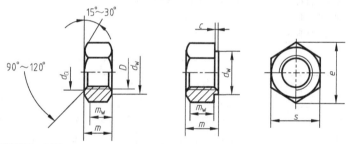

标记示例:螺母　GB/T6170　M12
标记含义:螺纹规格 D＝M12、性能等级为8级、不经表面处理、产品等级为A级1型六角螺母。
垫圈面型,应在订单中注明

mm

螺纹规格 D		M1.6	M2	M2.5	M3	M4	M5	M6	M8	M10	M12
螺距 P		0.35	0.4	0.45	0.5	0.7	0.8	1	1.25	1.5	1.75
c(最大)		0.2	0.2	0.3	0.4	0.4	0.5	0.5	0.6	0.6	0,6
d_a	最大	1.84	2.3	2.9	3.45	4.6	5.75	6.75	8.75	10.8	13
	最小	1.60	2.0	2.5	3.00	4.0	5.00	6.00	8.00	10.0	12
d_w(最小)		2.4	3.1	4.1	4.6	5.9	6.9	8.9	11.6	14.6	16.6
e(最小)		3.41	4.32	5.45	6.01	7.66	8.79	11.05	14.38	17.77	20.03
m	最大	1.30	1.60	2.00	2.40	3.2	4.7	5.2	6.80	8.40	10.80
	最小	1.05	1.35	1.75	2.15	2.9	4.4	4.9	6.44	8.04	10.37
m_w(最小)		0.8	1.1	1.4	1.7	2.3	3.5	3.9	5.2	6.4	8.3
s	公称＝最大	3.20	4.00	5.00	5.50	7.00	8.00	10.00	13.00	16.00	18.00
	最小	3.02	3.82	4.82	5.32	6.78	7.78	9.78	12.73	15.73	17.73
螺纹规格 D		M16	M20	M24	M30	M36	M42	M48	M56	M64	
螺距 P		2	2.5	3	3.5	4	4.5	5	5.5	6	
c(最大)		0.8	0.8	0.8	0.8	0.8	1.0	1.0	1.0	1.0	
d_a	最大	17.3	21.6	25.9	32.4	38.9	45.4	51.8	60.5	69.1	
	最小	16.0	20.0	24.0	30.0	36.0	42.0	48.0	56.0	64.0	
d_w(最小)		22.5	27.7	33.3	42.8	51.1	60	69.5	78.7	88.2	

螺纹规格 D		M16	M20	M24	M30	M36	M42	M48	M56	M64
e（最小）		26.75	32.95	39.55	50.85	60.79	72.02	82.6	93.56	104.86
m	最大	14.8	18.0	21.5	25.6	31.0	34.0	38.0	45.0	51.0
	最小	14.1	16.9	20.2	24.3	29.4	32.4	36.4	43.4	49.1
m_w（最小）		11.3	13.5	16.2	19.4	23.5	25.9	29.1	34.7	39.3
s	公称＝最大	24.00	30.00	36	46	55.0	65.0	75.0	85.0	95.0
	最小	23.67	29.16	35	45	53.8	63.1	73.1	82.8	92.8

注：1. A 级用于 $D \leqslant$ M16 的螺母；B 级用于 $D >$ M16 的螺母。本表仅按优选的螺纹规格列出。

2. 螺纹规格为 M8～M64、细牙、A 级和 B 级的 1 型六角螺母，请查阅 GB/T 6171—2015。

表 B-9 标准型弹簧垫圈（GB/T 93—1987）、轻型弹簧垫圈（GB 859—1987）

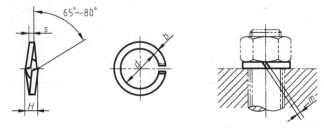

标记示例：垫圈 GB/T 93 16

标记含义：规格 16mm、材料为 65Mn、表面氧化的标准型弹簧垫圈

标记示例：垫圈 GB/T 859 16

标记含义：规格 16mm、材料为 65Mn、表面氧化的轻型弹簧垫圈

mm

规格（螺纹大径）			2	2.5	3	4	5	6	8	10	12	16	20	24	30	36	42	48
d	d_{min}		2.1	2.6	3.1	4.1	5.1	6.1	8.1	10.1	12.2	16.2	20.2	24.5	30.5	36.5	42.5	48.5
	d_{max}		2.35	2.85	3.4	4.4	5.4	6.68	8.68	10.9	12.9	16.9	21.04	25.5	31.5	37.7	43.7	49.7
s(b) 公称	GB/T 93—1987		0.5	0.65	0.8	1.1	1.3	1.6	2.1	2.6	3.1	4.1	5	6	7.5	9	10.5	12
s 公称	GB 859—1987		—	—	0.6	0.8	1.1	1.3	1.6	2	2.5	3.2	4	5	6	—	—	—
b 公称	GB 859—1987		—	—	1	1.2	1.5	2	2.5	3	3.5	4.5	5.5	7	9	—	—	—
H	GB/T 93—1987	最小	1	1.3	1.6	2.2	2.6	3.2	4.2	5.2	6.2	8.2	10	12	15	18	21	24
		最大	1.25	1.63	2	2.75	3.25	4	5.25	6.5	7.75	10.25	12.5	15	18.75	22.5	26.25	30
	GB 859—1987	最小	—	—	1.2	1.6	2.2	2.6	3.2	4	5	6.4	8	10	12	—	—	—
		最大	—	—	1.5	2	2.75	3.25	4	5	6.25	8	10	12.5	15	—	—	—
$m \leqslant$	GB/T 93—1987		0.25	0.33	0.4	0.55	0.65	0.8	1.05	1.3	1.55	2.05	2.5	3	3.75	4.5	5.25	6
	GB 859—1987		—	—	0.3	0.4	0.55	0.65	0.8	1	1.25	1.6	2	2.5	3	—	—	—

注：m 应大于零。

表 B-10 小垫圈—A 级（GB/T 848—2002）、平垫圈—A 级（GB/T 97.1—2002）倒角型—A 级（GB/T 97.2—2002）、大垫圈—A 级（GB/T 96.1—2002）

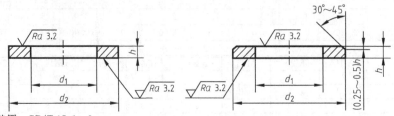

标记示例：垫圈 GB/T 97.1 8

含义：标准系列、与公称直径为 8mm 的螺纹配合、性能等级为 140HV 级、不经表面处理的平垫圈。

mm

规格（螺纹大径）			3	4	5	6	8	10	12	14	16	20	24	30	36
内径 d_1	公称=最小	GB/T 848—2002	3.2	4.3	5.3	6.4	8.4	10.5	13	15	17	21	25	31	37
		GB/T 97.1—2002	3.2	4.3	5.3	6.4	8.4	10.5	13	15	17	21	25	31	37
		GB/T 97.2—2002	—	—	5.3	6.4	8.4	10.5	13	15	17	21	25	31	37
		GB/T 96—2002	3.2	4.3	5.3	6.4	8.4	10.5	13	15	17	22	26	33	39
	最大	GB/T 848—2002	3.38	4.48	5.48	6.62	8.62	10.77	13.27	15.27	17.27	21.33	25.33	31.39	37.62
		GB/T 97.1—2002	3.38	4.48	5.48	6.62	8.62	10.77	13.27	15.27	17.27	21.33	25.33	31.39	37.62
		GB/T 97.2—2002	—	—	5.48	6.62	8.62	10.77	13.27	15.27	17.27	21.33	25.33	31.39	37.62
		GB/T 96—2002	3.38	4.48	5.48	6.62	8.62	10.77	13.27	15.27	17.27	22.52	26.84	34	40
外径 d_2	公称=最大	GB/T 848—2002	6	8	9	11	15	18	20	24	28	34	39	50	60
		GB/T 97.1—2002	7	9	10	12	16	20	24	28	30	37	44	56	66
		GB/T 97.2—2002	—	—	10	12	16	20	24	28	30	37	44	56	66
		GB/T 96—2002	9	12	15	18	24	30	37	44	50	60	72	92	110
	最小	GB/T 848—2002	5.7	7.64	8.64	10.57	14.57	17.57	19.48	23.48	27.48	33.38	38.38	49.38	58.5
		GB/T 97.1—2002	6.64	8.64	9.64	11.57	15.57	19.48	23.48	27.48	29.48	36.38	43.38	55.26	64.8
		GB/T 97.2—2002	—	—	9.64	11.57	15.57	19.48	23.48	27.48	29.48	36.38	43.38	55.26	64.8
		GB/T 96—2002	8.64	11.57	14.57	17.57	23.48	29.48	36.38	43.38	49.38	58.1	70.1	89.8	107.8
厚度 h	公称	GB/T 848—2002	0.5	0.5	1	1.6	1.6	1.6	2	2.5	2.5	3	4	4	5
		GB/T 97.1—2002	0.5	0.8	1	1.6	1.6	2	2.5	2.5	3	3	4	4	5
		GB/T 97.2—2002	—	—	1	1.6	1.6	2	2.5	2.5	3	3	4	4	5
		GB/T 96—2002	0.8	1	1.2	1.6	2	2.5	3	3	3	4	5	6	8
	最大	GB/T 848—2002	0.55	0.55	1.1	1.8	1.8	1.8	2.2	2.7	2.7	3.3	4.3	4.3	5.6
		GB/T 97.1—2002	0.55	0.9	1.1	1.8	1.8	2.2	2.7	2.7	3.3	3.3	4.3	4.3	5.6
		GB/T 97.2—2002	—	—	1.1	1.8	1.8	2.2	2.7	2.7	3.3	3.3	4.3	4.3	5.6
		GB/T 96—2002	0.9	1.1	1.4	1.8	2.2	2.7	3.3	3.3	3.3	4.6	6	7	9.2
	最小	GB/T 848—2002	0.45	0.45	0.9	1.4	1.4	1.4	1.8	2.3	2.3	2.7	3.7	3.7	4.4
		GB/T 97.1—2002	0.45	0.7	0.9	1.4	1.4	1.8	2.3	2.3	2.7	2.7	3.7	3.7	4.4
		GB/T 97.2—2002	—	—	0.9	1.4	1.4	1.8	2.3	2.3	2.7	2.7	3.7	3.7	4.4
		GB/T 96—2002	0.7	0.9	1	1.4	1.8	2.3	2.7	2.7	2.7	3.4	4	5	6.8

附录 C　销的标记与规格

表 C-1　圆柱销　不淬硬钢和奥氏体不锈钢（GB/T 119.1—2000）圆柱销　淬硬钢和马氏体不锈钢（GB/T 119.2—2000）摘编

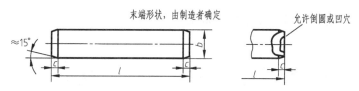

末端形状，由制造者确定　　　允许倒圆或凹穴　　≈15°

标记示例：销　GB/T 119.1　6m6×30
标记含义：公称直径 $d=6$mm、公差为 m6、公称长度 $l=30$mm、材料为 35 钢、不经淬火、不经表面处理的圆柱销。
标记示例：销　GB/T 119.2　6×30
标记含义：公称直径 $d=6$mm、公差为 m6、公称长度 $l=30$mm、材料为 35 钢、普通淬火（A 型）、表面氧化处理的圆柱销。

mm

d（公称）		1.5	2	2.5	3	4	5	6	8
$c\approx$		0.3	0.35	0.4	0.5	0.63	0.8	1.2	1.6
l（商品长度范围）	GB/T 119.1	4~16	6~20	6~24	8~30	8~40	10~50	12~60	14~80
	GB/T 119.2	4~16	5~20	6~24	8~30	10~40	12~50	14~60	18~80

续表

d（公称）		10	12	16	20	25	30	40	50
$c\approx$		2	2.5	3	3.5	4	5	6.3	8
l（商品长度范围）	GB/T 119.1	18～95	22～140	26～180	35～200以上	50～200以上	60～200以上	80～200以上	95～200以上
	GB/T 119.2	22～100以上	26～100以上	40～100以上	50～100以上	—	—	—	—
l（系列）		3,4,5,6,8,10,12,14,16,18,20,22,24,26,28,30,32,35,40,45,50,55,60,65,70,75,80,85,90,95,100,120,140,160,180,200,……								

注：1. 公称直径 d 的公差：GB/T 119.1—2000 规定为 m6 和 h8，GB/T 119.2—2000 仅有 m6。其他公差由供需双方协议。

2. GB/T 119.2—2000 中淬硬钢按淬火方法不同，分为普通淬火（A 型）和表面淬火（B 型）。

3. 公称长度大于 200mm，按 20mm 递增。

表 C-2　圆锥销（GB/T 117—2000）摘编

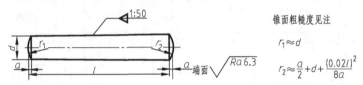

标记示例：销　GB/T 117　6×30

标记含义：公称直径 $d=6$mm、公称长度 $l=30$mm 钢、热处理硬度（28～38）HRC、表面氧化处理的 A 型圆锥销。

mm

d（公称）	0.6	0.8	1	1.2	1.5	2	2.5	3	4	5
$a\approx$	0.08	0.1	0.12	0.16	0.2	0.25	0.3	0.4	0.5	0.63
L（商品长度范围）	4～8	5～12	6～16	6～20	8～24	10～35	10～35	12～45	14～55	18～60
d（公称）	6	8	10	12	16	20	25	30	40	50
$a\approx$	0.8	1	1.2	1.6	2	2.5	3	4	5	6.3
L（商品长度范围）	22～90	22～120	26～160	32～180	40～200以上	45～200以上	50～200以上	55～200以上	60～200以上	65～200以上
l（系列）	2,3,4,5,6,8,10,12,14,16,18,20,22,24,26,28,30,32,35,40,45,50,55,60,65,70,75,80,85,90,95,100,120,140,160,180,200,……									

注：1. 公称直径 d 的公差规定为 h10，其他公差如 a11、c11 和 f8 由供需双方协议。

2. 圆锥销有 A 型和 B 型。A 型为磨削，锥面表面粗糙度 $Ra=0.8\mu m$，B 型为切削或冷镦，锥面表面粗糙度 $Ra=3.2\mu m$。

3. 公称长度大于 200mm，按 20mm 递增。

表 C-3　开口销（GB/T 91—2000）摘编

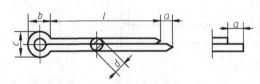

标记示例：销 GB/T 91　5×50

标记含义：公称规格为 5mm、公称长度 $l=50$mm、材料为低碳钢或不锈钢、不经表面处理的开口销：

mm

公称规格		0.6	0.8	1	1.2	1.6	2	2.5	3.2
d	max	0.5	0.7	0.9	1.0	1.4	1.8	2.3	2.9
	min	0.4	0.6	0.8	0.9	1.3	1.7	2.1	2.7
a	max	1.6	1.6	1.6	2.50	2.50	2.50	2.50	3.2

续表

公称规格		0.6	0.8	1	1.2	1.6	2	2.5	3.2
b	≈	2	2.4	3	3	3.2	4	5	6.4
c	max	1.0	1.4	1.8	2.0	2.8	3.6	4.6	5.8
适用的直径 螺栓	>	—	2.5	3.5	4.5	5.5	7	9	11
	≤	2.5	3.5	4.5	5.5	7	9	11	14
适用的直径 U形销	>	—	2	3	4	5	6	8	9
	≤	2	3	4	5	6	8	9	12
商品长度范围		4~12	5~16	6~20	8~25	8~32	10~40	12~50	14~63
公称规格		4	5	6.3	8	10	13	16	20
d	max	3.7	4.6	5.9	7.5	9.5	12.4	15.4	19.3
	min	3.5	4.4	5.7	7.3	9.3	12.1	15.1	19.0
a	max	4	4	4	4	6.30	6.30	6.30	6.30
b	≈	8	10	12.6	16	20	26	32	40
c	max	7.4	9.2	11.8	15.0	19.0	24.8	30.8	38.5
适用的直径 螺栓	>	14	20	27	39	56	80	120	170
	≤	20	27	39	56	80	120	170	—
适用的直径 U形销	>	12	17	23	29	44	69	110	160
	≤	17	23	29	44	69	110	160	—
商品长度范围		18~80	22~100	32~125	40~160	45~200	71~250	112~280	160~280
l(系列)		4,5,6,8,10,12,14,16,18,20,22,25,28,32,36,40,45,50,56,63,71,80,90,100,112, 125,140,160,180,200,224,250,280							

注：1. 销孔的公称直径等于开口销的公称直径 d。对销孔直径推荐的公差为：公称规格≤1.2：H13；公称规格＞1.2：H14 根据供需双方协议，允许采用公称规格为 3、6 和 12mm 的开口销。

2. 用于铁道和在 U 形销中开口销承受交变横向力的场合，推荐使用规定应较本表规定的加大一档。

附录 D 普通平键和键槽的剖面尺寸（GB/T 1095—2003）

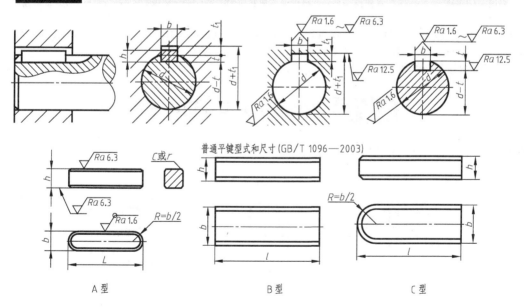

普通平键型式和尺寸(GB/T 1096—2003)

A 型　　　　　B 型　　　　　C 型

标记示例：圆头普通平键（A 型），$b=16$mm、$h=10$mm、$L=100$mm：键　16×100　GB/T 1096—2003

平头普通平键（B 型），$b=16$mm、$h=10$mm、$L=100$mm：键　B16×100　GB/T 1096—2003

单圆头普通平键（C 型），$b=16$mm、$h=10$mm、$L=100$mm：键　C16×100　GB/T 1096—2003 mm

轴	键		键槽											
				宽度 b					深度				半径 r	
公称直径 d	公称尺寸 b×h	长度 L	公称尺寸 b	极限偏差					轴 t		毂 t₁			
				较松键连接		一般键连接		较紧键连接	公称	极限	公称	极限	最小	最大
				轴 H9	毂 D10	轴 N9	毂 JS9	轴和毂 P9						
自6~8	2×2	6~20	2	+0.025 0	+0.060 +0.020	−0.004 −0.029	±0.0125	−0.006 −0.031	1.2	+0.1 0	1	+0.1 0	0.08	0.16
>8~10	3×3	6~36	3						1.8		1.4			
>10~12	4×4	8~45	4	+0.030 0	+0.070 +0.030	0 −0.030	±0.015	−0.012 −0.042	2.5		1.8			
>12~17	5×5	10~56	5						3.0		2.3		0.16	0.25
>17~22	6×6	14~70	6						3.5		2.8			
>22~30	8×7	18~90	8	+0.036 0	+0.098 +0.040	0 −0.036	±0.018	−0.015 −0.051	4.0		3.3			
>30~38	10×8	22~110	10						5.0		3.3			
>38~44	12×8	28~140	12	+0.043 0	+0.120 +0.050	0 −0.043	±0.0215	+0.018 −0.061	5.0		3.3		0.25	0.40
>44~50	14×9	26~160	14						5.5		3.8			
>50~58	16×10	45~180	16						6.0	+0.2 0	4.3	+0.2 0		
>58~65	18×11	50~200	18						7.0		4.4			
>65~75	20×12	56~220	20	+0.052 0	+0.149 +0.065	0 −0.052	±0.026	+0.022 −0.074	7.5		4.9			
>75~85	22×14	63~250	22						9.0		5.4			
>85~95	25×14	70~280	25						9.0		5.4		0.40	0.60
>95~110	28×16	80~320	28						10.0		6.4			
>110~130	32×18	90~360	32						11.0		7.4			
>130~150	36×20	100~400	36	+0.062 0	+0.180 +0.080	0 −0.062	±0.031	−0.026 −0.08	12.0	+0.3 0	8.4	+0.3 0		
>150~170	40×22	100~400	40						13.0		9.4		0.70	1.0
>170~200	45×25	110~450	45						15.0		10.4			

注：1. $(d-t)$ 和 $(d+t_1)$ 两组组合尺寸的极限偏差按相应的 t 和 t_1 的极限偏差选取，但 $(d-t)$ 极限偏差应取负号（−）。

2. L系列：6，8，10，12，14，16，18，20，22，25，28，32，36，40，45，50，56，63，70，80，90，100，110，125，140，160，180，200，220，250，280，320，360，400，450，500。

3. 平键轴槽的长度公差用 H14。

附录 E 常用滚动轴承标记与规格

表 E-1 深沟球轴承外形尺寸（GB/T 276—2013）

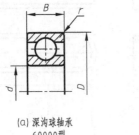

(a) 深沟球轴承
60000型
160000型

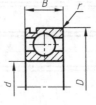

(b) 外圈有止动槽的
深沟球轴承
60000N型

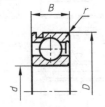

(c) 一面带防尘盖，另一面外
圈有止动槽的深沟球轴承
60000-ZN型

标记示例：滚动轴承 6207 GB/T 276—2013

02 系列

轴承代号			外形尺寸/mm			
60000 型	60000N 型	60000－ZN 型	d	D	B	r_{min}
6202	6202N	6202－ZN	15	35	11	0.6
6203	6203N	6203－ZN	17	40	12	0.6
6204	6204N	6204－ZN	20	47	14	1
62/22	62/22N	62/22－ZN	22	50	14	1
6205	6205N	6205－ZN	25	52	15	1
62/28	62/28N	62/28－ZN	28	58	16	1
6206	6206N	6206－ZN	30	62	16	1
62/32	62/32N	62/32－ZN	32	65	17	1
6207	6207N	6207－ZN	35	72	17	1.1
6208	6208N	6208－ZN	40	80	18	1.1
6209	6209N	6209－ZN	45	85	19	1.1
6210	6210N	6210－ZN	50	90	20	1.1
6211	6211N	6211－ZN	55	100	21	1.5
6212	6212N	6212－ZN	60	110	22	1.5
6213	6213N	6213－ZN	65	120	23	1.5
6214	6214N	6214－ZN	70	125	24	1.5
6215	6215N	6215－ZN	75	130	25	1.5
6216	6216N	6216－ZN	80	140	26	2

表 E-2 推力球轴承外形尺寸（GB/T 301—2015）

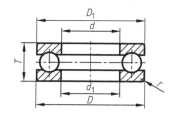

标记示例：滚动轴承 51200　GB/T 301—2015

12 系列

轴承代号	外形尺寸/mm					
	d	D	T	d_{1min}	D_{1max}	r_{min}
51200	10	26	11	12	26	0.6
51201	12	28	11	14	28	0.6
51202	15	32	12	17	32	0.6
51203	17	35	12	19	35	0.6
51204	20	40	14	22	40	0.6
51205	25	47	15	27	47	0.6
51206	30	52	16	32	52	0.6
51207	35	62	18	37	62	1
51208	40	68	19	42	68	1
51209	45	73	20	47	73	1
51210	50	78	22	52	78	1
51211	55	90	25	57	90	1
51212	60	95	26	62	95	1
51213	65	100	27	67	100	1
51214	70	105	27	72	105	1
51215	75	110	27	77	110	1
51216	80	115	28	82	115	1
51217	85	125	31	88	125	1
51218	90	135	35	93	135	1.1
51220	100	150	38	103	150	1.1

表 E-3 圆锥滚子轴承外形尺寸（GB/T 297—2015）

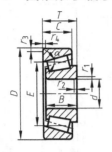

标记示例：滚动轴承 30205　GB/T 297—2015

02 系列

轴承代号	外形尺寸/mm								
	d	D	T	B	r_{1min} r_{2min}	C	r_{3min} r_{4min}	α	E
30204	20	47	15.25	14	1	12	1	12°57′10″	37.304
30205	25	52	16.25	15	1	13	1	14°02′10″	41.135
30206	30	62	17.25	16	1	14	1	14°02′10″	49.990
302/32	32	65	18.25	17	1	15	1	14°	52.500
30207	35	72	18.25	17	1.5	15	1.5	14°02′10″	58.844
30208	40	80	19.75	18	1.5	16	1.5	14°02′10″	65.730
30209	45	85	20.75	19	1.5	16	1.5	15°06′34″	70.440
30210	50	90	21.75	20	1.5	17	1.5	15°38′32″	75.078
30211	55	100	22.75	21	2	18	1.5	15°06′34″	84.197
30212	60	110	23.75	22	2	19	1.5	15°06′34″	91.876
30213	65	120	24.75	23	2	20	1.5	15°06′34″	101.934
30214	70	125	26.25	24	2	21	1.5	15°38′32″	105.748
30215	75	130	27.25	25	2	22	1.5	16°10′20″	110.408
30216	80	140	28.25	26	2.5	22	2	15°38′32″	119.169
30217	85	50	30.5	28	2.5	24	2	15°38′32″	126.685
30218	90	60	32.5	30	2.5	26	2	15°38′32″	134.901
30219	95	170	34.5	32	3	27	2.5	15°38′32″	143.385
30220	100	180	37	34	3	29	2.5	15°38′32″	151.310

附录 F 标准公差数值与极限偏差数值

表 F-1 常用尺寸段的标准公差数值（GB/T 1800.2—2009）摘编

公称尺寸/mm		标准公差等级																	
大于	至	IT1	IT2	IT3	IT4	IT5	IT6	IT7	IT8	IT9	IT10	IT11	IT12	IT13	IT14	IT15	IT16	IT17	IT18
		μm											mm						
—	3	0.8	1.2	2	3	4	6	10	14	25	40	60	0.10	0.14	0.25	0.40	0.60	1.0	1.4
3	6	1	1.5	2.5	4	5	8	12	18	30	48	75	0.12	0.18	0.30	0.48	0.75	1.2	1.8
6	10	1	1.5	2.5	4	6	9	15	22	36	58	90	0.15	0.22	0.36	0.58	0.90	1.5	2.2
10	18	1.2	2	3	5	8	11	18	27	43	70	110	0.18	0.27	0.43	0.70	1.10	1.8	2.7
18	30	1.5	2.5	4	6	9	13	21	33	52	84	130	0.21	0.33	0.52	0.84	1.30	2.1	3.3
30	50	1.5	2.5	4	7	11	16	25	39	62	100	160	0.25	0.39	0.62	1.00	1.60	2.5	3.9
50	80	2	3	5	8	13	19	30	46	74	120	190	0.30	0.46	0.74	1.20	1.90	3.0	4.6
80	120	2.5	4	6	10	15	22	35	54	87	140	220	0.35	0.54	0.87	1.40	2.20	3.5	5.4
120	180	3.5	5	8	12	18	25	40	63	100	160	250	0.40	0.63	1.00	1.60	2.50	4.0	6.3
180	250	4.5	7	10	14	20	29	46	72	115	185	290	0.46	0.72	1.15	1.85	2.90	4.6	7.2
250	315	6	8	12	16	23	32	52	81	130	210	320	0.52	0.81	1.30	2.10	3.20	5.2	8.1
315	400	7	9	13	18	25	36	57	89	140	230	360	0.57	0.89	1.40	2.30	3.60	5.7	8.9
400	500	8	10	15	20	27	40	63	97	155	250	400	0.63	0.97	1.55	2.50	4.00	6.3	9.7

注：公称尺寸小于 1mm 时，无 IT14 至 IT18。

表 F-2 轴的极限偏差（GB/T 1800.2—2009）摘编

μm

公称尺寸/mm 大于	至	a* 11	b* 11	b* 12	c 9	c 10	c 11	d 8	d 9	d 10	d 11	e 7	e 8	e 9
—	3	−270 −330	−140 −200	−140 −240	−60 −85	−60 −100	−60 −120	−20 −34	−20 −45	−20 −60	−20 −80	−14 −24	−14 −28	−14 −39
3	6	−270 −345	−140 −215	−140 −260	−70 −100	−70 −118	−70 −145	−30 −48	−30 −60	−30 −78	−30 −105	−20 −32	−20 −38	−20 −50
6	10	−280 −370	−150 −240	−150 −300	−80 −116	−80 −138	−80 −170	−40 −62	−40 −76	−40 −98	−40 −130	−25 −40	−25 −47	−25 −61
10	14	−290 −400	−150 −260	−150 −330	−95 −138	−95 −165	−95 −205	−50 −77	−50 −93	−50 −120	−50 −160	−32 −50	−32 −59	−32 −75
14	18	−290 −400	−260	−330	−138	−165	−205	−77	−93	−120	−160	−50	−59	−75
18	24	−300 −430	−160 −290	−160 −370	−110 −162	−110 −194	−110 −240	−65 −98	−65 −117	−65 −149	−65 −195	−40 −61	−40 −73	−40 −92
24	30	−300 −430	−290	−370	−162	−194	−240	−98	−117	−149	−195	−61	−73	−92
30	40	−310 −470	−170 −330	−170 −420	−120 −182	−120 −220	−120 −280	−80 −119	−80 −142	−80 −180	−80 −240	−50 −75	−50 −89	−50 −112
40	50	−320 −480	−180 −340	−180 −430	−130 −192	−130 −230	−130 −290	−80 −119	−80 −142	−80 −180	−80 −240	−50 −75	−50 −89	−50 −112
50	65	−340 −530	−190 −380	−190 −490	−140 −214	−140 −260	−140 −330	−100 −146	−100 −174	−100 −220	−100 −290	−60 −90	−60 −106	−60 −134
65	80	−360 −550	−200 −390	−200 −500	−150 −224	−150 −270	−150 −340	−100 −146	−100 −174	−100 −220	−100 −290	−60 −90	−60 −106	−60 −134
80	100	−380 −600	−220 −440	−220 −570	−170 −257	−170 −310	−170 −390	−120 −174	−120 −207	−120 −260	−120 −340	−72 −107	−72 −126	−72 −159
100	120	−410 −630	−240 −460	−240 −590	−180 −267	−180 −320	−180 −400	−120 −174	−120 −207	−120 −260	−120 −340	−72 −107	−72 −126	−72 −159
120	140	−460 −710	−260 −510	−260 −660	−200 −300	−200 −360	−200 −450	−145 −208	−145 −245	−145 −305	−145 −395	−85 −125	−85 −148	−85 −185
140	160	−520 −770	−280 −530	−280 −680	−210 −310	−210 −370	−210 −460	−145 −208	−145 −245	−145 −305	−145 −395	−85 −125	−85 −148	−85 −185
160	180	−580 −830	−310 −560	−310 −710	−230 −330	−230 −390	−230 −480	−145 −208	−145 −245	−145 −305	−145 −395	−85 −125	−85 −148	−85 −185
180	200	−660 −950	−340 −630	−340 −800	−240 −355	−240 −425	−240 −530	−170 −242	−170 −285	−170 −355	−170 −460	−100 −146	−100 −172	−100 −215
200	225	−740 −1030	−380 −670	−380 −840	−260 −375	−260 −445	−260 −550	−170 −242	−170 −285	−170 −355	−170 −460	−100 −146	−100 −172	−100 −215
225	250	−820 −1110	−420 −710	−420 −880	−280 −395	−280 −465	−280 −570	−170 −242	−170 −285	−170 −355	−170 −460	−100 −146	−100 −172	−100 −215
250	280	−920 −1240	−480 −800	−480 −1000	−300 −430	−300 −510	−300 −620	−190 −271	−190 −320	−190 −400	−190 −510	−110 −162	−110 −191	−110 −240
280	315	−1050 −1370	−540 −860	−540 −1060	−330 −460	−330 −540	−330 −650	−190 −271	−190 −320	−190 −400	−190 −510	−110 −162	−110 −191	−110 −240
315	355	−1200 −1560	−600 −960	−600 −1170	−360 −500	−360 −590	−360 −720	−210 −299	−210 −350	−210 −440	−210 −570	−125 −182	−125 −214	−125 −265
355	400	−1350 −1710	−680 −1040	−680 −1250	−400 −540	−400 −630	−400 −760	−210 −299	−210 −350	−210 −440	−210 −570	−125 −182	−125 −214	−125 −265
400	450	−1500 −1900	−760 −1160	−760 −1390	−440 −595	−440 −690	−440 −840	−230 −327	−230 −385	−230 −480	−230 −630	−135 −198	−135 −232	−135 −290
450	500	−1650 −2050	−840 −1240	−840 −1470	−480 −635	−480 −730	−480 −880	−230 −327	−230 −385	−230 −480	−230 −630	−135 −198	−135 −232	−135 −290

续表

公称尺寸/mm		f					g			h							
大于	至	5	6	7	8	9	5	6	7	5	6	7	8	9	10	11	12
—	3	−6	−6	−6	−6	−6	−2	−2	−2	0	0	0	0	0	0	0	0
		−10	−12	−16	−20	−31	−6	−8	−12	−4	−6	−10	−14	−25	−40	−60	−100
3	6	−10	−10	−10	−10	−10	−4	−4	−4	0	0	0	0	0	0	0	0
		−15	−18	−22	−28	−40	−9	−12	−16	−5	−8	−12	−18	−30	−48	−75	−120
6	10	−13	−13	−13	−13	−13	−5	−5	−5	0	0	0	0	0	0	0	0
		−19	−22	−28	−35	−49	−11	−14	−20	−6	−9	−15	−22	−36	−58	−90	−150
10	14	−16	−16	−16	−16	−16	−6	−6	−6	0	0	0	0	0	0	0	0
14	18	−24	−27	−34	−43	−59	−14	−17	−24	−8	−11	−18	−27	−43	−70	−110	−180
18	24	−20	−20	−20	−20	−20	−7	−7	−7	0	0	0	0	0	0	0	0
24	30	−29	−33	−41	−53	−72	−16	−20	−28	−9	−13	−21	−33	−52	−84	−130	−210
30	40	−25	−25	−25	−25	−25	−9	−9	−9	0	0	0	0	0	0	0	0
40	50	−36	−41	−50	−64	−87	−20	−25	−34	−11	−16	−25	−39	−62	−100	−160	−250
50	65	−30	−30	−30	−30	−30	−10	−10	−10	0	0	0	0	0	0	0	0
65	80	−43	−49	−60	−76	−104	−23	−29	−40	−13	−19	−30	−46	−74	−120	−190	−300
80	100	−36	−36	−36	−36	−36	−12	−12	−12	0	0	0	0	0	0	0	0
100	120	−51	−58	−71	−90	−123	−27	−34	−47	−15	−22	−35	−54	−87	−140	−220	−350
120	140	−43	−43	−43	−43	−43	−14	−14	−14	0	0	0	0	0	0	0	0
140	160																
160	180	−61	−68	−83	−106	−143	−32	−39	−54	−18	−25	−40	−63	−100	−160	−250	−400
180	200	−50	−50	−50	−50	−50	−15	−15	−15	0	0	0	0	0	0	0	0
200	225																
225	250	−70	−79	−96	−122	−165	−35	−44	−61	−20	−29	−46	−72	−115	−185	−290	−460
250	280	−56	−56	−56	−56	−56	−17	−17	−17	0	0	0	0	0	0		0
280	315	−79	−88	−108	−137	−186	−40	−49	−69	−23	−32	−52	−81	−130	−210	−320	−520
315	355	−62	−62	−62	−62	−62	−18	−18	−18	0	0	0	0	0	0	0	0
355	400	−87	−98	−119	−151	−202	−43	−54	−75	−25	−36	−57	−89	−140	−230	−360	−570
400	450	−68	−68	−68	−68	−68	−20	−20	−20	0	0	0	0	0	0	0	0
450	500	−95	−108	−131	−165	−223	−47	−60	−83	−27	−40	−63	−97	−155	−250	−400	−630

续表

公称尺寸/mm		js			k			m			n			p		
大于	至	5	6	7	5	6	7	5	6	7	5	6	7	5	6	7
—	3	±2	±3	±5	+4 0	+6 0	+10 0	+6 +2	+8 +2	+12 +2	+8 +4	+10 +4	+14 +4	+10 +6	+12 +6	+16 +6
3	6	±2.5	±4	±6	+6 +1	+9 +1	+13 +1	+9 +4	+12 +4	+16 +4	+13 +8	+16 +8	+20 +8	+17 +12	+20 +12	+24 +12
6	10	±3	±4.5	±7	+7 +1	+10 +1	+16 +1	+12 +6	+15 +6	+21 +6	+16 +10	+19 +10	+25 +10	+21 +15	+24 +15	+30 +15
10	14	±4	±5.5	±9	+9 +1	+12 +1	+19 +1	+15 +7	+18 +7	+25 +7	+20 +12	+23 +12	+30 +12	+26 +18	+29 +18	+36 +18
14	18	±4	±5.5	±9	+9 +1	+12 +1	+19 +1	+15 +7	+18 +7	+25 +7	+20 +12	+23 +12	+30 +12	+26 +18	+29 +18	+36 +18
18	24	±4.5	±6.5	±10	+11 +2	+15 +2	+23 +2	+17 +8	+21 +8	+29 +8	+24 +15	+28 +15	+36 +15	+31 +22	+35 +22	+43 +22
24	30	±4.5	±6.5	±10	+11 +2	+15 +2	+23 +2	+17 +8	+21 +8	+29 +8	+24 +15	+28 +15	+36 +15	+31 +22	+35 +22	+43 +22
30	40	±5.5	±8	±12	+13 +2	+18 +2	+27 +2	+20 +9	+25 +9	+34 +9	+28 +17	+33 +17	+42 +17	+37 +26	+42 +26	+51 +26
40	50	±5.5	±8	±12	+13 +2	+18 +2	+27 +2	+20 +9	+25 +9	+34 +9	+28 +17	+33 +17	+42 +17	+37 +26	+42 +26	+51 +26
50	65	±6.5	±9.5	±15	+15 +2	+21 +2	+32 +2	+24 +11	+30 +11	+41 +11	+33 +20	+39 +20	+50 +20	+45 +32	+51 +32	+62 +32
65	80	±6.5	±9.5	±15	+15 +2	+21 +2	+32 +2	+24 +11	+30 +11	+41 +11	+33 +20	+39 +20	+50 +20	+45 +32	+51 +32	+62 +32
80	100	±7.5	±11	±17	+18 +3	+25 +3	+38 +3	+28 +13	+35 +13	+48 +13	+38 +23	+45 +23	+58 +23	+52 +37	+59 +37	+72 +37
100	120	±7.5	±11	±17	+18 +3	+25 +3	+38 +3	+28 +13	+35 +13	+48 +13	+38 +23	+45 +23	+58 +23	+52 +37	+59 +37	+72 +37
120	140	±9	±12.5	±20	+21 +3	+28 +3	+43 +3	+33 +15	+40 +15	+55 +15	+45 +27	+52 +27	+67 +27	+61 +43	+68 +43	+83 +43
140	160	±9	±12.5	±20	+21 +3	+28 +3	+43 +3	+33 +15	+40 +15	+55 +15	+45 +27	+52 +27	+67 +27	+61 +43	+68 +43	+83 +43
160	180	±9	±12.5	±20	+21 +3	+28 +3	+43 +3	+33 +15	+40 +15	+55 +15	+45 +27	+52 +27	+67 +27	+61 +43	+68 +43	+83 +43
180	200	±10	±14.5	±23	+24 +4	+33 +4	+50 +4	+37 +17	+46 +17	+63 +17	+51 +31	+60 +31	+77 +31	+70 +50	+79 +50	+96 +50
200	225	±10	±14.5	±23	+24 +4	+33 +4	+50 +4	+37 +17	+46 +17	+63 +17	+51 +31	+60 +31	+77 +31	+70 +50	+79 +50	+96 +50
225	250	±10	±14.5	±23	+24 +4	+33 +4	+50 +4	+37 +17	+46 +17	+63 +17	+51 +31	+60 +31	+77 +31	+70 +50	+79 +50	+96 +50
250	280	±11.5	±16	±26	+27 +4	+36 +4	+56 +4	+43 +20	+52 +20	+72 +20	+57 +34	+66 +34	+86 +34	+79 +56	+88 +56	+108 +56
280	315	±11.5	±16	±26	+27 +4	+36 +4	+56 +4	+43 +20	+52 +20	+72 +20	+57 +34	+66 +34	+86 +34	+79 +56	+88 +56	+108 +56
315	355	±12.5	±18	±28	+29 +4	+40 +4	+61 +4	+46 +21	+57 +21	+78 +21	+62 +37	+73 +37	+94 +37	+87 +62	+98 +62	+119 +62
355	400	±12.5	±18	±28	+29 +4	+40 +4	+61 +4	+46 +21	+57 +21	+78 +21	+62 +37	+73 +37	+94 +37	+87 +62	+98 +62	+119 +62
400	450	±13.5	±20	±31	+32 +5	+45 +5	+68 +5	+50 +23	+63 +23	+86 +23	+67 +40	+80 +40	+103 +40	+95 +68	+108 +68	+131 +68
450	500	±13.5	±20	±31	+32 +5	+45 +5	+68 +5	+50 +23	+63 +23	+86 +23	+67 +40	+80 +40	+103 +40	+95 +68	+108 +68	+131 +68

续表

公称尺寸/mm		r			s			t			u		v	x	y	z
大于	至	5	6	7	5	6	7	5	6	7	6	7	6	6	6	6
—	3	+14 +10	+16 +10	+20 +10	+18 +14	+20 +14	+24 +14	—	—	—	+24 +18	+28 +18	—	+26 +20	—	+32 +26
3	6	+20 +15	+23 +15	+27 +15	+24 +19	+27 +19	+31 +19	—	—	—	+31 +23	+35 +23	—	+36 +28	—	+43 +35
6	10	+25 +19	+28 +19	+34 +19	+29 +23	+32 +23	+38 +23	—	—	—	+37 +28	+43 +28	—	+43 +34	—	+51 +42
10	14	+31 +23	+34 +23	+41 +23	+36 +28	+39 +28	+46 +28	—	—	—	+44 +33	+51 +33	—	+51 +40	—	+61 +50
14	18	+31 +23	+34 +23	+41 +23	+36 +28	+39 +28	+46 +28	—	—	—	+44 +33	+51 +33	+50 +39	+56 +45	—	+71 +60
18	24	+37 +28	+41 +28	+49 +28	+44 +35	+48 +35	+56 +35	—	—	—	+54 +41	+62 +41	+60 +47	+67 +54	+76 +63	+86 +73
24	30	+37 +28	+41 +28	+49 +28	+44 +35	+48 +35	+56 +35	+50 +41	+54 +41	+62 +41	+61 +48	+69 +48	+68 +55	+77 +64	+88 +75	+101 +88
30	40	+45 +34	+50 +34	+59 +34	+54 +43	+59 +43	+68 +43	+59 +48	+64 +48	+73 +48	+76 +60	+85 +60	+84 +68	+96 +80	+110 +94	+128 +112
40	50	+45 +34	+50 +34	+59 +34	+54 +43	+59 +43	+68 +43	+65 +54	+70 +54	+79 +54	+86 +70	+95 +70	+97 +81	+113 +97	+130 +114	+152 +136
50	65	+54 +41	+60 +41	+71 +41	+66 +53	+72 +53	+83 +53	+79 +66	+85 +66	+96 +66	+106 +87	+117 +87	+121 +102	+141 +122	+163 +144	+191 +172
65	80	+56 +43	+62 +43	+73 +43	+72 +59	+78 +59	+89 +59	+88 +75	+94 +75	+105 +75	+121 +102	+132 +102	+139 +120	+165 +146	+193 +174	+229 +210
80	100	+66 +51	+73 +51	+86 +51	+86 +71	+93 +71	+106 +71	+106 +91	+113 +91	+126 +91	+146 +124	+159 +124	+168 +146	+200 +178	+236 +214	+280 +258
100	120	+69 +54	+76 +54	+89 +54	+94 +79	+101 +79	+114 +79	+119 +104	+126 +104	+139 +104	+166 +144	+179 +144	+194 +172	+232 +210	+276 +254	+332 +310
120	140	+81 +63	+88 +63	+103 +63	+110 +92	+117 +92	+132 +92	+140 +122	+147 +122	+162 +122	+195 +170	+210 +170	+227 +202	+273 +248	+325 +300	+390 +365
140	160	+83 +65	+90 +65	+105 +65	+118 +100	+125 +100	+140 +100	+152 +134	+159 +134	+174 +134	+215 +190	+230 +190	+253 +228	+305 +280	+365 +340	+440 +415
160	180	+86 +68	+93 +68	+108 +68	+126 +108	+133 +108	+148 +108	+164 +146	+171 +146	+186 +146	+235 +210	+250 +210	+277 +252	+335 +310	+405 +380	+490 +465
180	200	+97 +77	+106 +77	+123 +77	+142 +122	+151 +122	+168 +122	+186 +166	+195 +166	+212 +166	+265 +236	+282 +236	+313 +284	+379 +350	+454 +425	+549 +520
200	225	+100 +80	+109 +80	+126 +80	+150 +130	+159 +130	+176 +130	+200 +180	+209 +180	+226 +180	+287 +258	+304 +258	+339 +310	+414 +385	+499 +470	+604 +575
225	250	+104 +84	+113 +84	+130 +84	+160 +140	+169 +140	+186 +140	+216 +196	+225 +196	+242 +196	+313 +284	+330 +284	+369 +340	+454 +425	+549 +520	+669 +640
250	280	+117 +94	+126 +94	+146 +94	+181 +158	+190 +158	+210 +158	+241 +218	+250 +218	+270 +218	+347 +315	+367 +315	+417 +385	+507 +475	+612 +580	+742 +710
280	315	+121 +98	+130 +98	+150 +98	+193 +170	+202 +170	+222 +170	+263 +240	+272 +240	+292 +240	+382 +350	+402 +350	+457 +425	+557 +525	+682 +650	+822 +790
315	355	+133 +108	+144 +108	+165 +108	+215 +190	+226 +190	+247 +190	+293 +268	+304 +268	+325 +268	+426 +390	+447 +390	+511 +475	+626 +590	+766 +730	+936 +900
355	400	+139 +114	+150 +114	+171 +114	+233 +208	+244 +208	+265 +208	+319 +294	+330 +294	+351 +294	+471 +435	+492 +435	+566 +530	+696 +660	+856 +820	+1036 +1000
400	450	+153 +126	+166 +126	+189 +126	+259 +232	+272 +232	+295 +232	+357 +330	+370 +330	+393 +330	+530 +490	+553 +490	+635 +595	+780 +740	+960 +920	+1140 +1100
450	500	+159 +132	+172 +132	+195 +132	+279 +252	+292 +252	+315 +252	+387 +360	+400 +360	+423 +360	+580 +540	+603 +540	+700 +660	+860 +820	+1040 +1000	+1290 +1250

注：带"＊"公称尺寸小于1mm时，各级的 a 和 b 均不采用。

表 F-3　孔的极限偏差（GB/T 1800.2—2009）摘编

μm

公称尺寸/mm		A*	B*		C		D				E		F			
大于	至	11	11	12	11	12	8	9	10	11	8	9	6	7	8	9
—	3	+330 / +270	+200 / +140	+240 / +140	+120 / +60	+160 / +60	+34 / +20	+45 / +20	+60 / +20	+80 / +20	+28 / +14	+39 / +14	+12 / +6	+16 / +6	+20 / +6	+31 / +6
3	6	+345 / +270	+215 / +140	+260 / +140	+145 / +70	+190 / +70	+48 / +30	+60 / +30	+78 / +30	+105 / +30	+38 / +20	+50 / +20	+18 / +10	+22 / +10	+28 / +10	+40 / +10
6	10	+370 / +280	+240 / +150	+300 / +150	+170 / +80	+230 / +80	+62 / +40	+76 / +40	+98 / +40	+130 / +40	+47 / +25	+61 / +25	+22 / +13	+28 / +13	+35 / +13	+49 / +13
10	14	+400 / +290	+260 / +150	+330 / +150	+205 / +95	+275 / +95	+77 / +50	+93 / +50	+120 / +50	+160 / +50	+59 / +32	+75 / +32	+27 / +16	+34 / +16	+43 / +16	+59 / +16
14	18	+400 / +290	+260 / +150	+330 / +150	+205 / +95	+275 / +95	+77 / +50	+93 / +50	+120 / +50	+160 / +50	+59 / +32	+75 / +32	+27 / +16	+34 / +16	+43 / +16	+59 / +16
18	24	+430 / +300	+290 / +160	+370 / +160	+240 / +110	+320 / +110	+98 / +65	+117 / +65	+149 / +65	+195 / +65	+73 / +40	+92 / +40	+33 / +20	+41 / +20	+53 / +20	+72 / +20
24	30	+430 / +300	+290 / +160	+370 / +160	+240 / +110	+320 / +110	+98 / +65	+117 / +65	+149 / +65	+195 / +65	+73 / +40	+92 / +40	+33 / +20	+41 / +20	+53 / +20	+72 / +20
30	40	+470 / +310	+330 / +170	+420 / +170	+280 / +120	+370 / +120	+119 / +80	+142 / +80	+180 / +80	+240 / +80	+89 / +50	+112 / +50	+41 / +25	+50 / +25	+64 / +25	+87 / +25
40	50	+480 / +320	+340 / +180	+430 / +180	+290 / +130	+380 / +130	+119 / +80	+142 / +80	+180 / +80	+240 / +80	+89 / +50	+112 / +50	+41 / +25	+50 / +25	+64 / +25	+87 / +25
50	65	+530 / +340	+380 / +190	+490 / +190	+330 / +140	+440 / +140	+146 / +100	+174 / +100	+220 / +100	+290 / +100	+106 / +60	+134 / +60	+49 / +30	+60 / +30	+76 / +30	+104 / +30
65	80	+550 / +360	+390 / +200	+500 / +200	+340 / +150	+450 / +150	+146 / +100	+174 / +100	+220 / +100	+290 / +100	+106 / +60	+134 / +60	+49 / +30	+60 / +30	+76 / +30	+104 / +30
80	100	+600 / +380	+440 / +220	+570 / +220	+390 / +170	+520 / +170	+174 / +120	+207 / +120	+260 / +120	+340 / +120	+126 / +72	+159 / +72	+58 / +36	+71 / +36	+90 / +36	+123 / +36
100	120	+630 / +410	+460 / +240	+590 / +240	+400 / +180	+530 / +180	+174 / +120	+207 / +120	+260 / +120	+340 / +120	+126 / +72	+159 / +72	+58 / +36	+71 / +36	+90 / +36	+123 / +36
120	140	+710 / +460	+510 / +260	+660 / +260	+450 / +200	+600 / +200	+208 / +145	+245 / +145	+305 / +145	+395 / +145	+148 / +85	+185 / +85	+68 / +43	+83 / +43	+106 / +43	+143 / +43
140	160	+770 / +520	+530 / +280	+680 / +280	+460 / +210	+610 / +210	+208 / +145	+245 / +145	+305 / +145	+395 / +145	+148 / +85	+185 / +85	+68 / +43	+83 / +43	+106 / +43	+143 / +43
160	180	+830 / +580	+560 / +310	+710 / +310	+480 / +230	+630 / +230	+208 / +145	+245 / +145	+305 / +145	+395 / +145	+148 / +85	+185 / +85	+68 / +43	+83 / +43	+106 / +43	+143 / +43
180	200	+950 / +660	+630 / +340	+800 / +340	+530 / +240	+700 / +240	+242 / +170	+285 / +170	+355 / +170	+460 / +170	+172 / +100	+215 / +100	+79 / +50	+96 / +50	+122 / +50	+165 / +50
200	225	+1030 / +740	+670 / +380	+840 / +380	+550 / +260	+720 / +260	+242 / +170	+285 / +170	+355 / +170	+460 / +170	+172 / +100	+215 / +100	+79 / +50	+96 / +50	+122 / +50	+165 / +50
225	250	+1110 / +820	+710 / +420	+880 / +420	+570 / +280	+740 / +280	+242 / +170	+285 / +170	+355 / +170	+460 / +170	+172 / +100	+215 / +100	+79 / +50	+96 / +50	+122 / +50	+165 / +50
250	280	+1240 / +920	+800 / +480	+1000 / +480	+620 / +300	+820 / +300	+271 / +190	+320 / +190	+400 / +190	+510 / +190	+191 / +110	+240 / +110	+88 / +56	+108 / +56	+137 / +56	+186 / +56
280	315	+1370 / +1050	+860 / +540	+1060 / +540	+650 / +330	+850 / +330	+271 / +190	+320 / +190	+400 / +190	+510 / +190	+191 / +110	+240 / +110	+88 / +56	+108 / +56	+137 / +56	+186 / +56
315	355	+1560 / +1200	+960 / +600	+1170 / +600	+720 / +360	+930 / +360	+299 / +210	+350 / +210	+440 / +210	+570 / +210	+214 / +125	+265 / +125	+98 / +62	+119 / +62	+151 / +62	+202 / +62
355	400	+1710 / +1350	+1040 / +680	+1250 / +680	+760 / +400	+970 / +400	+299 / +210	+350 / +210	+440 / +210	+570 / +210	+214 / +125	+265 / +125	+98 / +62	+119 / +62	+151 / +62	+202 / +62
400	450	+1900 / +1500	+1160 / +760	+1390 / +760	+840 / +440	+1070 / +440	+327 / +230	+385 / +230	+480 / +230	+630 / +230	+232 / +135	+290 / +135	+108 / +68	+131 / +68	+165 / +68	+223 / +68
450	500	+2050 / +1650	+1240 / +840	+1470 / +840	+880 / +480	+1110 / +488	+327 / +230	+385 / +230	+480 / +230	+630 / +230	+232 / +135	+290 / +135	+108 / +68	+131 / +68	+165 / +68	+223 / +68

续表

公称尺寸/mm		G		H							JS			K		
大于	至	6	7	6	7	8	9	10	11	12	6	7	8	6	7	8
—	3	+8 +2	+12 +2	+6 0	+10 0	+14 0	+25 0	+40 0	+60 0	+100 0	±3	±5	±7	0 −6	0 −10	0 −14
3	6	+12 +4	+16 +4	+8 0	+12 0	+18 0	+30 0	+48 0	+75 0	+120 0	±4	±6	±9	+2 −6	+3 −9	+5 −13
6	10	+14 +5	+20 +5	+9 0	+15 0	+22 0	+36 0	+58 0	+90 0	+150 0	±4.5	±7	±11	+2 −7	+5 −10	+6 −16
10	14	+17 +6	+24 +6	+11 0	+18 0	+27 0	+43 0	+70 0	+110 0	+180 0	±5.5	±9	±13	+2 −9	+6 −12	+8 −19
14	18	+20 +7	+28 +7	+13 0	+21 0	+33 0	+52 0	+84 0	+130 0	+210 0	±6.5	±10	±16	+2 −11	+6 −15	+10 −23
18	24	+25 +9	+34 +9	+16 0	+25 0	+39 0	+62 0	+100 0	+160 0	+250 0	±8	±12	±19	+3 −13	+7 −18	+12 −27
24	30	+29 +10	+40 +10	+19 0	+30 0	+46 0	+74 0	+120 0	+190 0	+300 0	±9.5	±15	±23	+4 −15	+9 −21	+14 −32
30	40	+34 +12	+47 +12	+22 0	+35 0	+54 0	+87 0	+140 0	+220 0	+350 0	±11	±17	±27	+4 −18	+10 −25	+16 −38
40	50	+39 +14	+54 +14	+25 0	+40 0	+63 0	+100 0	+160 0	+250 0	+400 0	±12.5	±20	±31	+4 −21	+12 −28	+20 −43
50	65	+44 +15	+61 +15	+29 0	+46 0	+72 0	+115 0	+185 0	+290 0	+460 0	±14.5	±23	±36	+5 −24	+13 −33	+22 −50
65	80	+49 +17	+69 +17	+32 0	+52 0	+81 0	+130 0	+210 0	+320 0	+520 0	±16	±26	±40	+5 −27	+16 −36	+25 −56
80	100	+54 +18	+75 +18	+36 0	+57 0	+89 0	+140 0	+230 0	+360 0	+570 0	±18	±28	±44	+7 −29	+17 −40	+28 −61
100	120	+60 +20	+83 +20	+40 0	+63 0	+97 0	+155 0	+250 0	+400 0	+630 0	±20	±31	±48	+8 −32	+18 −45	+29 −68

公称尺寸/mm		M			N			P		R		S		T	
大于	至	6	7	8	6	7	8	6	7	6	7	6	7	6	7
—	3	−2 −8	−2 −12	−2 −16	−4 −10	−4 −14	−4 −18	−6 −12	−6 −16	−10 −16	−10 −20	−14 −20	−14 −24	—	—
3	6	−1 −9	0 −12	+2 −16	−5 −13	−4 −16	−2 −20	−9 −17	−8 −20	−12 −20	−11 −23	−16 −24	−15 −27	—	—
6	10	−3 −12	0 −15	+1 −21	−7 −16	−4 −19	−3 −25	−12 −21	−9 −24	−16 −25	−13 −28	−20 −29	−17 −32	—	—
10	14	−4 −15	−0 −18	+2 −25	−9 −20	−5 −23	−3 −30	−15 −26	−11 −29	−20 −31	−16 −34	−25 −36	−21 −39	—	—
14	18													—	—
18	24	−4 −17	0 −21	+4 −29	−11 −24	−7 −28	−3 −36	−18 −31	−14 −35	−24 −37	−20 −41	−31 −44	−27 −48	—	—
24	30													−37 −50	−33 −54
30	40	−4 −20	0 −25	+5 −34	−12 −28	−8 −33	−3 −42	−21 −37	−17 −42	−29 −45	−25 −50	−38 −54	−34 −59	−43 −59	−39 −64
40	50													−49 −65	−45 −70

公称尺寸/mm		M			N			P		R		S		T	
大于	至	6	7	8	6	7	8	6	7	6	7	6	7	6	7
50	65	-5 -24	0 -30	+5 -41	-14 -33	-9 -39	-4 -50	-26 -45	-21 -51	-35 -54	-30 -60	-47 -66	-42 -72	-60 -79	-55 -85
65	80	-5 -24	0 -30	+5 -41	-14 -33	-9 -39	-4 -50	-26 -45	-21 -51	-37 -56	-32 -62	-53 -72	-48 -78	-69 -88	-64 -94
80	100	-6 -28	0 -35	+6 -48	-16 -38	-10 -45	-4 -58	-30 -52	-24 -59	-44 -66	-38 -73	-64 -86	-58 -93	-84 -106	-78 -113
100	120	-6 -28	0 -35	+6 -48	-16 -38	-10 -45	-4 -58	-30 -52	-24 -59	-47 -69	-41 -76	-72 -94	-66 -101	-97 -119	-91 -126
120	140	-8 -33	0 -40	+8 -55	-20 -45	-12 -52	-4 -67	-36 -61	-28 -68	-56 -81	-48 -88	-85 -110	-77 -117	-115 -140	-107 -147
140	160	-8 -33	0 -40	+8 -55	-20 -45	-12 -52	-4 -67	-36 -61	-28 -68	-58 -83	-50 -90	-93 -118	-85 -125	-127 -152	-119 -159
160	180	-8 -33	0 -40	+8 -55	-20 -45	-12 -52	-4 -67	-36 -61	-28 -68	-61 -86	-53 -93	-101 -126	-93 -133	-139 -164	-131 -171
180	200	-8 -37	0 -46	+9 -63	-22 -51	-14 -60	-5 -77	-41 -70	-33 -79	-68 -97	-60 -106	-113 -142	-105 -151	-157 -186	-149 -195
200	225	-8 -37	0 -46	+9 -63	-22 -51	-14 -60	-5 -77	-41 -70	-33 -79	-71 -100	-63 -109	-121 -150	-113 -159	-171 -200	-163 -209
225	250	-8 -37	0 -46	+9 -63	-22 -51	-14 -60	-5 -77	-41 -70	-33 -79	-75 -104	-67 -113	-131 -160	-123 -169	-187 -216	-179 -225
250	280	-9 -41	0 -52	+9 -72	-25 -57	-14 -66	-5 -86	-47 -79	-36 -88	-85 -117	-74 -126	-149 -181	-138 -190	-209 -241	-198 -250
280	315	-9 -41	0 -52	+9 -72	-25 -57	-14 -66	-5 -86	-47 -79	-36 -88	-89 -121	-78 -130	-161 -193	-150 -202	-231 -263	-220 -272
315	355	-10 -46	0 -57	+11 -78	-26 -62	-16 -73	-5 -94	-51 -87	-41 -98	-97 -133	-87 -144	-179 -215	-169 -226	-257 -293	-247 -304
355	400	-10 -46	0 -57	+11 -78	-26 -62	-16 -73	-5 -94	-51 -87	-41 -98	-103 -139	-93 -150	-197 -233	-187 -244	-283 -319	-273 -330
400	450	-10 -50	0 -63	+11 -86	-27 -67	-17 -80	-6 -103	-55 -95	-45 -108	-113 -153	-103 -166	-219 -259	-209 -272	-317 -357	-307 -370
450	500	-10 -50	0 -63	+11 -86	-27 -67	-17 -80	-6 -103	-55 -95	-45 -108	-119 -159	-109 -172	-239 -279	-229 -292	-347 -387	-337 -400

公称尺寸/mm		U			V			X			Y			Z	
大于	至	6	7	8	6	7	8	6	7	8	6	7	8	6	7
—	3	-18 -24	-18 -28	-18 -32	—	—	—	-20 -26	-20 -30	-20 -34	—	—	—	-26 -32	-26 -40
3	6	-20 -28	-19 -31	-23 -41	—	—	—	-25 -33	-24 -36	-28 -46	—	—	—	-32 -40	-35 -53
6	10	-25 -34	-22 -37	-28 -50	—	—	—	-31 -40	-28 -43	-34 -56	—	—	—	-39 -48	-42 -64
10	14	-30 -41	-26 -44	-33 -60	—	—	—	-37 -48	-33 -51	-40 -67	—	—	—	-47 -58	-50 -77
14	18	-30 -41	-26 -44	-33 -60	-36 -47	-32 -50	-39 -66	-42 -53	-38 -56	-45 -72	—	—	—	-57 -68	-60 -87
18	24	-37 -50	-33 -54	-41 -74	-43 -56	-39 -60	-47 -80	-50 -63	-46 -67	-54 -87	-59 -72	-55 -76	-63 -96	-69 -82	-73 -106
24	30	-44 -57	-40 -61	-48 -81	-51 -64	-47 -68	-55 -88	-60 -73	-56 -77	-64 -97	-71 -84	-67 -88	-75 -108	-84 -97	-88 -121

续表

公称尺寸/mm		U			V			X			Y			Z	
大于	至	6	7	8	6	7	8	6	7	8	6	7	8	6	7
30	40	−55 −71	−51 −76	−60 −99	−63 −79	−59 −84	−68 −107	−75 −91	−71 −96	−80 −119	−89 −105	−85 −110	−94 −133	−107 −123	−112 −151
40	50	−65 −81	−61 −86	−70 −109	−76 −92	−72 −97	−81 −120	−92 −108	−88 −113	−97 −136	−109 −125	−105 −130	−114 −153	−131 −147	−136 −175
50	65	−81 −100	−76 −106	−87 −133	−96 −115	−91 −121	−102 −148	−116 −135	−111 −141	−122 −168	−138 −157	−133 −163	−144 −190	−166 −185	−172 −218
65	80	−96 −115	−91 −121	−102 −148	−114 −133	−109 −139	−120 −166	−140 −159	−135 −165	−146 −192	−168 −187	−163 −193	−174 −220	−204 −223	−210 −256
80	100	−117 −139	−111 −146	−124 −178	−139 −161	−133 −168	−146 −200	−171 −193	−165 −200	−178 −232	−207 −229	−201 −236	−214 −268	−251 −273	−258 −312
100	120	−137 −159	−131 −166	−144 −198	−165 −187	−159 −194	−172 −226	−203 −225	−197 −232	−210 −264	−247 −269	−241 −276	−254 −308	−303 −325	−310 −364
120	140	−163 −188	−155 −195	−170 −233	−195 −220	−187 −227	−202 −265	−241 −266	−233 −273	−248 −311	−293 −318	−285 −325	−300 −363	−358 −383	−365 −428
140	160	−183 −208	−175 −215	−190 −253	−221 −246	−213 −253	−228 −291	−273 −298	−265 −305	−280 −343	−333 −358	−325 −365	−340 −403	−408 −433	−415 −478
160	180	−203 −228	−195 −235	−210 −273	−245 −270	−237 −277	−252 −315	−303 −328	−295 −335	−310 −373	−373 −398	−365 −405	−380 −443	−458 −483	−465 −528
180	200	−227 −256	−219 −265	−236 −308	−275 −304	−267 −313	−284 −356	−341 −370	−333 −379	−350 −422	−416 −445	−408 −454	−425 −497	−511 −540	−520 −592
200	225	−249 −278	−241 −287	−258 −330	−301 −330	−293 −339	−310 −382	−376 −405	−368 −414	−385 −457	−461 −490	−453 −499	−470 −542	−566 −595	−575 −647
225	250	−275 −304	−267 −313	−284 −356	−331 −360	−323 −369	−340 −412	−416 −445	−408 −454	−425 −497	−511 −540	−503 −549	−520 −592	−631 −660	−640 −712
250	280	−306 −338	−295 −347	−315 −396	−376 −408	−365 −417	−385 −466	−466 −498	−455 −507	−475 −556	−571 −603	−560 −612	−580 −661	−701 −733	−710 −791
280	315	−341 −373	−330 −382	−350 −431	−416 −448	−405 −457	−425 −506	−516 −548	−505 −557	−525 −606	−641 −673	−630 −682	−650 −731	−781 −813	−790 −871
315	355	−379 −415	−369 −426	−390 −479	−464 −500	−454 −511	−475 −564	−579 −615	−569 −626	−590 −679	−719 −755	−709 −766	−730 −819	−889 −925	−900 −989
355	400	−424 −460	−414 −471	−435 −524	−519 −555	−509 −566	−530 −619	−649 −685	−639 −696	−660 −749	−809 −845	−799 −856	−820 −909	−989 −1025	−1000 −1089
400	450	−477 −517	−467 −530	−490 −587	−582 −622	−572 −635	−595 −692	−727 −767	−717 −780	−740 −837	−907 −947	−897 −960	−920 −1017	−1087 −1127	−1100 −1197
450	500	−527 −567	−517 −580	−540 −637	−647 −687	−637 −700	−660 −757	−807 −847	−797 −860	−820 −917	−987 −1027	−977 −1040	−1000 −1097	−1237 −1277	−1250 −1347

注：带"＊"公称尺寸小于1mm时，各级的A和B均不采用。

表 F-4　线性尺寸的极限偏差数值　　　　　　　　　mm

公差等级	尺寸分段							
	0.5~3	>3~6	>6~30	>30~120	>120~400	>400~1000	>1000~2000	>2000~4000
f(精密级)	±0.05	±0.05	±0.1	±0.15	±0.2	±0.3	±0.5	
m(中等级)	±0.1	±0.1	±0.2	±0.3	±0.5	±0.8	±1.2	±2
c(粗糙级)	±0.2	±0.3	±0.5	±0.8	±1.2	±2	±3	±4
v(最粗级)		±0.5	±1	±1.5	±2.5	±4	±6	±8

表 F-5　倒圆半径与倒角高度尺寸的极限偏差数值　　　　　　mm

公差等级	尺寸分段			
	0.5~3	>3~6	>6~30	>30
f(精密级)	±0.2	±0.5	±1	±2
m(中等级)				
c(粗糙级)	±0.4	±1	±2	±4
v(最粗级)				

注：倒圆半径与倒角高度的含义参见国家标准 GB 6403.4《零件倒圆与倒角》。

附录 G　零件一般结构要求与中心孔

表 G-1　零件倒圆与倒角（GB/T 6403.4—2008 摘编）　　mm

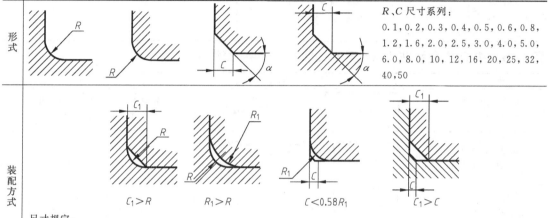

| | 形式 | | | | R、C 尺寸系列：0.1, 0.2, 0.3, 0.4, 0.5, 0.6, 0.8, 1.2, 1.6, 2.0, 2.5, 3.0, 4.0, 5.0, 6.0, 8.0, 10, 12, 16, 20, 25, 32, 40, 50 |

装配方式

$C_1 > R$　　$R_1 > R$　　$C < 0.58R_1$　　$C_1 > C$

尺寸规定：

①R_1、C_1 偏差为正；R、C 的偏差为负。

②左起第三种装配方式，C 的最大值 C_{max} 与 R_1 的关系如下。

R_1	0.1	0.2	0.3	0.4	0.5	0.6	0.8	1.0	1.2	1.6	2.0	2.5	3.0	4.0	5.0	6.0	8.0	10	12	16	20	25
C_{max}	—	0.1	0.1	0.2	0.2	0.3	0.4	0.5	0.6	0.8	1.0	1.2	1.6	2.0	2.5	3.0	4.0	5.0	6.0	8.0	10	12

表 G-2　直径 ϕ 相应的倒角 C、倒圆 R 的推荐值　　mm

ϕ	至 3	>3~6	>6~10	>10~18	>18~30	>30~50	>50~80	>80~120	>120~180
C 或 R	0.2	0.4	0.6	0.8	1.0	1.6	2.0	2.5	3.0
ϕ	>180~250	>250~320	>320~400	>400~500	>500~630	>630~800	>800~1000	>1000~1250	>1250~1600
C 或 R	4.0	5.0	6.0	8.0	10	12	16	20	25

表 G-3　砂轮越程槽（用于回转面及端面）（GB/T 6403.5—2008 摘编）　　mm

b_1	0.6	1.0	1.6	2.0	3.0	4.0	5.0	8.0	10
b_2	2.0	3.0		4.0		5.0		8.0	10
h	0.1	0.2		0.3	0.4		0.6	0.8	1.2
r	0.2	0.5		0.8	1.0		1.6	2.0	3.0
d		≤10			>10~15		>50~100		>100

注：1. 越程槽内两直线相交处，不允许产生尖角。

2. 越程槽深度 h 与圆弧半径 r 要满足 $r \le 3h$。

3. 磨削具有数个直径的工件时，可使用同一规格的越程槽。

4. 直径 d 值大的零件，允许选择小规格的砂轮越程槽。

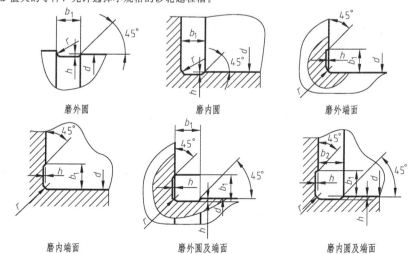

磨外圆　　　　磨内圆　　　　磨外端面

磨内端面　　　　磨外圆及端面　　　　磨内圆及端面

表 G-4　中心孔标注符号的画法

保留中心孔	不保留中心孔	备　　注
60° $1.4h$ 60°	60° $1.4h$ 60°	图中 h＝字体高度,符号线宽＝$1/10h$

表 G-5　中心孔表示法（GB/T 4459.5—1999 摘编）　　　　mm

要　　求	符号标注示例	说　　明
在完工的零件上 要求保留中心孔	2×GB/T4459.5-B2/6.3	两端要求加工出 B 型中心孔 $D=2$　$D_1=6.3$
在完工的零件上 可以保留中心孔	2×GB/T4459.5-B2/6.3	采用 A 型中心孔 $D=2$　$D_1=6.3$
在完工的零件上 不允许保留中心孔	GB/T4459.5-A1.6/3.35	采用 A 型中心孔 $D=1.6$　$D_2=3.35$

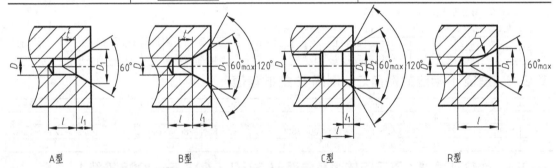

A型　　　　　B型　　　　　C型　　　　　R型

表 G-6　中心孔的形式及有关标注尺寸（摘自 GB/T 145—2001）　　　　mm

D	中心孔的尺寸									C 型（带螺纹中心孔）					选择中心孔的参考数据		
	A 型	B 型	R 型	A 型	B 型	R 型	A 型	B 型	R 型						轴端直径 D_0		工件最大质量/kg
	D_1			l_1(参考)		l_{min}	t(参考)		r_{max}	D	D_1	D_2	l	l_1(参考)	大于	至	
									r_{min}								
(0.5)	1.06	—	—	0.48	—	—	0.5	—	—						2	4	—
(0.63)	1.32	—	—	0.6	—	—	0.6	—	—						4	6	—
(0.8)	1.70	—	—	0.78	—	—	0.7	—	—						4	6	—
1.00	2.12	3.15	2.12	0.97	1.27	2.3	0.9	0.9	3.15						6	10	—
									2.50								
(1.25)	2.65	4.00	2.65	1.21	1.60	2.8	1.1	1.1	4.00						10	16	—
									3.15								
1.60	3.35	5.00	3.35	1.52	1.99	3.5	1.4	1.4	5.00						10	16	15
									4.00								
2.00	4.25	6.30	4.25	1.95	2.54	4.4	1.8	1.8	6.30						16	26	120
									5.00								
2.50	5.30	8.00	5.30	2.42	3.20	5.5	2.2	2.2	8.00						26	40	200
									6.30								
3.15	6.70	10.00	6.70	3.07	4.03	7.0	2.8	2.8	10.00	M3	3.2	5.8	2.6	1.8	40	55	500
									8.00								
4.00	8.50	12.50	8.50	3.90	5.05	8.9	3.5	3.5	12.50	M4	4.3	7.4	3.2	2.1	55	70	800
									10.00								
(5.00)	10.60	16.00	10.60	4.85	6.41	11.2	4.4	4.4	16.00	M5	5.3	8.8	4.0	2.4	70	80	1000
									12.50								
6.30	13.20	18.00	13.20	5.98	7.36	14.0	5.5	5.5	20.00	M6	6.4	10.5	5.0	2.8	80	120	1500
									16.00								
(8.00)	17.00	22.40	17.00	7.79	9.36	17.9	7.0	7.0	25.00	M8	8.4	13.2	6.0	3.3	120	180	2000
									20.00								
10.00	21.20	28.00	21.20	9.70	11.66	22.5	8.7	8.7	31.50	MQ10	10.5	16.3	7.5	3.8	180	220	2500
									25.00								

注：1. 尺寸 1 取决于中心钻的长度，此值不小于 t 值（对 A 型、B 型）。

2. 尽量避免选用括号中的尺寸。

附录 H 　几何公差数值

表 H-1　直线度、平面度（摘自 GB/T 1184—1996）

主参数 L /mm	公差等级											
	1	2	3	4	5	6	7	8	9	10	11	12
	公差值/μm											
≤10	0.2	0.4	0.8	1.2	2	3	5	8	12	20	30	60
>10~16	0.25	0.5	1	1.5	2.5	4	6	10	15	25	40	80
>16~25	0.3	0.6	1.2	2	3	5	8	12	20	30	50	100
>25~40	0.4	0.8	1.5	2.5	4	6	10	15	25	40	60	120
>40~63	0.5	1	2	3	5	8	12	20	30	50	80	150
>63~100	0.6	1.2	2.5	4	6	10	15	25	40	60	100	200
>100~160	0.8	1.5	3	5	8	12	20	30	50	80	120	250
>160~250	1	2	4	6	10	15	25	40	60	100	150	300
>250~400	1.2	2.5	5	8	12	20	30	50	80	120	200	400
>400~630	1.5	3	6	10	15	25	40	60	100	150	250	500
>630~1000	2	4	8	12	20	30	50	80	120	200	300	600

注：棱线和回转表面的轴线、素线以其长度的基本尺寸作为主参数；矩形平面以其较长边、圆平面以其直径的基本尺寸作为主参数。主参数 L 图例：

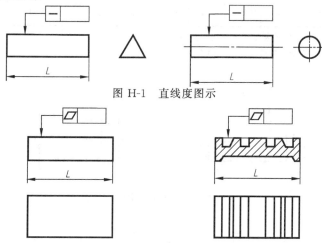

图 H-1　直线度图示

图 H-2　平面度图示

表 H-2　圆度、圆柱度（摘自 GB/T 1184—1996）

主参数 d(D) /mm	公差等级												
	0(去掉)	1	2	3	4	5	6	7	8	9	10	11	12
	公差值/μm												
≤3	0.1	0.2	0.3	0.5	0.8	1.2	2	3	4	6	10	14	25
>3~6	0.1	0.2	0.4	0.6	1	1.5	2.5	4	5	8	12	18	30
>6~10	0.12	0.25	0.4	0.6	1	1.5	2.5	4	6	9	15	22	36
>10~18	0.15	0.25	0.5	0.8	1.2	2	3	5	8	11	18	27	43
>18~30	0.2	0.3	0.6	1	1.5	2.5	4	6	9	13	21	33	52
>30~50	0.25	0.4	0.6	1	1.5	2.5	4	7	11	16	25	39	62
>50~80	0.3	0.5	0.8	1.2	2	3	5	8	13	19	30	46	74
>80~120	0.4	0.6	1	1.5	2.5	4	6	10	15	22	35	54	87
>120~180	0.6	1	1.2	2	3.5	5	8	12	18	25	40	63	100

注：回转表面、球、圆以其直径的基本尺寸作为主参数。主参数 d（D）图例：

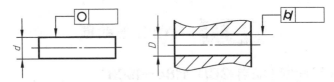

图 H-3　圆度和圆柱度图示

表 H-3　同轴度、对称度、圆跳动和全跳动（摘自 GB/T 1184—1996）

主参数 d(D)、B、L /mm	公差等级											
	1	2	3	4	5	6	7	8	9	10	11	12
	公差值/μm											
≤1	0.4	0.6	1	1.5	2.5	4	6	10	15	25	40	60
＞1～3	0.4	0.6	1	1.5	2.5	4	6	10	20	40	60	120
＞3～6	0.5	0.8	1.2	2	3	5	8	12	25	50	80	150
＞6～10	0.6	1	1.5	2.5	4	6	10	15	30	60	100	200
＞10～18	0.8	1.2	2	3	5	8	12	20	40	80	120	250
＞18～30	1	1.5	2.5	4	6	10	15	25	50	100	150	300
＞30～50	1.2	2	3	5	8	12	20	30	60	120	200	400
＞50～120	1.5	2.5	4	6	10	15	25	40	80	150	250	500
＞120～250	2	3	5	8	12	20	30	50	100	200	300	600
＞250～500	2.5	4	6	10	15	25	40	60	120	250	400	800

注：被测要素以其直径或宽度的基本尺寸作为主参数。

主参数 L、B、d（D）图例：当被测要素为圆锥时，取 $d=(d_1+d_2)/2$

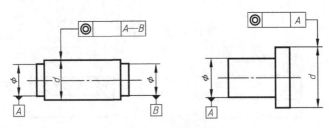

图 H-4　同轴度图示

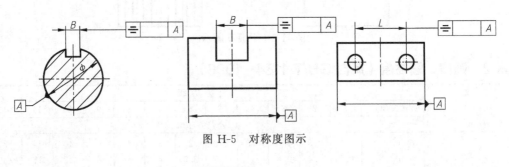

图 H-5　对称度图示

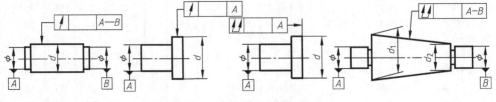

图 H-6　圆跳动、全跳动图示

表 H-4　平行度、垂直度、倾斜度（摘自 GB/T 1184—1996）

主参数 $L, d\ (D)$ /mm	公差等级											
	1	2	3	4	5	6	7	8	9	10	11	12
	公差值 /μm											
≤10	0.4	0.8	1.5	3	5	8	12	20	30	50	80	120
>10～16	0.5	1	2	4	6	10	15	25	40	60	100	150
>16～25	0.6	1.2	2.5	5	8	12	20	30	50	80	120	200
>25～40	0.8	1.5	3	6	10	15	25	40	60	100	150	250
>40～63	1	2	4	8	12	20	30	50	80	120	200	300
>63～100	1.2	2.5	5	10	15	25	40	60	100	150	250	400
>100～160	1.5	3	6	12	20	30	50	80	120	200	300	500
>160～250	2	4	8	15	25	40	60	100	150	250	400	600
>250～400	2.5	5	10	20	30	50	80	120	200	300	500	800
>400～630	3	6	12	25	40	60	100	150	250	400	600	1000
>630～1000	4	8	15	30	50	80	120	200	300	500	800	1200

注：被测要素以其长度或直径的基本尺寸作为主参数。

主参数 L、$d\ (D)$ 图例：

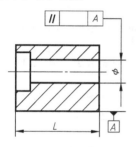 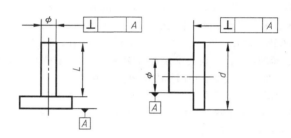

(a)平行度图示　　　　　　　　　　(b)垂直度图示

图 H-7　平行度、垂直度图示

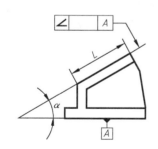 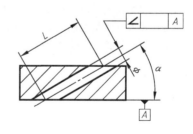

图 H-8　倾斜度图示

机械制图实例教程
JIXIE ZHITU SHILI JIAOCHENG

参考文献

[1] 国家标准：技术制图　通用术语（GB/T 13361—2012）. 北京：中国标准出版社，2012.

[2] 国家标准：技术制图　投影法（GB/T 14692—2008）. 北京：中国标准出版社，2008.

[3] 国家标准：技术制图　简化表示法　第 1 部分：图样画法（GB/T 16675.1—2012）. 北京：中国标准出版社，2012.

[4] 国家标准：产品几何技术规范（GPS）极限与配合　第 1 部分：公差、偏差和配合的基础（GB/T 1800.1—2009）. 北京：中国标准出版社，2009.

[5] 国家标准：产品几何技术规范（GPS）极限与配合　第 2 部分：标准公差等级和孔、轴极限偏差表（GB/T 1800.2—2009）. 北京：中国标准出版社，2009.

[6] 国家标准：产品几何技术规范（GPS）几何公差　形状、方向、位置和跳动公差标注（GB/T 1182—2008/ISO 1101：2004）. 北京：中国标准出版社，2008.

[7] 国家标准：产品几何技术规范（GPS）技术产品文件中表面结构的表示法（GB/T 131—2006/ISO 1302：2002）. 北京：中国标准出版社，2007.

[8] 国家标准：普通螺纹　直径与螺距系列（GB/T 193—2003）. 北京：中国标准出版社，2004.

[9] 国家标准：普通螺纹　基本尺寸（GB/T 196—2003）. 北京：中国标准出版社，2004.

[10] 国家标准：机械制图　弹簧表示法（GB/T 4459.4—2003）. 北京：中国标准出版社，2003.

[11] 国家标准：机械制图齿轮表示法（GB/T 4459.2—2003）. 北京：中国标准出版社，2003.

[12] 李学京. 机械制图和技术制图国家标准学用指南. 北京：中国质检出版社，中国标准出版社，2013.

[13] 吕瑛波，刘哲. 机械制图及测量技术应用. 北京：化学工业出版社，2008.

[14] 吕瑛波，王影. 机械制图手册. 北京：化学工业出版社，2009.

[15] 郭建尊. 机械制图及计算机绘图. 北京：中国劳动社会保障出版社，2009.

[16] 胡建生. 机械制图. 北京：机械工业出版社，2009.